AF282932

Montaje mecánico de instalaciones solares fotovoltaicas

Innovación y Cualificación, S. L.

ic editorial

Montaje mecánicode instalaciones solares fotovoltaicas
© Innovación y Cualificación, S. L.

1ª Edición

© IC Editorial, 2023

Editado por: IC Editorial
c/ Cueva de Viera, 2, Local 3
Centro Negocios CADI
29200 Antequera (Málaga)
Teléfono: 952 70 60 04
Fax: 952 84 55 03
Correo electrónico: iceditorial@iceditorial.com
Internet: www.iceditorial.com

ISBN: 978-84-1184-182-5
Depósito Legal: MA-1294-2023

Impresión: PODiPrint
Impreso en Andalucía – España

Nota de la editorial: IC Editorial pertenece a Innovación y Cualificación S. L.

Presentación del manual

El **Certificado de Profesionalidad** es el instrumento de acreditación, en el ámbito de la Administración laboral, de las cualificaciones profesionales del Catálogo Nacional de Cualificaciones Profesionales adquiridas a través de procesos formativos o del proceso de reconocimiento de la experiencia laboral y de vías no formales de formación.

El elemento mínimo acreditable es la **Unidad de Competencia**. La suma de las acreditaciones de las unidades de competencia conforma la acreditación de la competencia general.

Una **Unidad de Competencia** se define como una agrupación de tareas productivas específica que realiza el profesional. Las diferentes unidades de competencia de un certificado de profesionalidad conforman la **Competencia General**, definiendo el conjunto de conocimientos y capacidades que permiten el ejercicio de una actividad profesional determinada.

Cada **Unidad de Competencia** lleva asociado un **Módulo Formativo**, donde se describe la formación necesaria para adquirir esa **Unidad de Competencia**, pudiendo dividirse en **Unidades Formativas**.

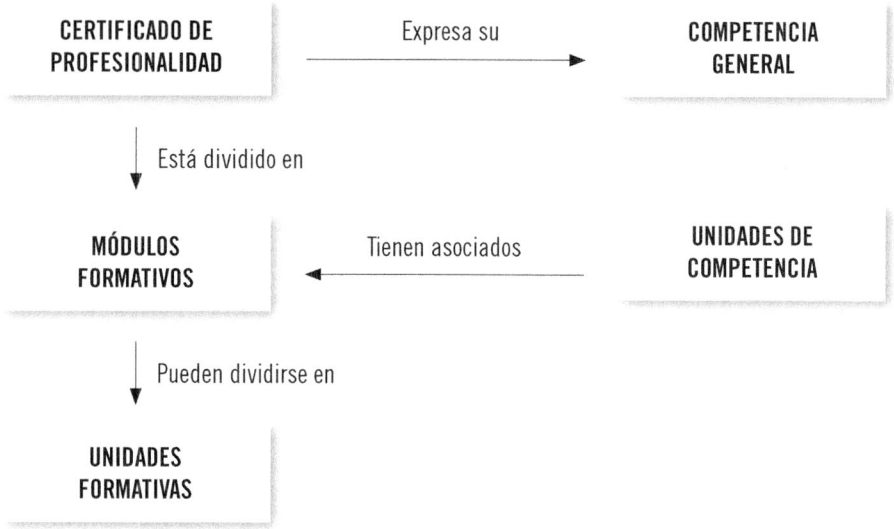

El presente manual desarrolla la Unidad Formativa **UF0152: Montaje mecánico de instalaciones solares fotovoltaicas,**

perteneciente al Módulo Formativo **MF0836_2: Montaje de instalaciones solares fotovoltaicas,**

asociado a la unidad de competencia **UC0836_2: Montar instalaciones solares fotovoltaicas,**

del Certificado de Profesionalidad **Montaje y mantenimiento de instalaciones solares fotovoltaicas**

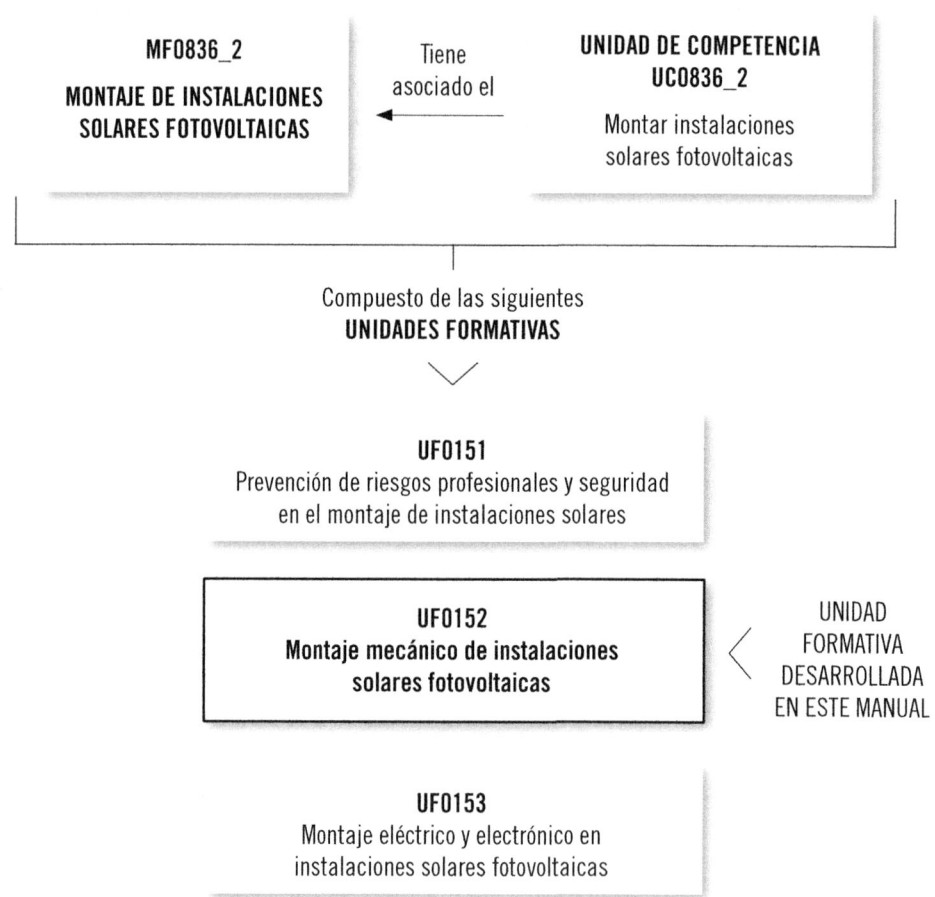

MF0836_2

MONTAJE DE INSTALACIONES SOLARES FOTOVOLTAICAS

Tiene asociado el

UNIDAD DE COMPETENCIA UC0836_2

Montar instalaciones solares fotovoltaicas

Compuesto de las siguientes
UNIDADES FORMATIVAS

UF0151
Prevención de riesgos profesionales y seguridad en el montaje de instalaciones solares

UF0152
Montaje mecánico de instalaciones solares fotovoltaicas

UNIDAD FORMATIVA DESARROLLADA EN ESTE MANUAL

UF0153
Montaje eléctrico y electrónico en instalaciones solares fotovoltaicas

FICHA DE CERTIFICADO DE PROFESIONALIDAD

(ENAE0108) MONTAJE Y MANTENIMIENTO DE INSTALACIONES SOLARES FOTOVOLTAICAS (R. D. 1381/2008, de 1 de Agosto, modificado por el R. D. 617/2013, de 2 de Agosto)

COMPETENCIA GENERAL: Efectuar, bajo supervisión, el montaje, puesta en servicio, operación y mantenimiento de instalaciones solares fotovoltaicas con la calidad y seguridad requeridas y cumpliendo la normativa vigente.

Cualificación profesional de referencia	Unidades de competencia	Ocupaciones o puestos de trabajo relacionados:
ENA261_2 MONTAJE Y MANTENIMIENTO DE INSTALACIONES SOLARES FOTOVOLTAICAS (R. D. 1114/2007 de 24 de agosto)	UC0835_2: Replantear instalaciones solares fotovoltaicas UC0836_2: Montar instalaciones solares fotovoltaicas UC0837_2: Mantener instalaciones solares fotovoltaicas	• Montador de instalaciones solares fotovoltaicas • Operador de instalaciones solares fotovoltaicas • 7294.1032 Montador de placas de energía solar • 7521.1101 Instalador de sistemas fotovoltaicos y eólicos. • 3131.1111 Operador de central solar fotovoltaica

Correspondiencia con el Catálogo Modular de Formación Profesional

Módulos certificado	Unidades formativas	Horas U.F.
MF0835_2: Replanteo de instalaciones solares fotovoltaicas	UF0149: Electrotécnia	90
	UF0150: Replanteo y funcionamiento de las instalaciones solares fotovoltaicas	60
MF0836_2: Montaje de instalaciones solares fotovoltaicas	UF0151: Prevención de riesgos profesionales y seguridad en el montaje de instalaciones solares	30
	UF0152: Montaje mecánico de instalaciones solares fotovoltaicas	90
	UF0153: Montaje eléctrico y electrónico en instalaciones solares fotovoltaicas	90
MF0837_2: Mantenimiento de instalaciones solares fotovoltaicas		60
MP0032: Módulo de prácticas profesionales no laborales		120

Índice

Capítulo 4
Organización de los elementos mecánicos para su montaje

Capítulo 5
Desplazamiento e izado de equipos y materiales

Capítulo 6
Estructura soporte

Capítulo 7
Estructura de los sistemas de seguimiento

Bloque 2
Montaje mecánico de estructuras en instalaciones solares fotovoltaicas

Capítulo 1
Técnicas a utilizar en los procesos de montaje mecánico

Capítulo 2
Impermeabilización

Capítulo 3
Montaje de paneles fotovoltaicos

Capítulo 4
Sistemas de acumulación

Bloque 1
Organización y planificación para el montaje mecánico

Contenido

Capítulo 1

Integración arquitectónica y urbanística

Contenido

1. Introducción

La luz y el calor del Sol son indispensables para la vida en la Tierra. Todos los fenómenos biológicos, meteorológicos, etc., tienen su origen en la luz y el calor que el Sol nos proporciona.

Además de lo anterior, se puede decir que su luz y calor son el origen de todas las energías renovables, ya que con su calor provoca las mareas, las corrientes de aire, las lluvias etc., y con su luz provoca el movimiento de electrones en ciertos materiales. Dichas cualidades han sido aprovechadas por el hombre para el aprovechamiento de su energía calorífica a través de sistemas solares térmicos y la utilización de su luz para la producción de electricidad a través de los sistemas fotovoltaicos.

2. Tipos de instalaciones fotovoltaicas

Con el fin de aprovechar la energía solar en la producción de electricidad, pueden diseñarse dos tipos de instalaciones:

- Instalaciones aisladas de red.
- Instalaciones conectadas a red.

Las instalaciones aisladas de red se realizan en lugares donde no llega la red eléctrica como son las viviendas aisladas, aplicaciones agrícolas y ganaderas, estaciones de telecomunicaciones y señalización, alumbrado y bombeo de agua.

Las instalaciones conectadas a red tienen como fin la obtención de energía eléctrica para su posterior venta. Estas instalaciones están formadas por un gran número de módulos fotovoltaicos y pueden ocupar una gran superficie. Se puede distinguir entre las instalaciones sobre suelo, conocidas como huertas, granjas o parques solares, que ocupan una gran extensión de suelo rústico e instalaciones sobre edificios que incluyen las instalaciones realizadas sobre construcciones fijas, como edificios residenciales, locales comerciales, naves industriales o edificios de oficinas. Este tipo de instalaciones, por encontrarse mayoritariamente en un entorno urbano, son las indicadas para promover en ellas acciones de integración arquitectónica, permitiendo aprovechar los espacios urbanos para generar energía de forma limpia.

El nuevo Código Técnico de la Edificación (CTE)[1] obliga, desde septiembre de 2006, a la incorporación en los edificios de sistemas que propicien la reducción de la demanda energética. Entre estos sistemas se encuentran los de aprovechamiento de la energía solar, mediante la incorporación de sistemas de energía solar térmica en los edificios en los que exista demanda de agua caliente sanitaria (ACS), y también obliga a la inclusión de sistemas fotovoltaicos en determinadas aplicaciones. La normativa excluye los edificios residenciales y hace una referencia explícita a los edificios que deberán adoptar la normativa, para lo cual señala el límite a partir del cual el uso de la fotovoltaica será obligatorio.

También se indican en él, en qué ocasiones este tipo de instalación no debería llevarse a cabo, o qué limita su uso, haciendo hincapié en que se deben señalar las particularidades que justifiquen cada caso, y en la citación de las medidas que van a tomarse para suplir este aporte energético, con medios alternativos.

3. Integración estética y técnica

No es lo mismo plantear una instalación solar fotovoltaica en un edificio que ya está construido, que en uno que está en fase de proyecto. En el primer caso hay que actuar con las limitaciones que imponen tanto el entorno (edificios colindantes, presencia de árboles, chimeneas u otras estructuras que proyecten sombras, etc.) como el mismo edificio (disponibilidad de espacio para montar los elementos que componen la instalación, capacidad estructural para soportarla, etc.).

Existen diferentes grados de integración de la instalación solar fotovoltaica en la edificación.

El menor grado de integración lo constituyen las instalaciones montadas sobre estructuras soporte emplazadas sobre cubiertas o fachadas del edificio.

---

1 Las exigencias básicas sobre ahorro de energía están recogidas en el Documento Básico HE Ahorro de energía, Sección HE 5: Contribución fotovoltaica mínima de energía eléctrica.

 **Ejemplo**

Una instalación que se realiza montando las estructuras cuando la edificación ya está realizada, sin que hubieran formado parte de su proyecto inicial.

Este tipo de montaje permite situar los módulos con una orientación e inclinación óptimas. Sin embargo, el impacto visual que causan es muy elevado y además no suponen ningún ahorro de elementos constructivos.

Un mayor grado de integración en la edificación lo constituye la superposición de los módulos en la edificación. Se considera que existe superposición cuando la colocación de los módulos se realiza paralela a la envolvente del edificio, pero sin funcionalidad arquitectónica, ya que no sustituyen a ningún elemento constructivo.

 Importante

Cuando los módulos se colocan superpuestos en un tejado o fachada, habrá que hacerlo de forma que el impacto visual sea reducido.

En este caso, es necesario dimensionar y diseñar la instalación con mucho cuidado, ya que la orientación e inclinación existentes, en la edificación, pueden no ser las que permitan captar la máxima radiación solar.

Se considera que existe integración arquitectónica cuando los módulos cumplen una doble función, energética (generación de energía) y arquitectónica (forman parte de la envolvente del edificio).

 **Nota**

En la integración arquitectónica los módulos sustituyen a elementos constructivos convencionales de la envolvente o son elementos constituyentes de la composición arquitectónica (como revestimientos, cerramientos o elementos de sombreado).

La sustitución de elementos de la envolvente, por módulos fotovoltaicos, permite el ahorro de materiales de construcción y reduce el impacto visual respecto a otras formas de colocación de módulos. Además, al integrarse en el edificio desde la fase de diseño, puede emplearse también como parte de la estética del mismo.

Los edificios no son los únicos elementos urbanos en los que puede estar presente la energía solar fotovoltaica. Hay numerosos elementos urbanos que se prestan a la incorporación de sistemas productores de este tipo de energía, tales como las marquesinas que se encuentran en los aparcamientos de vehículos, pérgolas en parques y jardines, elementos de mobiliario urbano como las farolas para el alumbrado público, etc.

3.1. Estética

Las formas en las que se pueden integrar las instalaciones fotovoltaicas en las edificaciones y demás elementos urbanos son múltiples.

Dependiendo del grado de integración, la solución constructiva que se adopte tendrá mayor o menor complejidad.

El siguiente esquema representa las diferentes formas en que las instalaciones fotovoltaicas pueden integrarse en la edificación.

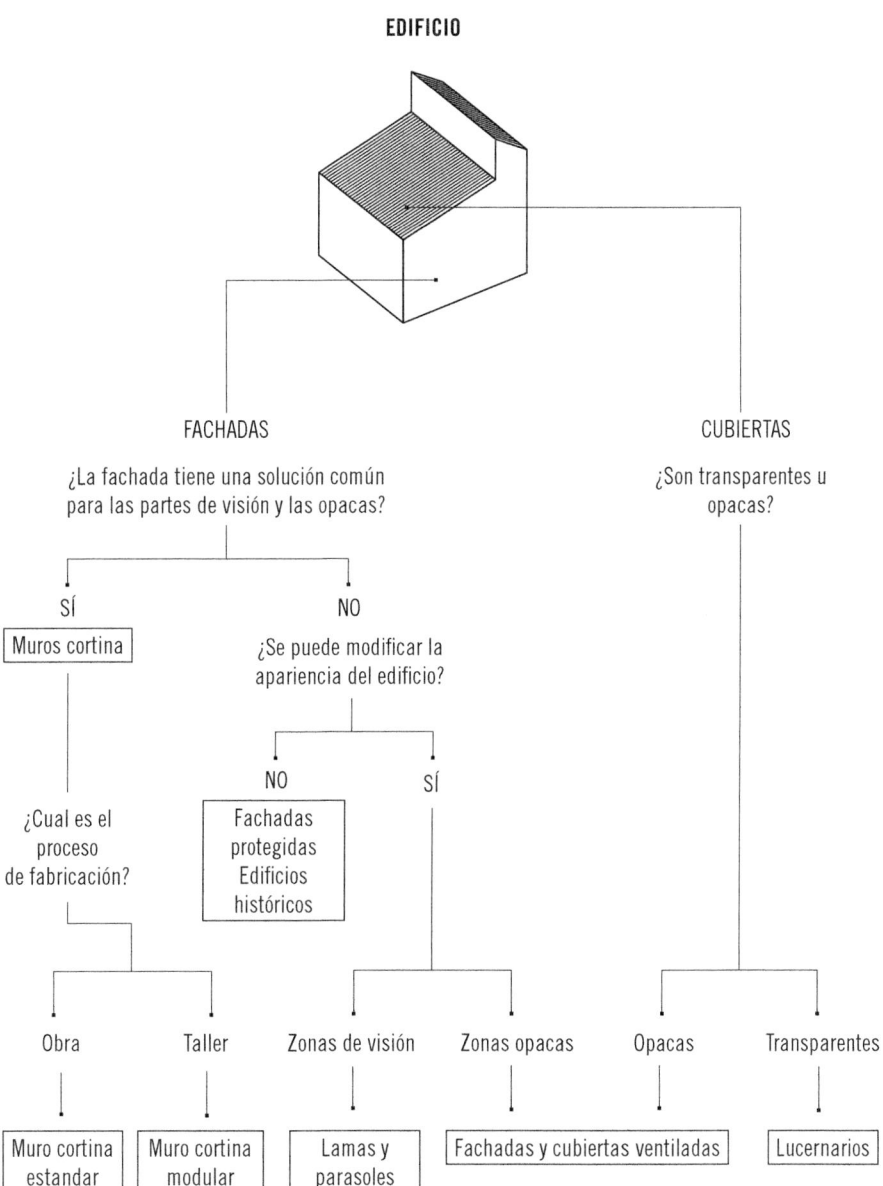

EDIFICIO

FACHADAS

¿La fachada tiene una solución común para las partes de visión y las opacas?

SÍ

Muros cortina

NO

¿Se puede modificar la apariencia del edificio?

¿Cual es el proceso de fabricación?

NO

Fachadas protegidas Edificios históricos

SÍ

Obra

Taller

Zonas de visión

Zonas opacas

Muro cortina estandar

Muro cortina modular

Lamas y parasoles

Fachadas y cubiertas ventiladas

CUBIERTAS

¿Son transparentes u opacas?

Opacas

Transparentes

Lucernarios

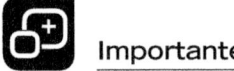

Importante

En la elección de la forma de integración, habrá que tener siempre presente las indicaciones realizadas al respecto por los organismos locales o autonómicos, que pueden aconsejar evitar las instalaciones que produzcan un impacto visual importante desde el exterior, o aquellas que no estén integradas en los edificios.

Cubiertas

Es el tipo de instalación fotovoltaica más frecuente en los edificios, tanto en los de uso industrial como en el resto de los edificios. En las cubiertas totalmente integradas, se sustituyen los elementos constructivos que forman el tejado por módulos fotovoltaicos, con soluciones que van desde sustituir totalmente el revestimiento de la cubierta por módulos fotovoltaicos, sustituirlo parcialmente o utilizar tejas que integren las propias células fotovoltaicas. En el resto de los casos se opta por soluciones que causan diferente impacto visual.

Tejas fotovoltaicas

Tipos de cubiertas

Técnicamente, en la elección del tipo de cubierta, lo más importante a tener en cuenta es la orientación al Sur e inclinación óptima de los paneles fotovoltaicos para obtener el máximo rendimiento energético a lo largo de los años.

Los tipos de cubiertas que existen y dan respuesta a estas prioridades son los que se describen a continuación.

Cubierta plana

Las cubiertas planas permiten la colocación del campo fotovoltaico en la posición más favorable para la captación solar, independientemente de la orientación que presente el edificio.

Para dar a los paneles la inclinación adecuada se emplean estructuras que levantan los módulos con la inclinación adecuada (entre 20 y 30ª) para captar la máxima radiación solar. Además, esta inclinación facilita que los módulos se limpien con la lluvia.

Otra forma de realizar una instalación fotovoltaica sobre una cubierta plana consiste en emplear paneles flexibles que se adhieren directamente sobre la superficie. Este sistema tiene, entre otras ventajas, la facilidad de colocación, ya que no es necesario emplear estructuras soporte. Tampoco presentan pérdidas por sombras. Además, como van adheridos a la superficie, no es necesario realizar taladros para su colocación, lo que evita la perforación del aislante. Tampoco añaden carga sobre la estructura, ya que son ligeros, y al ir directamente sobre la superficie no presentan resistencia al viento, con lo cual no transmite este tipo de cargas.

Cubierta plana

Como desventajas pueden señalarse el que precisamente por estar directamente sobre la estructura plana, no resultan autolimpiables, con lo cual se les suele acumular suciedad. Además, al estar estos paneles construidos con silicio amorfo, su rendimiento también es menor que el de otros módulos, a lo que hay que unir la pérdida de radiación que se produce por no tener los módulos la inclinación adecuada.

 Sabía que...

Un tejado fotovoltaico resulta inicialmente más caro que una fachada de cristal, tejas u otro tipo de cubiertas, pero presenta la gran ventaja de ser capaz de producir energía eléctrica, que por medio de la conexión a la red eléctrica y la venta de dicha energía a la compañía eléctrica, consigue finalmente ser mucho más barato gracias a los ingresos anuales que compensa con creces esta diferencia de costes.

Cubierta inclinada

En este tipo de cubierta se suelen utilizar estructuras coplanares que mantienen la misma inclinación que la cubierta (por ejemplo, un tejado inclinado).

Este tipo de cubierta se recomienda para instalaciones en tejados de casas o fincas orientados al sur y con inclinaciones entre los 25° y los 45°.

Para realizar este tipo de instalaciones puede optarse por:

ı Colocar la estructura encima de la cubierta sobre las tejas o chapa, para lo que habrá que elegir un tipo de anclaje que garantice la seguridad de la instalación y resista las inclemencias del tiempo.

▪ Integrar la instalación en el techo, para lo que habrá que retirar las tejas o el revestimiento exterior, y sustituirlo por una estructura adecuada y una capa impermeable que garantice la estanquidad del tejado.

Además, pueden emplearse otros tipos de estructuras que permitan, por ejemplo, salvar el desnivel de la cubierta para que los paneles queden como si se tratara de una cubierta plana.

Estructura para salvar el desnivel de la cubierta

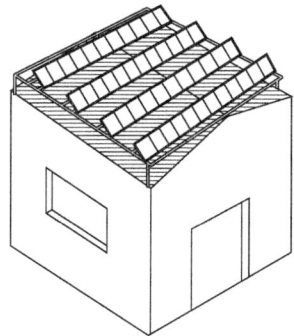

![Consejo]

Consejo

Para la elaboración de módulos fotovoltaicos destinados a instalaciones integradas se recomienda usar vidrio laminado de seguridad.

Cubierta curvada

Para la realización de cubiertas curvas suele recurrirse el empleo de estructuras especiales que se adaptan a la forma de la superficie.

Estructura inclinada en cubierta plana

Se consigue mediante una estructura que permite la colocación de los módulos con la inclinación adecuada, para captar la máxima radiación posible. Esta forma de colocar los módulos permite que los módulos no se hagan sombra unos a otros.

Estructura inclinada para cubierta plana

Lucernarios y atrios

Es una forma de utilización de los módulos con extraordinarias posibilidades de diseño, tanto de la cubierta exterior como del espacio interior, ya que permite una transmisión selectiva de la luz natural, según la colocación que se dé a las células, distancia entre ellas, color del módulo, etc.

Los lucernarios presentan un alto grado de integración arquitectónica, ya que los módulos se fijan en estructuras similares a las que se emplearían para su realización con acristalamiento convencional, lo que además supone que no existen costes adicionales como consecuencia de la necesidad de emplear estructuras de soporte adicionales. Además, el paso de luz natural supone un ahorro en iluminación artificial.

Lucernario

Como desventaja hay que señalar que debido a la poca inclinación que se les da, hay que prever el acceso a la cubierta para limpiar la suciedad que se acumula, ya que la lluvia no es suficiente para limpiar los módulos.

 **Definición**

Atrio
Es una cubierta situada entre dos edificios.

En las instalaciones integradas en cubiertas, por consideraciones de integración arquitectónica o impacto visual, no será necesario ajustarse a las consideraciones de orientación e inclinación en las que se obtendría la máxima radiación solar.

Fachadas

En este tipo de instalación fotovoltaica los módulos se incorporan en las superficies de la envolvente vertical de los edificios. Se trata de instalaciones integradas en la edificación, ya que los módulos cumplen una doble función: generan energía y forman parte de la envolvente del edificio.

En este tipo de instalaciones, debido al sentido vertical con que se instalan los módulos, se desaprovecha parte de la radiación solar.

Tipos de fachadas

La fachada ventilada es un sistema constructivo con gran aceptación entre arquitectos y constructores debido a sus indiscutibles ventajas de aislamiento térmico y acústico, además de sus posibilidades estéticas.

Fachadas ventiladas

En este tipo de fachadas, la construcción de la pared exterior se divide en dos capas: una interior, es la fachada de hormigón o ladrillo, resistente, estanca y aislada; y otra exterior, cuya misión es proteger a la primera de la acción directa del viento y la lluvia, además de cumplir una función estética.

Entre las dos capas de la fachada se deja una cámara de aire que favorece la circulación del mismo y evita condensaciones. En este caso, la instalación de los módulos se realiza en la capa exterior, sobre unos perfiles que se anclan al muro de la fachada del edificio.

El espacio entre las fachadas facilita la instalación de los módulos y la circulación de aire hace que disminuya su temperatura, lo que favorece a la producción energética.

En este tipo de fachadas, los paneles fotovoltaicos se integran en la propia fachada exterior, formando parte del revestimiento, integrándose en esta. Suelen estar fijados a una subestructura empotrada en el cerramiento del edificio, con ventilación natural en su lado trasero y preparados para que el agua de lluvia discurra sobre ellos.

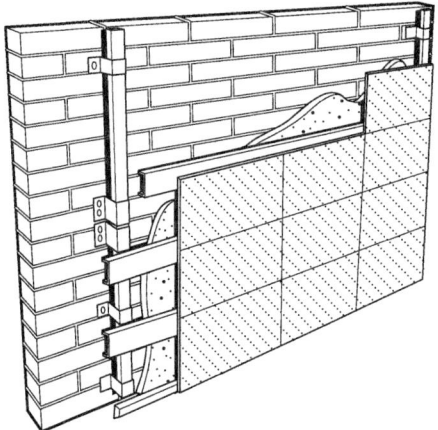

Ejemplo de fachada ventilada

Muros cortina

Se trata de una fachada ligera, que no tiene consideración de elemento portante del edificio, formada por montantes y travesaños conectados y anclados en la estructura del edificio, pero en los que esta estructura auxiliar permanece suspendida, no apoyada en los forjados, y en los que el vidrio que compone el doble acristalamiento se sustituye por otro que incorpora células solares a modo de paneles fotovoltaicos.

Ofrece múltiples posibilidades de diseño, ya que permite combinar los paneles de acristalamiento usados normalmente en este tipo de muros con los que incorporan células fotovoltaicas.

Muro cortina

Recuerde

En las instalaciones integradas en cubiertas, por consideraciones de integración arquitectónica o impacto visual, no será necesario ajustarse a las consideraciones de orientación e inclinación en las que se obtendría la máxima radiación solar.

Fachada panel

Es otro tipo de fachada ligera fotovoltaica. Se diferencia del muro cortina en que la fachada se interrumpe en cada forjado delimitando paneles o zonas independientes y, en consecuencia, la estructura auxiliar está apoyada en cada forjado.

Se puede realizar con el campo solar cubriendo totalmente la fachada o en forma de franjas fotovoltaicas a lo largo de la misma, alternando con franjas transparentes.

Elementos de protección solar y de sombreado

Otra forma de aprovechar los módulos fotovoltaicos en las fachadas es incluirlos en dispositivos que normalmente se utilizan para dar sombra al edificio, como pueden ser parasoles, voladizos, aleros y porches, sustituyendo las lamas de sombreado tradicionales por otras con generadores fotovoltaicos que asumen la misma función de protección solar, evitando la entrada de radiación directa en verano con el consiguiente calentamiento excesivo del interior de los edificios, a la vez que permiten la entrada de luz natural. Se consigue además un ahorro en el consumo de energía eléctrica y aire acondicionado.

Esta aplicación permite, en muchas ocasiones, dar a los módulos una inclinación próxima a la que proporcionaría el máximo rendimiento de la instalación, ya sea incluyendo elementos que mantienen una posición fija, como otros que incluyen sistemas de orientación.

Parasoles

Otras aplicaciones

No solo los edificios pueden integrar sistemas fotovoltaicos en su diseño, ya que también se realiza en cubiertas de parkings, marquesinas o pérgolas, aprovechando de esta forma espacios a los que no se les puede dar otra utilidad, además con un alto rendimiento.

Instalación solar fotovoltaica integrada en los parkings

Otros elementos usados en el mobiliario urbano, como los de alumbrado público, integran sistemas fotovoltaicos que cubren sus necesidades de energía eléctrica, evitando el riesgo de corte de suministro eléctrico y con ello la falta de alumbrado en lugares de tránsito, a la vez que cumplen una función estética.

Sabía que...

El rendimiento de la instalación en nuestras latitudes es muy bueno, pudiéndose alcanzar una potencia de hasta 1.000 W/m^2 en un día despejado a la hora del mediodía, sin obstáculos con sombra.

 Aplicación práctica

Clasifique las siguientes imágenes, de menor a mayor, según el grado de integración arquitectónica que presentan, e indique el por qué de su elección.

SOLUCIÓN

La imagen que presenta una menor integración arquitectónica es la imagen central, ya que los paneles presentan un gran impacto visual y además no hay sustitución de elementos constructivos.

Le seguiría la tercera imagen, ya que está situada paralela a la envolvente del edificio, pero no sustituye a ningún elemento constructivo.

El mayor grado de integración lo presenta la primera imagen, ya que los módulos que en ella se muestran cumplen una doble función. Además de producir energía eléctrica, sustituyen elementos constructivos con una función estética.

3.2. Técnica

El fin de una instalación solar fotovoltaica es la producción de la mayor cantidad posible de energía eléctrica, utilizando para ello módulos o paneles fotovoltaicos. Pero cuando se trata de integrar el sistema fotovoltaico en una construcción, hay que tener en cuenta una serie de factores de carácter estético que no se plantean al realizar otro tipo de montaje, y que van a obligar a la adopción de medidas de carácter técnico.

Con el fin de adaptarse a las necesidades planteadas por los arquitectos, la evolución en los elementos que se emplean en los sistemas fotovoltaicos integrados es continua, siendo cada vez más numerosas las empresas con capacidad para fabricar productos a medida de los diseños presentados por estos.

Dependiendo de las características de la instalación, serán necesarias soluciones más o menos particulares. Así, hay instalaciones en las que se pueden utilizar los paneles fotovoltaicos convencionales, como es el caso de instalaciones aisladas o de instalaciones sobre suelo, en las que no influye la estética, o de las instalaciones en las que el grado de integración es menor, como las instalaciones realizadas sobre cubiertas planas o las realizadas paralelas a las envolventes.

Las mayores exigencias en el diseño de nuevos productos las presentan las instalaciones integradas. En este caso, los módulos se convierten en un elemento estructural, y por tanto, dejando aparte el aspecto energético, habrá que realizarlos con las mismas características de resistencia estructural y mecánica que se le exigen a lo materiales tradicionales a los que sustituyen.

 Nota

En la integración arquitectónica se utilizan módulos fotovoltaicos de doble vidrio y los módulos de estructura cristal-cristal-vidrio aislante.

Los **vidrios** usados para la elaboración de módulos fotovoltaicos deben cumplir las mismas directivas que los productos de construcción. Es importante que presenten la máxima resistencia contra la rotura, sobre todo aquellos destinados a cubrir zonas de paso de personas, para evitar su caída rápida en caso de rotura.

En la imagen que figura a continuación se muestra un esquema explicativo de las partes que componen un panel de doble vidrio.

Panel doble vidrio

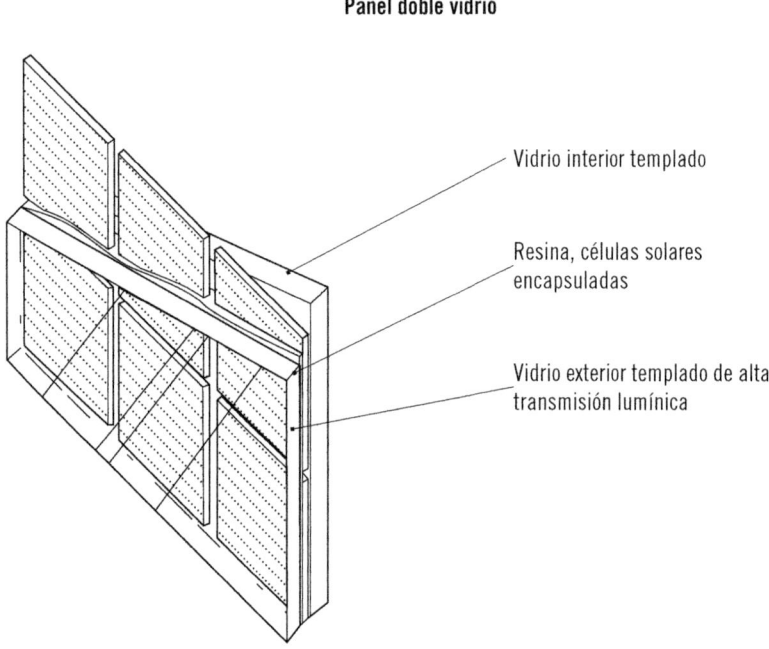

Vidrio interior templado

Resina, células solares encapsuladas

Vidrio exterior templado de alta transmisión lumínica

En la imagen que se presenta a continuación se muestra un esquema explicativo de las partes que componen un panel de cristal-cristal-vidrio.

Panel cristal-cristal-vidrio

Vidrio interior templado

Capa aislamiento térmico

Relleno de gas Argón

Sellado

Distancia de separación

El proceso de obtención del material con el que se construyen las células, condiciona la forma y el tamaño que estas pueden tener.

Nota

Las células monocristalinas tienen unos 10 cm de lado, y las células multicristalinas, entre los 10 y 15 cm.

En el caso de los módulos de lámina delgada, no se puede hablar de forma y tamaño de las células, sino del módulo.

Las células de silicio monocristalino se obtienen a partir de un cristal-germen y son de forma circular, aunque se suelen recortar para darles forma cuadrada con los bordes redondeados y así aprovechar mejor la superficie del módulo.

La forma en la que se fabrican las células de silicio multicristalino permite directamente la obtención de células cuadradas o rectangulares, y la tecnología de lámina delgada, no produce células individuales que posteriormente haya que conectar, sino una fina capa de 1 μm o 2 μm de espesor de material semi-conductor (silicio amorfo, teleruro de cadmio, seleniuro de cobre e indio, etc.) que se deposita sobre un sustrato apropiado, formándose un módulo continuo que no requiere interconexiones interiores.

Célula de silicio monocristalino

Célula de silicio policristalino

En cuanto al color, las células monocristalinas tienen un color homogéneo, normalmente azul. En las células multicristalinas el color no es homogéneo, ya que por su proceso de fabricación, el silicio no cristaliza de manera uniforme. Las células se recubren por su parte posterior con un material antirreflectante a base de bióxido de titanio o zirconio.

Variando el espesor de la capa antirreflectante puede variarse el color normal de las células, pero esto también hace que varíe el rango de longitudes de onda reflejadas y, por tanto, su rendimiento.

También puede darse distinto diseño a los contactos de la parte posterior de la célula. Normalmente forman una malla muy tupida que cubre prácticamente toda la superficie y que puede presentar distintas formas, aunque también puede diseñarse en forma de película ópticamente transparente, que hará que la célula también lo sea.

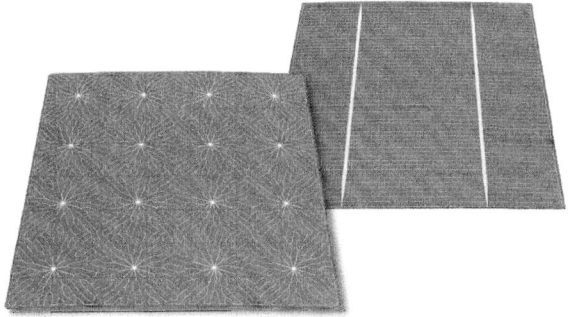

Parte posterior de las células

Diferentes aspectos se logran también serigrafiando el vidrio trasero. La variación del color del vidrio trasero no es difícil y no afecta significativamente al rendimiento del módulo. Los fondos pueden ser coloreados con tonos afines o en contraste con el de las células, ser totalmente transparentes o traslúcidos, o tratados con ácido según convenga al diseño planteado.

La evolución en este campo es continua, y no dejan de surgir y mejorarse técnicas que permiten la transformación de la energía del sol en energía eléctrica, como es el caso de las **nanopartículas,** que permiten la creación de diseños muy avanzados.

 Definición

Nanopartículas
Son partículas con un tamaño por debajo de 300 nm.

El número de células y su disposición en el módulo se pueden variar por motivos estéticos para darle mayor o menor transparencia, aunque hay que tener en cuenta que al disminuir el número de células se reduce en proporción directa la potencia eléctrica que puede obtener.

Paneles opacos   Paneles transparentes   Paneles finos transparentes

Transparencia de los módulos en función del número de células solares

Las necesidades de integración de los módulos afectan también a los soportes que los sujetan. Cuando los módulos se utilizan en fachadas ventiladas, muros cortina o en ventanas, se emplean para su sujeción los mismos sistemas que para el vidrio al que sustituyen. A veces se utiliza un terminal de conexión lateral que se coloca dentro de los perfiles que conforman la estructura; así, el cableado se realiza dentro de los montantes y/o travesaños de la fachada.

Cuando los módulos se integran en parasoles orientables, deberá contarse con los medios necesarios para producir esta orientación, ya sean medios mecánicos, motores eléctricos o un sistema de tubos que contengan gas.

Cuando los módulos se colocan paralelos al tejado, deben emplearse estructuras que dejen por lo menos 5 cm entre los módulos y el tejado, o cubierta para permitir la circulación de aire. Si se permite el montaje en los tejados, las estructuras de soporte no deberán fijarse a las tejas o a las chapas, sino a las vigas del tejado u otro elemento de la estructura de la vivienda.

Si no es posible fijar las estructuras al forjado mediante un anclaje, puede recurrirse al empleo de contrapesos colocados en la parte trasera a modo de lastre, de forma que contrarresten la acción del viento sobre los paneles.

? Sabía que...

Se están desarrollando paneles fotovoltaicos de Grafeno en vez de utilizar células de Silicio que permiten conducir muchísima más electricidad con una capa de Grafeno de apenas un átomo de espesor.

4. Resumen

Cuando se estudia el montaje de una instalación solar fotovoltaica, debe contarse con el impacto que esta producirá en su entorno; pero no debe olvidarse que este entorno también influirá en la instalación fotovoltaica. Si cerca de los módulos hay edificios, estos pueden producir sombras que reducirán la cantidad de energía producida, y la vegetación cercana también puede crecer y llegar a tapar algunos de los paneles de la instalación, con lo que estos producirán menos energía eléctrica de la prevista.

Por otra parte, los módulos que componen una instalación solar fotovoltaica son los elementos más visibles de toda ella, por lo que cuando se estudie su ubicación habrá que tener presentes las normativas aplicables.

Es cuando las instalaciones solares fotovoltaicas se integran arquitectónica y urbanísticamente, cuando más limitaciones pueden presentarse:

- En caso de plantearse en edificios ya construidos, deben buscarse aquellos que dispongan de una superficie y estructura capaces de soportar la nueva instalación, y que estén libres de sombras.
- Si se trata de edificios de nueva construcción, en los cuáles la instalación fotovoltaica forma parte del proyecto, puede conseguirse una mayor integración.

Las instalaciones solares fotovoltaicas se integran en las construcciones en diversos grados. El mínimo grado de integración consiste en emplazar las estructuras soporte sobre las cubiertas. Un mayor grado de integración supone disponer las estructuras paralelas a las envolventes, pero sin que cumplan ninguna función arquitectónica, y el mayor grado de integración se da cuando esta instalación sustituye a elementos constructivos.

Cuando las instalaciones fotovoltaicas se integran en los edificios, lo hacen sobre las cubiertas, sobre las fachadas, o como elementos de protección solar o sombreado. Otras posibilidades de integrar urbanísticamente los sistemas solares, lo constituyen su integración en cubiertas de **parkings,** marquesinas o pérgolas.

La integración urbanística y arquitectónica de las instalaciones solares foto-voltaicas no sería posible si la técnica que permite aprovechar la energía solar, no se hubiera adaptado a los métodos constructivos empleados, como sucede cuando en una fachada ligera se sustituyen los vidrios tradicionales por pane-les solares. Los paneles fotovoltaicos también evolucionan para adaptarse a las necesidades del diseño, y son muchos los fabricantes que fabrican módulos especiales, en los que utilizando un tipo determinado de célula se consigue variar el color o hacer los módulos semitransparentes..., sin perder de vista el fin energético de la instalación solar integrada.

Ejercicios de repaso y autoevaluación

1. ¿Cómo es la colocación de los módulos cuando existe superposición?

_____

_____

_____

_____

2. De las siguientes frases, indique cuál es verdadera o falsa.

   a. En las cubiertas fotovoltaicas únicamente se emplean tejas que integren las propias células fotovoltaicas.

   ☐ Verdadero
   ☐ Falso

   b. La mayor desventaja que presentan los paneles flexibles que se adhieren a las cubiertas planas es la pérdida por sombras.

   ☐ Verdadero
   ☐ Falso

   c. Para la realización de cubiertas curvas suele recurrirse al empleo de estructuras especiales que se adaptan a la forma de la superficie.

   ☐ Verdadero
   ☐ Falso

   d. Los lucernarios presentan un alto grado de integración arquitectónica.

   ☐ Verdadero
   ☐ Falso

3. **Indique a qué tipo de fachada corresponde cada una de las siguientes características:**

    a. La construcción de la pared exterior se divide en dos capas: una interior, estanca y aislada, y otra exterior que protege a la primera.

    b. Es una fachada ligera formada por montantes y travesaños, en los que la estructura auxiliar permanece suspendida y en la que el vidrio se sustituye por otro que incorpora células solares.

    c. Permite combinar los paneles de acristalamiento usados normalmente en este tipo de muros con los que incorporan células fotovoltaicas.

    d. La fachada se interrumpe en cada forjado de modo que la estructura auxiliar está apoyada en cada forjado.

4. **Indique, en la siguiente imagen, las partes de un panel cristal-cristal-vidrio.**

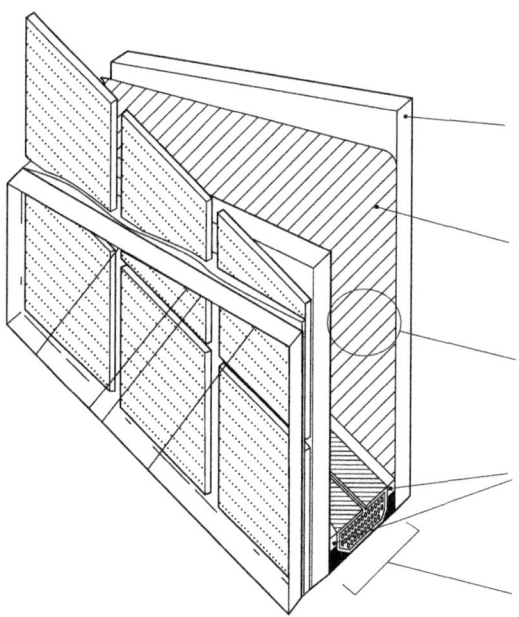

5. **De las siguientes frases, indique cuál es verdadera o falsa.**

    a. Las células de silicio monocristalino se obtienen a partir de un cristal-germen.

        ☐ Verdadero
        ☐ Falso

    b. El método de fabricación de las células de silicio monocristalino permite obtener directamente células cuadradas o rectangulares.

        ☐ Verdadero
        ☐ Falso

    c. Las células de silicio monocristalino pueden ser de silicio amorfo, seleniuro de cobre e indio, etc.

        ☐ Verdadero
        ☐ Falso

    d. Las células de silicio monocristalino son de color azul homogéneo.

        ☐ Verdadero
        ☐ Falso

Capítulo 2
Aprovisionamiento, transporte y almacenamiento del material

Contenido

1. Introducción

Para realizar el montaje de una instalación solar fotovoltaica, es necesario disponer de los materiales que van a ser montados. Esta afirmación puede parecer simple pero no lo es, ya que implica una planificación que, en ocasiones, puede resultar compleja. La necesidad de provisión de esos materiales se denomina aprovisionamiento.

Hay que tener en cuenta que para disponer de los materiales en el lugar de montaje, una vez que se han establecido las necesidades de estos, se ha seleccionado al proveedor y se ha realizado un pedido de los mismos, es necesario organizar y realizar su traslado. Para ello habrá que disponer los medios de transporte adecuados y una forma de embalaje que garantice que llegarán a su destino en perfectas condiciones pasa su uso.

Por último, cuando se reciban los materiales y hasta que vayan a ser usados, deberán disponerse en una zona en la que esté garantizado que no van a sufrir ningún tipo de deterioro o merma, en una zona de almacenamiento de características adecuadas, que también se habrá previsto de antemano.

2. Aprovisionamiento

El aprovisionamiento consiste en adquirir de forma adecuada los productos necesarios para la actividad de la empresa. Esto implica conocer todos los elementos que van a ser montados, su número y características, cómo y dónde obtenerlos, y los periodos previstos para la ejecución de cada uno de los trabajos de los que consta la instalación, a fin de que el suministro de los componentes se produzca en el momento preciso para su uso, así:

- El número y características de los elementos que componen la instalación, se conocerá a partir del proyecto de la misma.
- En los planos de montaje puede verse cómo quedan distribuidos.
- Y en el presupuesto vendrán determinados su número y descripción.

En la fase de proyecto habrá sido necesario conocer determinadas características técnicas de los componentes, como por ejemplo el rendimiento de los módulos o la capacidad nominal de las baterías, a fin de realizar los cálculos que den el número de elementos que proporcionen los valores exigidos para que la instalación trabaje satisfactoriamente. Igualmente, en la fase de proyecto se habrá decidido qué tipo de montaje se dará a los módulos, lo que llevará a plantear la necesidad de usar un tipo de perfilería, que en ocasiones deberá haber sido fabricada expresamente para cubrir las necesidades de este proyecto.

Así, tras estudiar a diferentes fabricantes, ahora es necesario elegir a los proveedores del material, ya que la correcta selección de los suministradores permitirá obtener las mejores condiciones en cuanto a calidad y precio. Es fundamental encontrar buenos proveedores y establecer con ellos acuerdos claros, que permitan realizar el aprovisionamiento de forma eficaz.

 Nota

Aprovisionarse desde empresas que cuenten con certificado de calidad garantiza que, durante todo el proceso productivo, se han mantenido una serie de estándares que garantizan la calidad final del producto que fabrican.

Para encontrar proveedores es necesario estudiar el mercado, para así saber cuáles tienen mayor peso en el mismo. La forma de encontrar proveedores es consultar registros públicos, revistas especializadas, acudir a ferias y exposiciones, internet, etc. Tras el estudio y valoración de la información obtenida, podrá confeccionarse un registro de proveedores potenciales que permita saber a cuántas empresas se les puede adquirir un determinado producto. Este registro suele hacerse empleando bases de datos, las cuales pueden ofrecer información de acuerdo con las necesidades por productos, por orden alfabético, etc.

Los aspectos que serán necesarios valorar, para cada uno de los proveedores, son:

- La calidad de sus productos, que se define como el conjunto de requisitos que hacen el producto adecuado al fin pretendido.
- El plazo de entrega, es el tiempo transcurrido desde que se hace el pedido al proveedor hasta la entrega del mismo. Es clave que los productos sean entregados en el momento oportuno para ser empleados.
- El precio del producto, que incluye el coste del mismo y otros gastos como seguros, transporte, etc. El precio guarda relación con los plazos de entrega y las condiciones de pago. Así, un menor plazo de entrega hace que se incremente el precio, como también lo incrementan unas condiciones de pago más favorables.
- La cantidad demandada, que debe ser la adecuada, de forma que no haya que modificar pedidos por falta de planificación.
- El servicio, consistente en las prestaciones que ofrece el proveedor con posterioridad a la entrega del producto, y pueden variar según las exigencias de los clientes.

Una vez conocidas las necesidades de material que va a precisar una instalación, hay que dirigirse a los posibles proveedores a través de una carta o modelo de solicitud de oferta en la que se indiquen los productos necesarios (descripción del producto solicitado) y en qué condiciones (precio por unidad y periodo de vigencia del mismo, descuentos, condiciones de pago, plazo y lugar de entrega, transporte, etc.).

Es importante disponer de una red de proveedores fiables en el cumplimiento de los plazos y compromisos adquiridos. Además, deben ser capaces de suministrar las cantidades de producto que van a necesitarse, evitando que puedan tener dificultades para afrontarlo, en caso de que el pedido sea demasiado voluminoso para las cantidades que normalmente suministran.

Nota

No consultar nunca a un proveedor, a quien por distintas razones (falta de experiencia, habitual falta de cumplimiento de los compromisos adquiridos, etc.) se tenga la firme intención de no realizarle un pedido. Solo deben consultarse proveedores que se sepa de antemano que van a ser capaces de proporcionar los equipos solicitados en los plazos y condiciones requeridas.

El número de empresas consultadas no debe ser inferior a tres ni superior a seis, ya que al final solo se elegirá a uno. Por último, en épocas de crisis habrá que asegurarse antes de realizar la consulta, la supervivencia de la empresa a la que se va a consultar, para no quedarse colgados sin suministro a mitad de proyecto.

Después de consultar a las empresas proveedoras, algunas de ellas responderán a la solicitud de oferta, por lo que para su correcta valoración será necesario fijar una serie de criterios como, por ejemplo, criterios técnicos, comerciales o financieros, con el fin de asegurar que la empresa finalmente elegida sea capaz de cumplir con los compromisos adquiridos.

Ejemplo

Para el análisis de una oferta de módulos fotovoltaicos, los criterios técnicos podrían ser:

I Las características constructivas (tipos de células, contactos, nº de células por módulo, estructura, marco, caja de conexiones, cables, etc.).
I Los valores característicos para la integración del sistema (tensión máxima permisible en el sistema, máxima carga física admisible, condiciones de operación, resistencia al impacto, etc.).

Continúa en página siguiente >>

<< Viene de página anterior

- Características generales (dimensiones, peso, condiciones de embalaje, tamaño de la caja de embalaje, etc.).
- Comportamiento bajo condiciones estándares de prueba (potencia eléctrica máxima, tensión en circuito abierto y en el punto de máxima potencia, corriente de cortocircuito y en el punto de máxima potencia, eficiencia, etc.).
- Curvas características, parámetros de temperatura, etc.

Entre los criterios no técnicos estarían:

- El precio.
- Las facilidades de pago.
- Los plazos de entrega.
- La duración de la garantía.
- Proximidad del servicio postventa.
- Calidad del servicio comercial, etc.

En cada una de las ofertas se evaluaría cada uno de los criterios establecidos, fijando un coeficiente de ponderación para cada uno de los aspectos planteados (por ejemplo, el aspecto financiero supondría un 30 % de la valoración, y dentro de este, el precio representaría un 90 % y las facilidades de pago el 10 %).

A continuación, para un criterio dado, se atribuiría la nota 0 a la peor de las ofertas y la nota 10 a la mejor. El baremo así planteado permite, por una regla de tres, puntuar las ofertas de calidad intermedia. La suma de las notas ponderadas de todos los criterios que corresponden a cada una de las ofertas da la nota global de la oferta, y así resulta fácil comparar las notas globales entre sí y elegir la mejor.

Una vez que se ha elegido al proveedor, hay que realizar formalmente el pedido. El pedido es un documento a través del cual el cliente hace llegar su demanda al proveedor. Se compone de dos partes: la cabecera y las líneas de pedido.

La cabecera es la parte del pedido en la que se recogen una serie de datos comunes al pedido, como son los datos de la empresa suministradora, la identificación del cliente, el número de pedido, la fecha de pedido, datos de entrega y aceptación, condiciones de pago, etc.

En las líneas de pedido se reseñarán los diferentes materiales que componen el mismo. Para cada producto se indicarán, por ejemplo, el código que lo identifica, la descripción de las mercancías solicitadas, la unidad de venta, la cantidad de unidades de venta solicitadas, el precio por unidad de venta, los descuentos aplicados y el precio final.

 Ejemplo

Para suministrar energía eléctrica fotovoltaica a una vivienda de ocupación permanente, que debe alimentar 15 puntos de luz de 20 W, televisión en color, pequeños electrodomésticos, lavadora de lavado en frío y frigorífico de bajo consumo, a 220 V, se ha calculado que es necesario emplear los siguientes elementos:

Elemento	Descripción	Número
Panel solar fotovoltaico	12V, 55Wp	20
Estructura soporte	20 módulos	1
Batería estacionaria	900Ah	2
Regulador	24V/60A	1
Inversor de onda sinusoidal modificada	24V/2000W	1

Puestos en contacto con un suministrador de material fotovoltaico, se le ha realizado un pedido de material, como se muestra a continuación. Las cantidades y precios consignados corresponden a los tratados directamente con dicho proveedor.

Continúa en página siguiente >>

<< Viene de página anterior

PEDIDO DE VENTAS

SUMINISTROS DE MATERIAL FV S.L.
CALLE GRANDE, 1
123321123
ANTEQUERA
MÁLAGA

N.º PLATAFORMA	*FECHA*	*CLIENTE*
PP/13-45234	3-01-2017	B00000000

Teléfono 123321123 Fax 123321123

REFERENCIA	DESCRIPCIÓN	CANTIDAD	UND	PRECIO	%DTO	IMPORTE
MF 55FTE	Módulo solar monocristalino 125 Wp 12 V	20	1	500	20	800
BT 900FTE	Batería estacionaria 900 Ah (c100)	2	1	1.800	10	3240
RCS 60FTE	Regulador carga solar 24 V/60 A	1	1	279	10	251,1
IS 2000FTE	Inversor sinusoidad 2000 W	1	1	1.500	20	1.200
ES 20PSFV	Perfilería y tornillería Estructura soporte 20 mód.	1	1	750		750

El modelo de pedido no es un documento formalmente establecido. Hay tantos modelos de pedidos como empresas, de forma que cada una confecciona el modelo como conviene a sus necesidades.

Entre los métodos más utilizados para realizar los pedidos se encuentran.

- **La carta.** Se necesita original y copia, el original se envía al proveedor, y la copia se queda como comprobante del pedido para el cliente.
- **El fax.** Se realiza de forma similar a la carta, pero utilizando el fax como medio de envío.
- **El correo electrónico.** Es más rápido, siempre que el proveedor disponga de estos medios.
- **Internet.** Para aquellos proveedores que ofrezcan esta posibilidad en su página web.

- **El teléfono.** Es un medio muy eficaz, ya que carece de burocracia y las gestiones son muy rápidas. Sin embargo, es necesario que entre los clientes y los proveedores haya una relación "de confianza".
- **Los agentes comerciales.** Los propios vendedores son los que rellenan el pedido, junto con el cliente.

Una vez realizado el pedido, el paso siguiente en el proceso de compra es la recepción de la mercancía. Las mercancías solicitadas llegarán acompañadas de un documento denominado **albarán** o nota de entrega. Este documento es expedido por el vendedor en el momento en que las mercancías salen de su almacén y sirve al comprador para comprobar, junto con la nota de pedido, que las mercancías solicitadas coinciden con las recibidas. El albarán es un documento que tampoco tiene forma determinada. Al igual que la nota de pedido, el albarán se compone de cabecera y líneas, que en este caso reciben el nombre de líneas de albarán, y contendrá los siguientes datos:

- Nombre, domicilio o razón social, NIF, tanto del comprador como del vendedor.
- Fecha de envío de la mercancía y fecha de entrega.
- Lugar de entrega de la mercancía.
- Descripción pormenorizada de la mercancía.
- Transporte, si es por cuenta del comprador o del vendedor.

 Nota

⏐ El albarán se emite antes que la factura.
⏐ Normalmente el albarán no va valorado, ya que para eso se emiten las facturas.

A la llegada de las mercancías se procederá a controlar que lo pedido coincide realmente con lo entregado, realizando recuento, examen visual de etiquetas de los bultos, etc. Si las mercancías son correctas, se prepara un vale de entrada para notificar el hecho al departamento o almacén correspondiente, aunque puede servir como vale de entrada una copia del albarán, que así podrá proceder al almacenamiento de las mercancías donde corresponda. Si no lo son, deben tomarse las medidas adecuadas.

Pueden presentarse las siguientes situaciones:

- Que la mercancía no coincida con el albarán (y por tanto con el pedido). En estos casos hay que notificar esta situación al proveedor. Si resulta que el proveedor ha enviado productos de más, y la empresa no va a adquirirlos, debe trasladarlos a una zona de almacenaje en espera de ser retirados por el proveedor. Si el proveedor ha enviado productos de menos, deberá enviar lo que falte, o en su caso, emitir un nuevo albarán por la cantidad realmente enviada.
- Que la mercancía coincida, pero sea defectuosa o en mal estado. En este caso habrá que proceder a su devolución, apartándola para que sea retirada por el proveedor.
- Que la mercancía coincida con el albarán, pero no coincidan con el pedido. En este caso, comprador y proveedor deben llegar a un acuerdo para realizar los ajustes, de forma que el comprador acepte la mercancía, o que el proveedor se adecue al pedido.

Una vez que la mercancía es recibida y aceptada por el cliente, el proveedor emitirá la factura para que sea abonada por el comprador. La aceptación puede ser explícita, mediante la firma del albarán, lo que acredita que se está de acuerdo con lo recibido, o implícita siempre que se haya especificado en las condiciones de compraventa que el cliente acepta la mercancía, siempre que no se pronuncie en contra de la recepción dentro de un plazo determinado.

La factura se emite en el momento del pago y acredita la propiedad sobre el producto, así que mientras que el cliente no pague, el vendedor no le entregará la factura, y mientras no posea la factura, no es propietario del producto. Al igual que con los documentos anteriores, no existe un formato de factura establecido.

Aplicación práctica

Al recibir una mercancía, comprueba que los 20 módulos solares que ha recibido son de 75 Wp en vez de 50 Wp, como se reflejó en el pedido. Además, aparecen albaranados los módulos de 75 Wp. ¿Qué haría en este caso?

SOLUCIÓN

En este caso, se decide no firmar el albarán, ya que eso supondría la aceptación explícita del pedido. También se contacta inmediatamente con la empresa proveedora y se les comunica que no se acepta el envío, ya que no corresponde con el pedido, y no hacerlo, supondría la aceptación implícita del mismo.

3. Transporte

El objetivo del transporte es la entrega de las mercancías al cliente, cumpliendo con los plazos establecidos, prestando un óptimo servicio.

El que los componentes de las instalaciones solares sean fabricados para soportar duras condiciones de trabajo en el exterior, no impide que algunos de ellos, como los módulos, sean frágiles y requieran un manejo especial. También son especiales las baterías, ya que contienen en su interior sustancias peligrosas (ácido altamente corrosivo) y los reguladores e inversores por tratarse de componentes electrónicos, por poner algunos ejemplos.

Nota

En el transporte de mercancías por carretera es muy importante que la carga esté bien colocada con una distribución de pesos adecuada, para así evitar que el centro de gravedad del vehículo se desplace demasiado, lo que implicaría un riesgo grande de accidente.

Los componentes están sometidos a riesgos en cualquier etapa del transporte. Durante la carga y descarga (ya sea del almacén de origen al medio de transporte, en transbordos intermedios, o desde el medio de transporte al punto de almacenaje en la entrega al cliente) el mayor riesgo consiste en caídas al suelo o en impactos con otras mercancías transportadas. Durante el transporte, el movimiento del medio empleado afecta a la carga con dos tipos de efectos mecánicos: la vibración y el desplazamiento.

 Definición

Vibración
Son pequeños movimientos oscilatorios a los que se ven sometidos los materiales cuando están siendo transportados, pero durante los cuales no varía su posición en el medio de transporte. Estos movimientos se producen periódicamente y su magnitud depende de las características del vehículo, las condiciones de fijaciones y por las vías de tránsito.

Desplazamiento
Son los movimientos que se producen en la carga dentro del medio de transporte, a consecuencia de los cuales deja de estar en el lugar en el que fue colocada inicialmente.

3.1. El embalaje

Los componentes que se montan en las instalaciones fotovoltaicas pueden proceder de cualquier parte del mundo, y los riesgos a los que se expondrán durante su traslado, les afectarán de forma distinta según hayan sido embalados. Por eso, para su transporte deben prepararse de forma que su embalaje garantice su integridad durante todo el trayecto.

Cuando se plantee la forma en la que se van a embalar los componentes para su transporte, habrá que tener en cuenta:

- Los medios de transporte que se van a utilizar.
- El apilamiento al que van a estar sometidos en los camiones, bodegas y almacenes.
- Los medios que se utilizarán para la carga, descarga y manipulación (plataformas, carretillas, medios humanos, etc.).

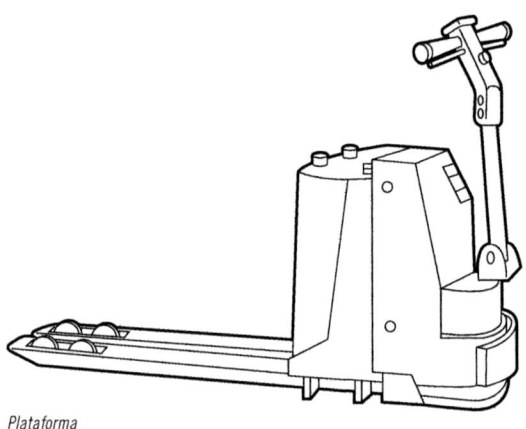

Plataforma

- Condiciones atmosféricas que puedan afectar a la mercancía o al embalaje, por ejemplo la humedad afecta a los componentes electrónicos y los cambios de presión a algunos elementos empleados en la fijación de cargas como las bolsas de aire.
- Si se verán sometidos a revisiones aduaneras.
- En qué posiciones deben manipularse y estibarse.
- El origen y el destino, para incluir las marcas en un idioma que pueda ser interpretado en ambas localizaciones.

Analizando estos factores y el producto transportado, se decidirá cuál es el tipo de embalaje y el material más adecuado para ello. El embalaje debe cumplir dos requisitos: proteger la mercancía y favorecer las operaciones de manipulación, transporte y almacenaje.

Los fabricantes embalan sus productos, siguiendo las siguientes disposiciones:

- Que el embalaje proteja las zonas más frágiles, como las esquinas, ya que son susceptibles de ser un punto de apoyo durante la manipulación.

- Que se ajuste al producto sin dejar huecos para que no puedan dañarse dentro del embalaje.
- Que disponga de asas u otros medios para facilitar su manipulación.

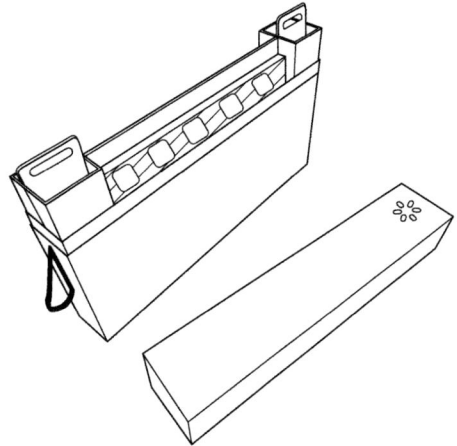

Ejemplo de embalaje que cumple los requisitos de manipulación y transporte

- Que permita la inspección visual del aparato, en caso de ser plástico.

Todo eso se garantiza sometiendo al embalaje a una serie de ensayos (ensayo de vibración, de compresión, de impacto horizontal, de apilamiento, de caída, etc.) que permiten conocer su resistencia a las actividades de transporte y almacenamiento.

En los embalajes pueden distinguirse varias partes: el **contenedor,** el **material protector,** los **elementos** de precintado, el **etiquetado** y las **indicaciones gráficas.**

El **contenedor** corresponde al elemento exterior que envuelve la mercancía. Puede ser simple o doble. En cualquier caso debe ser robusto y resistente, generalmente en forma de cajas. Puede ser de diversos materiales, pero principalmente se utilizan el cartón y la madera:

- **Papel y cartón.** Los más utilizados son los de cartón tipo compacto o corrugado, con uno, dos o tres espesores de onda. Son los más utilizados para embalajes desechables, ya que su costo es bajo, son fácilmente adaptables, y pueden asociarse con otros elementos como enrejados de madera, cubiertas de plástico, etc.
- **Madera.** Se utiliza en forma de cajas de tablero contrachapado o como plataformas de paletizado. Los cajones pueden llevar refuerzos metálicos en esquineras para evitar que se abran durante su manipulación. Permiten el apilado, soportan mercancía pesada. La madera es resistente y duradera.

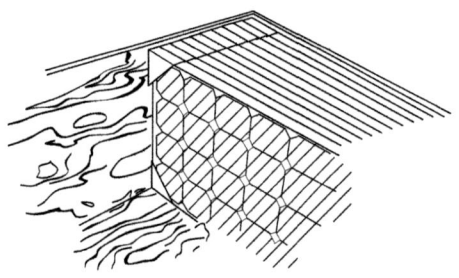

Módulos fotovoltaicos en embalaje de madera

- **Plásticos.** Se utilizan en forma de *film* para el enfardado. Se emplean en las enfardadoras que son las máquinas dispensadoras de *film* (manuales o automáticas), que permiten envolver los palés de manera rápida y fácil.

El **material protector o material de relleno** está formado fundamentalmente por espumas de polietileno (PE), de poliestireno expandido (EPS) o de poliuretano (PU). Se trata de materiales que ofrecen una buena amortiguación, por lo que protegen frente a impactos y vibraciones. Su coste es bajo. Son ligeros y resistentes a la humedad. Admiten el moldeado, troquelado, fresado y la soldadura, que permite obtener diseños adaptables a todo tipo de piezas, lo que reduce los costes del transporte y optimiza el volumen. Pueden presentar una amplia gama de aspectos, densidades y modelos, según para lo que vayan a ser empleados. Se presentan principalmente en forma de:

- Perfiles en L empleados para la protección de esquinas.
- Perfiles en U que permiten la protección de esquinas y bordes laterales.
- Laminado de espuma de polietileno que se emplea para la protección superficial de los módulos.
- Perfiles circulares, que se emplean para la protección de tubos.
- Diseños especiales, que se adaptan a los contornos e irregularidades de las piezas.

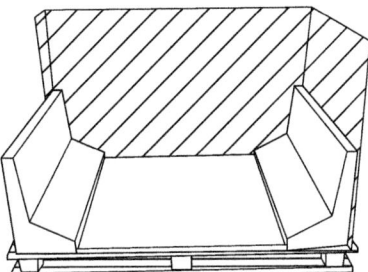

Perfiles empleados para la protección de los módulos

También puede emplearse cartón, con el que se crean compartimentos que hacen que la pieza permanezca fija dentro del envase contenedor.

Los **elementos de precintado** se usan para cerrar los bultos y como sistema de sujeción, para evitar su apertura durante el transporte, por los puntos débiles del contenedor. La cinta de carrocero normal no suele ser suficiente para un precintado eficaz, por lo que para el cierre se emplean flejes metálicos, cinta reforzada, cinta plástica adhesiva, cinta reforzada con nailon, etc., con un ancho adecuado. Hay que tener en cuenta que cuanto más voluminoso y pesado sea el bulto, más fuerte debe ser el sistema de sujeción.

El **etiquetado** se coloca sobre un costado visible del empaque, normalmente en la parte superior. Ayuda a identificar los productos, facilitando su manejo y ubicación. Se realiza mediante impresión directa, etiquetas adhesivas, etc. Si se cuenta con los medios apropiados, pueden incorporarse códigos de identificación electrónica, como los códigos de barras. El etiquetado no debe colocarse sobre las juntas de cierre, ni sobre los precintos.

 **Importante**

Debe aparecer una sola etiqueta de envío para evitar confusiones, por lo que si ya había una etiqueta anterior, debe retirarse o tacharse para evitar confusiones.

Las **indicaciones gráficas o pictogramas.** Dan indicaciones sobre cómo deben ser manipulados los embalajes durante el transporte. Se emplean símbolos estandarizados, normalmente los recogidos en la norma ISO 780:2016, que pueden ser interpretados en cualquier país por el que pase el transporte, aunque pueden incorporarse otros símbolos no recogidos en la norma.

Aunque pueden utilizarse etiquetas, es preferible que los signos vayan impresos directamente sobre el embalaje. El color de marcado es negro, aunque si el embalaje fuera de un color en el que el símbolo no resaltara, deberá usarse sobre un fondo a modo de panel que ofrezca un contraste adecuado, normalmente el blanco. Su tamaño debe ser de 100, 150 o 200 mm, aunque pueden ser necesarios símbolos de mayor o menor tamaño, en función de las dimensiones y forma del embalaje.

El material debe ser indeleble, resistente a la abrasión y manejo. Las marcas de manipulación se colocan en la parte superior izquierda, en el lado opuesto al etiquetado. Dependiendo de la forma y tamaño del embalaje variará el número de símbolos idénticos que deben colocarse en el embalaje. Así, el símbolo "frágil" debe colocarse cerca de la esquina superior izquierda de las cuatro caras verticales del embalaje; el símbolo "hacia arriba" se coloca en el mismo emplazamiento que el "frágil", pero cuando aparecen ambos, el símbolo "hacia arriba" va a la izquierda del "frágil"; el símbolo "centro de gravedad" debe situarse sobre todas las caras; y el símbolo "eslingas aquí" debe situarse al menos en dos caras opuestas.

La siguiente tabla presenta todos los símbolos que se pueden encontrar en el embalaje, indicando el significado de cada uno de ellos.

Símbolo	Significado
	Colocar mordazas aquí.
	No colocar mordazas aquí.
	Está prohibido utilizar la carretilla de mano por este lado.
	No utilizar carretillas elevadoras.
	Hacia arriba.
	Proteger de la humedad.
	Frágil.
	Límite de temperatura.

Continúa en página siguiente >>

Montaje mecánico de instalaciones solares fotovoltaicas

\<\< Viene de página anterior

Símbolo	Significado
	No exponer el embalaje a la luz solar.
	Proteger de fuentes radiactivas.
	Centro de gravedad.
	Límite de embalajes a apilar.
	Límite de apilamiento en kg.
	No apilar.
	No rodar.
	Está prohibido el uso de los garfios.

Continúa en página siguiente \>\>

<< Viene de página anterior

Símbolo	Significado
	Se pueden utilizar pinzas de presión solo por este lado y por encima de la marca. Es imprescindible pinzar también el canto superior del aparato.
	Se pueden utilizar carretillas de mano por este lado.
	Los aparatos han de cargarse de manera que las flechas apunten en la dirección de la marcha.
No · Sí	Apilar únicamente aparatos de igual perímetro.
	Prohibido remontar un palé por encima de otro.
	No pisar.
	Punto de mayor peso.
	Cortar por la línea de puntos.

3.2. Carga y descarga

Es importante antes de proceder a la carga en el medio de transporte, revisar este para comprobar que no exista nada que pueda provocar daños a la mercancía transportada. Si se detecta algo que pueda provocar daños, debe solucionarse antes de proceder a la carga. Si no puede solucionarse, debe rechazarse el medio de transporte.

Para evitar que se produzcan golpes o daños en la mercancía, es recomendable que el proveedor facilite las normas de manipulación y tratamiento específico de la mercancía, a fin de que todos los que intervienen en su traslado conozcan las condiciones correctas de manipulación.

La carga se colocará en la posición adecuada, siguiendo las indicaciones impresas en el embalaje (por ejemplo, flechas indicando que deben mantenerse en vertical), así como las que figuren en el albarán de envío.

Habrá que tener en cuenta si puede ser apilada horizontal o verticalmente, si debe colocarse en determinada posición, ya que los materiales con partes delicadas deben colocarse con estas hacia el interior del transporte para evitar el choque con los laterales, o si se transporta en número suficiente para que se considere un transporte peligroso porque las baterías contienen ácido, y dependiendo de cómo se embalen y carguen pueden considerarse un transporte de mercancías peligrosas, cuyo trasporte deberá efectuarse siguiendo las indicaciones del ADR.

 **Definición**

ADR
Acuerdo Europeo sobre el transporte Internacional de mercancías peligrosas por carretera.

 **Nota**

Para que el transporte de baterías nuevas no esté sometido a las disposiciones del ADR:

▪ Deben estar sujetas de forma que no puedan deslizarse, caer o dañarse.
▪ Deben ir provistas de medios de aprehensión (excepto en caso de apilamiento, por ejemplo, en paletas).
▪ Que no presenten en su exterior ninguna señal peligrosa de ácido.
▪ Que vayan protegidas frente a cortocircuitos (se protegen los terminales cubriéndolos por completo con un material aislante o bien se envuelve cada batería por separado en una bolsa de plástico).

La colocación de la carga dentro del vehículo debe realizarse de forma cuidadosa, empleando los medios adecuados tanto para evitar los deterioros de las mercancías, como lesiones al personal que realiza la estiba, y manualmente, con la ayuda de carretillas manuales, o con carretillas elevadoras con horquillas, si se trata de cargas paletizadas, incluso habrá que emplear medios técnicos auxiliares, como puentes grúa o cabrestantes si son de grandes dimensiones.

 Importante

Las cargas no pueden apilarse hasta una altura que comprometa su verticalidad, para evitar desplomes.

La mercancía debe asegurarse para su transporte, garantizando su fijación, evitando desplazamientos que hagan que las cargas queden en una posición inestable, que propicie su vuelco y el consiguiente deterioro. Para asegurar la carga, la estiba puede realizarse mediante flejes que se atan a dos puntos de sujeción (superior e inferior), colocados en los laterales del embalaje, o correas de sujeción. No es recomendable flejar bultos juntos, ya que debido a las vibraciones se podrían desatar, lo que afectaría a la distribución que se ha dado a la carga.

Ejemplo de estiba correcta e incorrecta

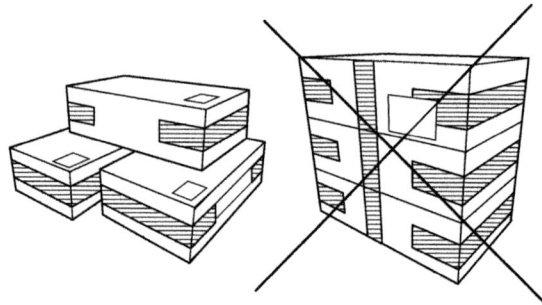

Los flejes o cinchas que se empleen como elementos de estiba, no deben apretarse hasta el punto de dañar o deformar los bultos.

El movimiento de la carga también puede evitarse si se aumenta el nivel de compactación, evitando la presencia de huecos. Para ello se utilizan bolsas de aire, que se introducen entre la carga, y que evitan el desplazamiento de la mercancía.

Distribución de las bolsas de aire entre la carga

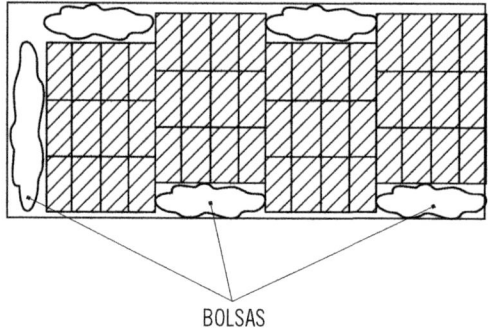

BOLSAS

La carga se coloca de forma que no se apoye toda a un mismo lado, ya que así se deterioraría. Es mejor que se apoye alternativamente a ambos lados, para un mejor reparto de los esfuerzos. Las bolsas se colocarán evitando que las cargas se desplacen hacia los laterales y de delante a atrás.

4. Almacenamiento

El almacenamiento es el acúmulo de materiales que van a ser empleados, en este caso, para el montaje de la instalación solar fotovoltaica. Debe producirse de forma que se garantice el abastecimiento durante todo el tiempo que dure este montaje.

La determinación de la superficie que va a destinarse a almacenamiento va a depender de varios factores:

- La naturaleza de la instalación.
- El espacio disponible.
- El ritmo de suministros.

En primer lugar está la naturaleza de la instalación. Dependiendo del tipo de instalación, variarán el número de componentes, sus dimensiones, y la realización de trabajos auxiliares de montaje.

 Nota

Todos los equipos deben permanecer en su embalaje hasta el momento de su instalación y colocarse en la posición indicada en el mismo.

Es conveniente asegurar la zona de almacenamiento, limitando el acceso. Por ejemplo rodeando el recinto con una verja con llave o con sistemas de vigilancia remota, pueden evitarse robos y el acceso de personas ajenas a los trabajos.

Otro factor que va a influir en el tamaño del almacenamiento es la disponibilidad de un espacio con un relieve adecuado, es decir, llano, en el que los materiales no se deterioren, (ya que hay que evitar daños por dejar los equipos a la intemperie), y al que puedan acceder fácilmente los medios auxiliares, por ejemplo, una caretilla elevadora que traslade un palé de módulos.

Importante

La zona de almacenamiento debe estar nivelada para evitar el vuelco de los medios de transporte (carretillas). Además, la zona de almacenamiento contará con la iluminación suficiente para poder trabajar.

Ejemplo

Para los palés en el suelo, en una primera aproximación, se calcula en general una vez y media la superficie neta de los palés propiamente dichos.

En la superficie destinada al almacenamiento, habrá que reservar espacio para las vías de acceso, la llegada y salida de materiales, y las zonas de maniobra, aparte de la zona en la que van a permanecer almacenados los materiales (zona de almacenamiento, propiamente dicha). El espacio ocupado deberá distribuirse de forma que las operaciones que se lleven a cabo, no se entorpezcan entre sí.

En la zona de almacenamiento puede distinguirse entre las áreas de acopio, en las que simplemente se tiene el material, y las áreas de preparación, en las que se realiza la preparación de elementos para su montaje definitivo.

También, durante el almacenamiento de los equipos que componen una instalación fotovoltaica, debe evitarse que estos sufran golpes y caídas, por lo que para descargar los equipos transportados, es necesario disponer en el lugar de destino de los mismos medios que se han empleado en el punto de carga.

El ritmo de suministros es otro de los factores que influye en el tamaño del área de almacenamiento. Está relacionado con los dos factores anteriores. En una instalación pequeña, por ejemplo, la instalación aislada de una vivienda rural, puede ser factible disponer desde el principio de todos los materiales sin que ello ocupe un área excesiva. Pero si se trata, por ejemplo, de la instalación de una fachada solar, disponer de un área que permita almacenar desde el principio todos los materiales que se van a emplear puede no ser una buena opción, ya que tal cantidad de materiales dificultarían la realización de otros trabajos. Por ello es mejor que el suministro se vaya produciendo a medida que avanzan los trabajos, de forma que la salida de materiales va dejando espacio libre en el que almacenar los materiales para las siguientes fases del montaje.

 Importante

Durante el manejo de los módulos hay unas reglas a tener en cuenta:

I No desembalar los módulos hasta llegar al lugar de montaje final, para evitar que sufran daños.
I No colocar los módulos sobre lugares inestables.
I No tumbar los módulos con el lado acristalado hacia abajo.
I Guardar los módulos en un lugar limpio y seco hasta su utilización.
I Cubrir la cara anterior de los módulos hasta la puesta en marcha.

Aplicación práctica

En el lugar de montaje de una instalación solar fotovoltaica, reciba los módulos que van a ser instalados. Describa las operaciones necesarias para que los módulos no sufran daños tras el desembalaje y hasta el momento en que van a ser usados.

SOLUCIÓN

Para realizar correctamente las operaciones de desembalaje se debe, antes de realizar cualquier otra acción, interpretar las instrucciones y advertencias que aparecen en el embalaje. Luego, pero antes de la instalación, se tomará nota de los números de serie que corresponden a los módulos, para incluirla en la documentación de dicha instalación.

Los módulos deben manejarse de forma cuidadosa, por eso, cuando se desembalen o se transporten de un punto a otro, habrá que tener presente que si el traslado se realiza de forma manual, deberá hacerse con ambas manos, y si es necesario, entre dos personas para que no se comben o cedan bajo su propio peso. Deberán transportarse por el lateral más largo, y en ningún caso se sujetarán por la caja de conexiones. Cuando se dejen en el suelo, se hará sobre una superficie firme y lisa, sin dejarlos caer, en una posición en la que no queden sometidos a cargas ni tensiones, y de forma que no se pisen accidentalmente. Hasta el momento en el que sean montados, deberán permanecer en un lugar seco y bien ventilado, manteniendo los contactos eléctricos secos y limpios.

5. Resumen

Las operaciones de aprovisionamiento, transporte y almacenamiento del material, van a hacer posible disponer de los medios materiales necesarios para poder acometer el montaje de la instalación solar fotovoltaica que se ha proyectado.

El aprovisionamiento consiste en adquirir de forma adecuada los productos necesarios para la actividad de la empresa.

Puestos en contacto con el proveedor se le realizará un pedido, utilizando para ello carta, fax, correo electrónico, teléfono, etc. Una vez realizado el pedido, el siguiente paso en el proceso de compra es la recepción de las mercancías; se comprueba que el producto enviado corresponde con el pedido, y si es correcto, se acepta el envío. Una vez que la mercancía es aceptada por el cliente, el proveedor emitirá una factura para que sea abonada por el comprador.

Mediante el transporte se suministran las mercancías a los clientes. Debe emplearse el método de embalaje apropiado a la forma de transporte y almacenamiento, y en realizar las operaciones de carga y descarga de la forma más adecuada.

El embalaje deberá, entre otros aspectos, proteger las zonas más frágiles, ajustarse al producto sin dejar huecos y facilitar su manipulación.

Durante las operaciones de carga y descarga es necesario comprobar que el vehículo de transporte se encuentra en condiciones de recibir la carga sin dañarla y que esta se coloca de manera adecuada y asegurada, teniendo las indicaciones impresas en el embalaje, así como las presentes en el albarán de envío.

Cuando la mercancía llega a su destino, la mercancía se descarga empleando los mismos medios que se emplearon para su carga. Es conveniente que el proveedor facilite las normas de manipulación y tratamiento específico de la mercancía.

Desde que se produce la recepción de los materiales hasta que se usan, estos deben permanecer almacenados de manera adecuada en lugares donde no puedan sufrir daños. Además, la superficie que va a destinarse al almacenamiento va a depender de la naturaleza de la instalación, del espacio disponible y del ritmo de suministros, dividiéndose en diferentes áreas.

Ejercicios de repaso y autoevaluación

1. ¿En qué consiste el aprovisionamiento?

_____

_____

2. ¿Qué aspectos serán necesarios valorar, para cada uno de los proveedores?

_____

_____

3. Indique a qué parte del embalaje corresponde cada función.

    a. Está formado fundamentalmente por espumas de polietileno (PE), de poliestireno expandido (EPS) o de poliuretano (PU).

    b. Corresponde al elemento exterior que envuelve la mercancía.

    c. Pueden realizarse diseños especiales, que se adaptan a los contornos e irregularidades de las piezas.

    d. Se coloca sobre un costado visible.

    e. La cinta de carrocero normal no suele ser suficiente.

    f. Su tamaño debe ser de 100, 150 o 200 mm.

    g. Puede ser de diversos materiales, pero principalmente se utilizan el cartón y la madera.

4. ¿Cómo se indica, sobre un embalaje, la fragilidad de los módulos fotovoltaicos que contiene?

_____

_____

5. ¿De qué factores depende la determinación de la superficie que va a destinarse a almacenamiento?

_____

_____

Determinación y selección de equipos y elementos necesarios para el montaje a partir de los planos de la instalación

Contenido

1. Introducción

No todas las instalaciones solares fotovoltaicas están compuestas por los mismos elementos y, por tanto, no todas necesitan los mismos medios para el montaje de los equipos. En la documentación que compone el proyecto de la instalación aparecen reflejados todos los elementos que deben montarse y la ubicación en la que se colocarán. Del estudio de esta documentación se obtendrá la información que permitirá elegir los medios necesarios para llevar dicho montaje a buen término. Dentro de esta documentación, los planos son fundamentales para conocer el tipo de instalación que va a realizarse, y su correcta interpretación será fundamental para determinar los equipos y herramientas que habrá que utilizar.

2. Proyecto técnico de una instalación solar fotovoltaica

Cuando los proyectos de instalaciones solares fotovoltaicas son realizados por técnicos competentes y visados por el Colegio Profesional correspondiente, se garantiza la calidad de los mismos y la conformidad con la normativa vigente.

Un proyecto tipo de una instalación solar fotovoltaica estaría estructurado de la siguiente forma:

- **Portada.** En ella aparecerían: descripción, situación, datos del cliente, datos del autor del proyecto, fecha, firma del autor y sello de visado del Colegio al que pertenece.
- **Memoria técnica de la instalación fotovoltaica.** En ella se hacen una serie de consideraciones generales, se fijan los antecedentes del proyecto, se realiza una descripción de la instalación (del generador fotovoltaico, estructuras soporte, inversor, línea eléctrica, protecciones y puesta a tierra), y se recogen los resultados de los cálculos, (para lo cual habría que indicar las condiciones iniciales, el dimensionado eléctrico, la producción anual estimada y un análisis económico de rentabilidad).
La memoria nunca incluirá cálculos ni el por qué de las justificaciones, mencionando únicamente los resultados, y haciendo referencia a los Anexos (Datos de partida, Marco legal, Estudios justificativos de la solución adoptada, Programa de desarrollo de trabajos, etc.) y demás

documentos del proyecto. La memoria será ordenada, reflejando los hechos en un orden lógico, similar al de la futura ejecución, en función del contenido y estructura de la misma, numerando correlativamente los capítulos y apartados, y empleando numeración decimal.

- **Memoria técnica de otros sistemas complementarios.** Esta incluiría el dimensionado del sistema y la descripción de la instalación (si es un subsistema para un circuito cerrado de televisión, de un subsistema de protección contra incendios, del subsistema antirrobo y anti-intrusión, del sistema telemétrico de control de las instalaciones, o de una estación meteorológica), incluyendo la planificación de la instalación.

- **Planos.** Este termino se detallará en el siguiente punto.

- **Pliego de condiciones técnicas.** Este incluye tanto las condiciones particulares referidas a los equipos, línea eléctrica, conexión a la red, protecciones, infraestructuras, etc., como las condiciones generales relativas a la legislación aplicable, normativa técnica o prevención de riesgos laborales.

  El **pliego de condiciones** es un documento en el que se hace una descripción de la obra y se regula su ejecución. Define (junto con los planos) los distintos elementos y partes de la obra, las características que deben reunir los materiales y sus condiciones de utilización, las condiciones de ejecución de obras, incluso otras instalaciones que fueran necesarias y precauciones especiales a tomar, actuaciones que comprenden a cada unidad de obra, así como su forma de medición y abono, y el conjunto de disposiciones y aspectos técnicos que resulte conveniente exigir al contratista.

  En el pliego de condiciones se establecen, por parte del autor del proyecto, todos aquellos aspectos que el contratista deberá observar durante la ejecución de los trabajos correspondientes.

  Unidad de obra. Es la parte elemental de la obra, que suponga una determinada actuación (utilización de mano de obra y/o maquinaria) generalmente para aplicación en ciertos elementos, que tendrán el carácter de materiales. La actuación debe quedar plasmada, por tanto, en la ejecución de una determinada parte o elemento de la obra. Para un correcto estudio de precios conviene que las unidades de obra sean lo más elementales posible y estén perfectamente especificadas.

- **Estudio de seguridad y salud.** Es importante en cuanto se evalúan los riesgos y se planifican las medidas de prevención que evitarán que se produzcan tanto incidentes como accidentes laborales. Según Real

Decreto Legislativo 8/2015, de 30 de octubre, por el que se aprueba el texto refundido de la Ley General de la Seguridad Social accidente de trabajo se define como: "toda lesión corporal que el trabajador sufra con ocasión o por consecuencia del trabajo que ejecute por cuenta ajena". Legalmente no hay accidente si no se produce lesión.

- **Presupuesto de ejecución.** En él se reflejarán los costes correspondientes a los equipos descritos (módulos, estructuras soportes, inversores, protecciones, cableados, canalizaciones y puesta a tierra, contadores, etc.), montaje, instalación y puesta en marcha, otros trabajos asociados (como la obra civil), la mano de obra y los costes administrativos.

- **Anexos.** Estos están compuestos por todo aquel material (hojas de características de los equipos utilizados, certificados de calidad y conformidad, etc.) que confirman y avalan lo expresado en el resto del proyecto.

 Nota

- La memoria es el primer documento que aparece en un proyecto técnico. Sirve para introducir al lector en el mismo, exponiendo de forma clara y concisa todo su contenido.
- El pliego de condiciones es un documento contractual, y por tanto vinculante, por lo que todo lo que se refleje en él debe tomarse como verdadera cláusula de contrato.
- Dos unidades de obra serán distintas aunque puedan suponer actuaciones similares, si el precio resultante es distinto, por variar las cantidades a aplicar, las características de los materiales, la mano de obra o la maquinaria, y como tales habrá que considerarlas.
- Los incidentes son aquellos sucesos que de haber ocurrido en circunstancias ligeramente distintas podrían haber producido lesiones y haberse convertido en accidentes. Ofrecen "pistas" fundamentales para detectar situaciones de riesgo y evitarlas en el futuro.

2.1. Planos: la representación gráfica de las instalaciones

Los planos son una representación a escala de un objeto real, en la que se incluyen todos los datos y medidas necesarios para definirlo, usando las herramientas normalizadas necesarias para ello.

Si es necesario, la representación del objeto puede realizarse en relación con su posición o la función que cumple.

Los planos que se empleen para representar la instalación deben ser claros y precisos, con las indicaciones necesarias para ejecutarlas, y evitando incluir contenidos inútiles e indicaciones innecesarias. El número de planos será el suficiente para una completa descripción.

 Importante

Los planos forman parte de la documentación contractual del proyecto y tienen carácter vinculante, por lo que pueden ser utilizados en caso de reclamación jurídica, por eso, es tan importante que no presenten errores.

Al ser los **planos** un documento de comunicación entre proyectistas, instaladores, montadores, etc., constituyen una herramienta que permite a estos últimos ubicar en los lugares adecuados los elementos que aparecen en la memoria, de acuerdo con las características que sobre los mismos se incluyen en el pliego de condiciones.

Los planos han de reflejar totalmente la instalación para la que se diseñan y su desarrollo suele ser paralelo al del proyecto.

 Recuerde

La memoria y el pliego de condiciones son dos de los documentos que forman parte del proyecto.

Los planos en la instalación solar fotovoltaica

En el proyecto de instalaciones solares fotovoltaicas, la representación gráfica está formada por planos y esquemas.

 Definición

Plano
Es un conjunto de símbolos mediante los cuales se señalan e interpretan las necesidades del usuario. En él deben figurar la cantidad, el tipo y la distribución de los elementos de la instalación, mostrando la forma en que esta quedará.

Esquema
Es la representación gráfica de un circuito o instalación, en la que van indicadas las relaciones mutuas que existen entre sus diferentes elementos así como los sistemas que los interconectan.

Los **planos** que componen cualquier instalación van desde los que ofrecen la información general hasta los que ofrecen información particular. Se presentan ordenados desde lo general hasta lo particular y, si en el proyecto pueden establecerse partes independientes, deben aparecer seguidos todos los referentes a una parte concreta.

Los planos que puede reunir un proyecto técnico de instalación fotovoltaica son:

- De situación, que permita identificar la situación geográfica de la planta.
- De distribución de los soportes, en el que se indique la distancia entre filas y entre pilares de estas estructuras.
- Plano en el que se muestre la estructura soporte.
- Planos de detalle.
- Puntos singulares, cruces, conexiones, etc.

- Planos de planta y secciones de la sala donde vayan los sistemas de apoyo energético.
- Canalizaciones.
- Alzados y secciones necesarios sobre las plantas de instalaciones de los planos anteriores.

 Nota

Los planos de situación deben incluir puntos de referencia de fácil localización..

En los planos de plantas, secciones y alzados de instalaciones figurarán los equipos y accesorios que intervienen, con indicación de los diámetros o medidas necesarias, así como de los materiales empleados. Estos planos suelen representarse a escala 1:50; 1:75 y 1:100.

Los planos de las plantas y secciones de la sala que contiene los sistemas de apoyo reflejarán la ordenación de la misma, indicando la situación de todos los elementos, incluidos los cuadros eléctricos. En lo referente a dimensiones, distancias a grupos y elementos estructurales, ventilación, equipos de incendio, etc., se seguirá la normativa UNE[1] vigente. Se emplean las escalas 1:20 o 1:50 para representarlos.

Los detalles pueden dibujarse en el mismo plano en el que aparece el elemento a detallar, en un conjunto de planos de detalles o combinando ambas soluciones. Se realizarán tantos planos de detalle como sean necesarios. En ellos se representarán elementos como bancadas, soporte de equipos, anclajes especiales y otros que por motivos de escala no quedan suficientemente claros en los planos generales o de montaje. Las escalas utilizadas en los planos de detalle son altas, 1:5 o 1:10.

---

1 Una Norma Española.

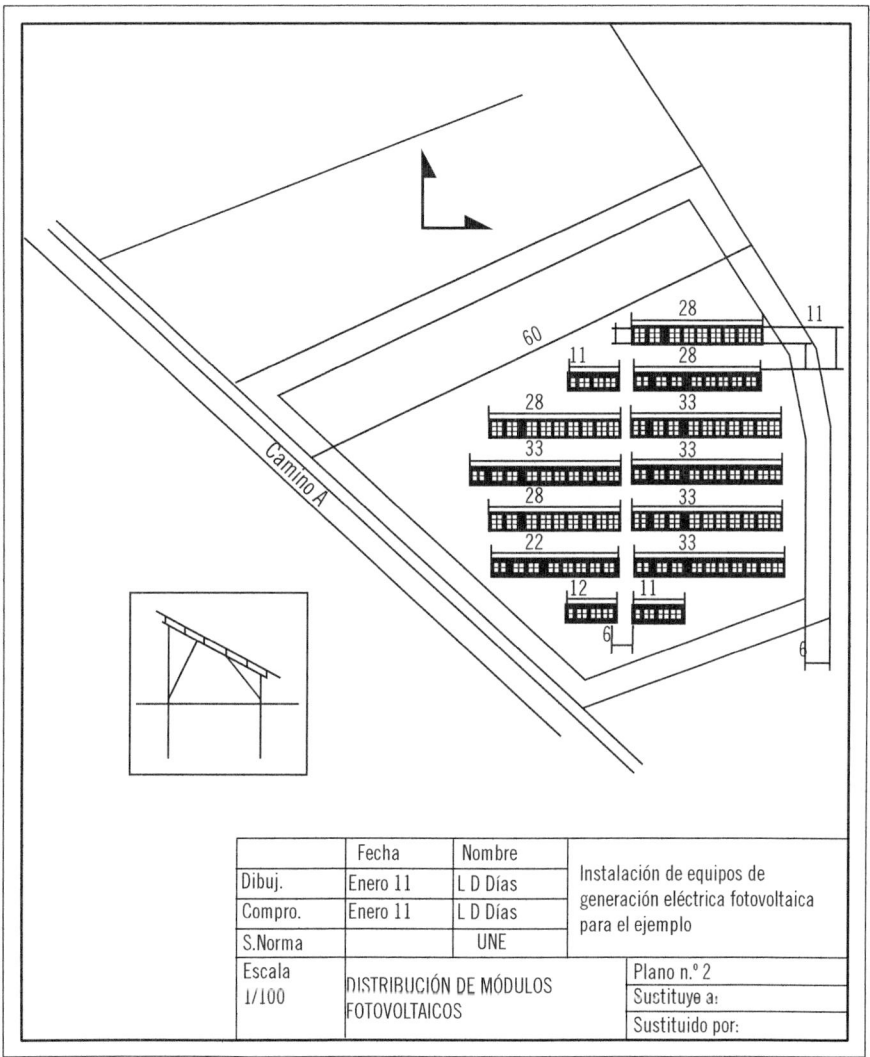

Ejemplo de un plano de distribución de módulos fotovoltaicos

Los **esquemas** deben contener todos los elementos que forman parte de la instalación, con indicación de sus características principales, y prestándole especial atención a los sistemas de seguridad. En la representación de los sistemas solares fotovoltaicos, se puede encontrar los siguientes esquemas:

- Esquema general de la instalación.
- Esquema unifilar eléctrico.
- Esquema unifilar de conexión a la red.

Además, en el proyecto global de la instalación se incluirán los planos necesarios para definir los subproyectos que formen parte de ella.

Importante

Aunque la representación de los esquemas no se realiza a escala, la representación de sus componentes tiene que ser normalizada con el fin de no ocasionar incertidumbre ni equivocaciones a la hora de interpretarlos para el posterior montaje y puesta en marcha de una instalación.

3. Componentes de la instalación: equipos y elementos necesarios para su montaje

Los fabricantes de componentes fotovoltaicos suelen incluir en la documentación técnica que acompaña a sus productos instrucciones, tanto para el montaje de los módulos como para el ensamblado de las estructuras que van a sustentarlos.

Nota

La documentación técnica proveniente de los fabricantes se incorpora al proyecto formando parte de los anexos.

Cuando se utilice esta información para un proyecto, y una vez que este se ha aprobado, se convierte en parte de la documentación técnica del mismo, y por tanto en instrucciones que va a servir para que el montaje se ejecute de forma correcta. Por eso, habrá que estudiar todos estos documentos para poder elegir cuáles van a ser los medios y herramientas que van a utilizarse para realizar su montaje.

Además, el estudio de los planos permitirá conocer si para el montaje de una instalación será necesario emplear elementos de izado, (por ejemplo grúas para elevar los módulos hasta un tejado), andamiajes si se va a realizar una fachada solar, armaduras de carpintería y entibaciones, etc., sin mencionar otro tipo de maquinaria y equipos necesarios para llevar a cabo otros tipos de trabajos, como por ejemplo, los necesarios para realizar el hormigonado de los anclajes de unos soportes, que estará compuesto por herramientas propias a los trabajos de albañilería.

Del estudio de los planos, sin olvidar otros documentos contenidos en los anexos, puede establecerse que para realizar el montaje mecánico de los elementos que componen una instalación solar fotovoltaica, serán necesarios:

- Equipos para el desplazamiento e izado de materiales.
- Herramientas para el montaje de los diversos elementos que componen la instalación.
- Otros medios auxiliares, que sin intervenir en los trabajos, posibiliten que estos se realicen.
- Equipos para la realización de obra civil.

3.1. Equipos para el desplazamiento e izado de materiales

Para las tareas de desplazamiento e izado de materiales pueden emplearse los siguientes equipos:

- **Grúa telescópica,** con los correspondientes accesorios de elevación compuestos por eslingas y ganchos.
- **Polipasto,** que reduce la fuerza mecánica a aplicar para la elevación de cargas.

- **Cabrestante,** se utiliza para desplazar grandes cargas.
- **Carretilla elevadora,** con la que se pueden realizar maniobras de transporte y elevación de cargas, sobre todo de palés y otros elementos voluminosos. Está dotada de un mecanismo que mediante unas horquillas eleva y transporta las paletas hasta el lugar en el que debe depositarlas. Además de las horquillas, se le pueden poner otros equipos, como pinzas para la fijación, cajas o bobinas.

Importante

Los distintos útiles y herramientas, no deben ser utilizados para un fin distinto a aquel para el que han sido especialmente diseñados. Con ello se evita poner en peligro la seguridad.

3.2. Herramientas necesarias para el montaje de la instalación

Para el montaje de las instalaciones solares fotovoltaicas se emplean las mismas herramientas que para cualquier otro montaje de estructuras. Sin embargo, es posible que algún fabricante diseñe componentes que necesiten una herramienta especial, suministrada por ellos junto con la pieza en cuestión.

Instalación de placas solares fotovolaicas

En cualquier caso, dado que las herramientas presentan diferentes formas y tamaños, deberá tenerse en cuenta que siempre debe utilizarse la herramienta apropiada a las características del elemento con el que van a ser utilizadas.

También es importante emplear herramientas ergonómicas, que se adapten a la forma de la mano y permitan un buen agarre. Así se evitará que resbalen durante su uso y que causen lesiones a quien las manipula.

Elementos de medida

Son necesarios para ubicar cada elemento de la instalación en la situación correspondiente a la que ocupan en los planos, permitiendo trasladar sobre el terreno la distancia e inclinación que se le ha dado sobre el papel.

Flexómetro

El flexómetro es un instrumento de medida de uso general en cualquier trabajo de montaje, que se utiliza para medir distancias.

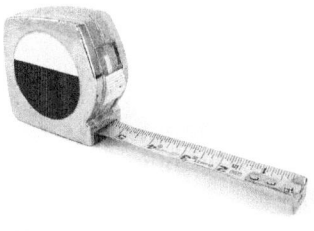

Flexómetro

Es una cinta métrica fabricada en chapa metálica flexible, enrollada dentro de una carcasa. Algunos modelos poseen un sistema de freno para dejar la cinta fija y evitar el enrollado automático en un momento inesperado, facilitando el trabajo.

Existen flexómetros de distintas longitudes. Es posible encontrar en el mercado incluso flexómetros digitales, que muestran la medida en una pequeña pantalla, o láser.

Flexómetro digital

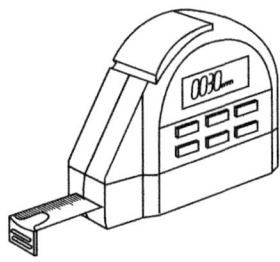

Nivel de burbuja

Este instrumento de medida se utiliza para determinar la horizontalidad o verticalidad de un elemento.

Nivel de burbuja

Se trata de un instrumento que lleva un tubo pequeño transparente con un líquido en su interior y una burbuja de aire, que es la que determinará la posición correcta. Dicha burbuja es más pequeña que la distancia entre dos marcas hechas en la mitad del tubo, y cuando esta se encuentra justo en medio de las dos marcas, quiere decir que el nivel es exacto, totalmente horizontal o vertical.

Existen también niveles que permiten determinar otras posiciones con exactitud, por ejemplo 45°.

Plomada

Este elemento es fundamental para comprobar la verticalidad de los elementos que se montan.

Su composición es simple, ya que está formada por una pesa metálica de forma cónica o cilíndrica, que puede ser de acero o plomo, y una cuerda de la cual pende la pesa. En las más modernas, las pesas son de aluminio y las cuerdas retráctiles.

Además, también existen plomadas trazadoras en las que la pesa posee un depósito para polvo colorante en el que se impregna la cuerda cuando está enrollada.

Plomada trazadora   **Plomada**

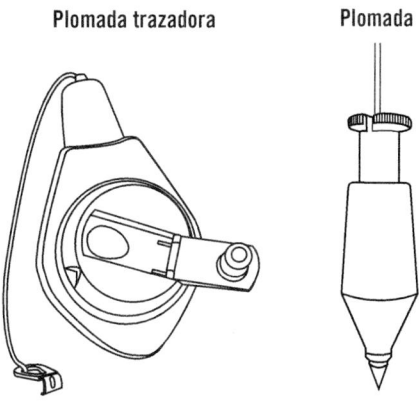

Diferentes tipos de plomadas

Destornillador

Es una herramienta manual que sirve para apretar y aflojar tornillos que requieran poca fuerza de apriete.

El tornillo es un elemento muy utilizado para el montaje de instalaciones y componentes de todo tipo.

El destornillador se compone de:

- **Mango:** es la parte por la que se sujeta el destornillador y sobre la que se ejerce la fuerza.
- **Cuerpo:** es la parte que une el mango con la cabeza y hace que la herramienta sea más larga para tener mejor acceso a determinados lugares.

■ **Punta:** es la parte principal del destornillador, puesto que es la que se introduce en la cabeza del tornillo para hacerlo girar y apretar o aflojar el mismo. Presenta distintas formas, grosor y longitud de filo, en función del tipo de tornillo para el que haya sido diseñada.

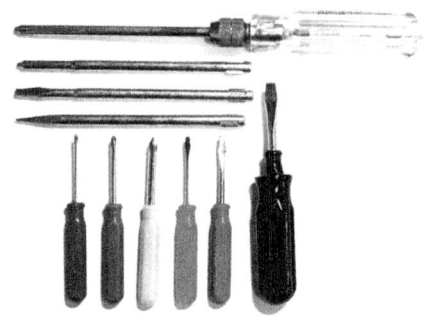

Destornilladores

Existen destornilladores con puntas intercambiables, que pueden ser utilizados para distintos tipos de tornillos, en función de la que se le ponga.

Atornillador eléctrico

Realiza las mismas funciones que el destornillador manual (atornillar y desatornillar), de forma rápida y sin gran esfuerzo para el operario, ya que con ayuda de la electricidad gira solo.

Existen modelos que necesitan estar constantemente conectados a la corriente eléctrica y otros que funcionan con batería que debe estar cargada para que sea posible su funcionamiento. Además, existen modelos que permiten la regulación del mango en distintas posiciones para facilitar la sujeción del equipo, la adaptación a las características del usuario y de las condiciones en que desarrolla su actividad en cada momento.

Atornillador /destornillador eléctrico

Llave de apriete

Las llaves de apriete son herramientas manuales que se utilizan para aflojar o apretar tuercas. Son herramientas de uso muy común, debido a que la tuerca es un elemento usual en todo tipo de montajes.

Atendiendo a la forma en que estas llaves se adaptan a las distintas tuercas, se pueden clasificar, de forma general, de la siguiente manera:

- **Llave de boca fija.** Toda la llave está construida como una pieza fija y por tanto, el tamaño de la abertura donde encaja la tuerca no es regulable y no puede adaptarse a diferentes medidas de tuercas. Sin embargo, estas llaves son las que ofrecen mejor garantía de apriete. Solo deben utilizarse con tuercas en las que ajusten de forma exacta porque si no, se puede redondear la tuerca y como consecuencia, después no podrá aflojarse. Presentan diversas formas: planas, de tubo, acodadas, con las que se puede trabajar en todas las posiciones y con más o menos espacio.

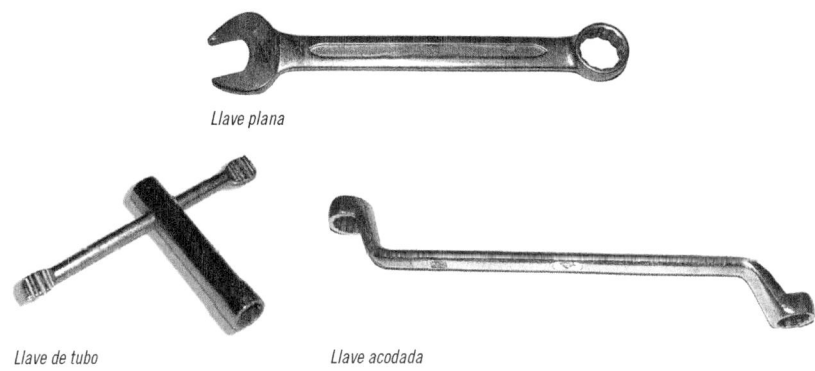

Llave plana

Llave de tubo   *Llave acodada*

- **Llave de boca ajustable o llave inglesa.** Tiene una parte móvil para ajustar el tamaño de su abertura a cada tuerca. Sin embargo, aunque la abertura de la boca permita ajustarse a las dimensiones de la tuerca, es necesario también que el tamaño de la llave esté en consonancia con el de la tuerca. Este tipo de llaves proporcionan comodidad, pero el resultado no es tan bueno como en el caso de llaves de boca fija.

Llave inglesa

■ **Llave dinamométrica.** Es un tipo más especial de llave, que se utiliza para elementos que por sus condiciones de trabajo tienen que llevar un apriete muy exacto. Son llaves fijas de vaso, en las que se acopla un brazo en el que se regula el par de apriete, de forma que cuando se intenta apretar más del apriete fijado, no lo permite.

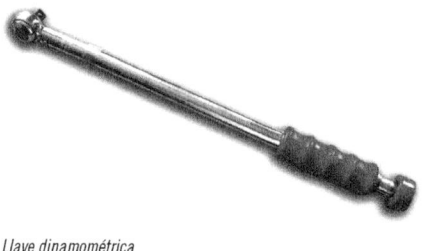

Llave dinamométrica

 Aplicación práctica

El fabricante de los módulos solares que van a montarse en una instalación solar fotovoltaica, indica en las instrucciones de montaje facilitadas, que los tornillos que facilita deben atornillarse con un par de apriete comprendido entre 8 y 10 N · m. ¿Qué llave de apriete será la más adecuada para conseguirlo?

SOLUCIÓN

La llave dinamométrica, ya que aunque las llaves fijas ofrecen garantía de apriete, no permiten fijar el apriete exacto, mientras que la llave dinamométrica, una vez regulado el par, permite atornillar hasta que se alcanza el valor fijado.

Pistola neumática

Hace las funciones de las llaves de apriete, pero apoyándose en un sistema eléctrico para su funcionamiento.

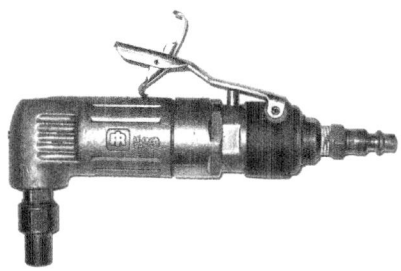

Pistola neumática

Martillo

El martillo es una herramienta de percusión, necesario para la fijación de algunos elementos o el arreglo de otros, para modificar su forma o inclinación, por ejemplo.

En el martillo se pueden distinguir dos partes bien diferenciadas: cabeza y mango. Existen muchos tipos de martillos en función de la forma de su cabeza. Esta se adaptará a un trabajo u otro según para lo que haya sido diseñado. Además, existen martillos con la cabeza de diferentes materiales (hierro, goma, etc.) en función del trabajo para el que se han creado.

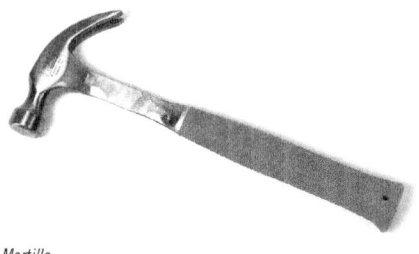

Martillo

Martillo neumático

Se trata de un equipo portátil de percusión, que funciona con presión aérea. El martillo neumático es un martillo que se ayuda de un sistema eléctrico para funcionar y facilitar el trabajo al operario, pero su función es la misma que la del martillo manual.

Martillo neumático

Taladro

Es una máquina que permite la realización de agujeros sobre un material, gracias al movimiento rotativo del elemento móvil que lleva, llamado broca.

La broca va sujeta al taladro mediante su cabezal. Existen taladros que funcionan conectados a la corriente eléctrica y otros que funcionan de forma inalámbrica, gracias a una batería que incluyen.

Normalmente, las piezas que constituyen las estructuras de soporte así como los módulos fotovoltaicos, vienen ya con los taladros necesarios para su montaje y, en el caso de los módulos, los fabricantes indican expresamente que no deben realizarse otros taladros diferentes a los que ya están practicados y usar solo los taladros que vienen de fábrica.

Taladro

Taladro inalámbrico

Remachadora

Es una herramienta manual que se utiliza para fijar uniones de piezas con remaches, de forma que no serán desmontables en el futuro. Puede ser una solución adecuada para unir determinadas piezas en algunos procesos de montaje.

Remachadora

Soldador

Es un aparato eléctrico que se usa para fijar sólidamente y de manera estable las piezas a unir.

La soldadura es un método de unión que emplea calor para fundir las piezas a soldar, un material de aporte o ambos, dependiendo de la técnica. Normalmente, las grandes estructuras prefabricadas vienen soldadas del taller.

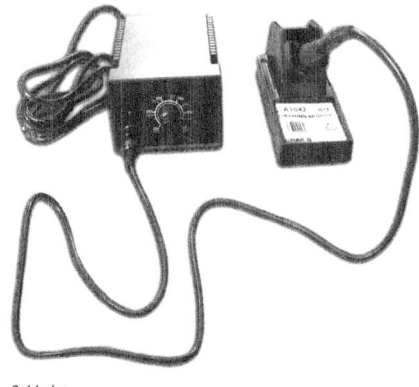

Soldador

Herramientas de corte

Este tipo de herramientas aseguran la rapidez y perfección en el corte.

Las que se emplean en el lugar donde se realizan los trabajos de montaje suelen ser portátiles. Esto permite al operario gran libertad de movimiento, pudiendo realizar el corte en cualquier posición. La hoja de corte tiene forma circular y gira a gran velocidad accionada por un motor eléctrico. Son herramientas que deben manejarse con suma precaución.

 Nota

El perfil de la hoja de corte varía en función del material a cortar.

La hoja de corte estará protegida con elementos de cubrición del disco. Como herramientas de corte se emplean la sierra circular o la radial.

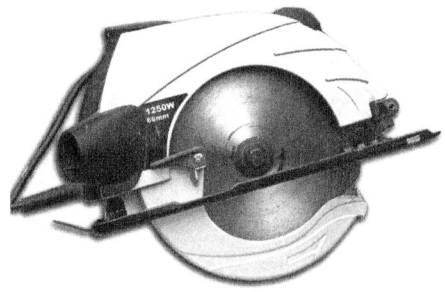

Sierra radial

Aplicación práctica

Los tornillos con que se fija el marco de un panel solar tienen la cabeza en forma de estrella, ¿qué herramienta emplearía?

SOLUCIÓN

Para enroscar un tornillo con la cabeza en forma de estrella, deberá usarse un destornillador con punta en estrella de unas dimensiones adecuadas a la cabeza del tornillo; no un destornillador de punta plana ni de menor o mayor tamaño que la estrella en la que se va a aplicar, ya que si así se hiciera, acabaría dañando la talla.

3.3. Medios auxiliares

Existen determinados procesos en los que es necesario utilizar ayuda de medios auxiliares para poder acceder al lugar de trabajo. Entre estos medios auxiliares se encuentran: las escaleras, los andamios y las plataformas, que ayudan a acceder a lugares elevados. Todos estos están extendidos a trabajos en todo el proceso del montaje de una instalación solar fotovoltaica.

Escalera

Para los trabajos que se desarrollan en el montaje de este tipo de instalaciones se utilizan escaleras portátiles.

 Definición

Escalera
Es un armazón portátil metálico, de madera o de metal y madera, que sirve para ascender o descender de lugares poco accesibles o que se encuentran a diferentes niveles o alturas.

Los componentes básicos de una escalera de mano son dos largueros unidos transversalmente mediante travesaños colocados de forma equidistante, llamados peldaños o escalones.

Las escaleras de mano se pueden clasificar en:

■ **Escaleras apoyables o de apoyo.** Necesitan una superficie sobre la que apoyar su parte superior, para que el usuario pueda utilizarlas porque no son estables por sí solas. Dentro de ellas se encuentran las escaleras telescópicas o extensibles, que permiten su alargamiento.

Escalera de apoyo

■ **Escaleras de tijera, dobles o autoestables.** Están diseñadas de forma que proporcionan un sistema estable apoyándose simplemente sobre el suelo. Dentro de ellas, se pueden distinguir las que llevan plataforma en su parte superior y las que no la llevan, así como telescópicas o extensibles y no telescópicas.

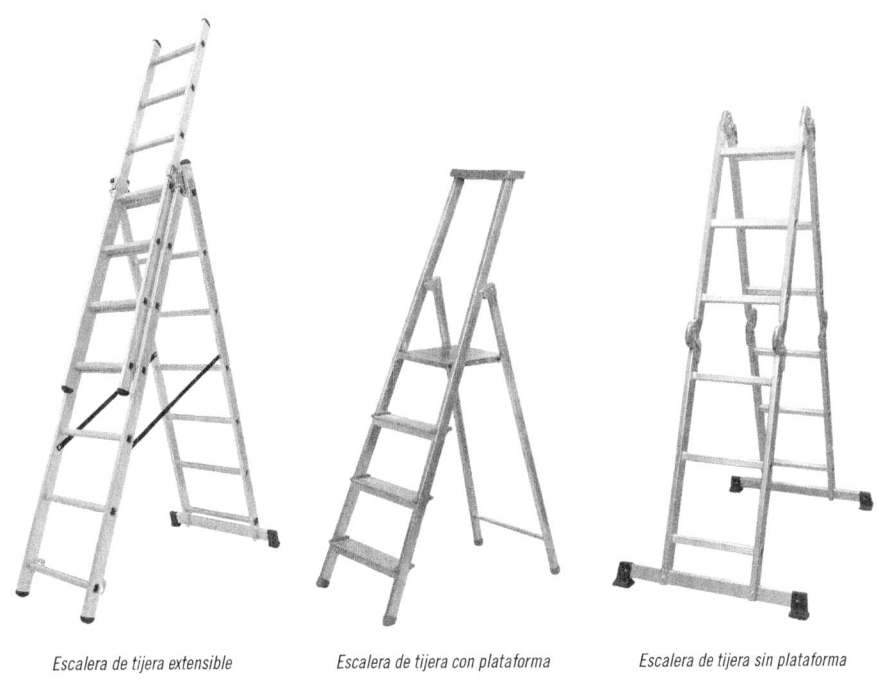

Escalera de tijera extensible *Escalera de tijera con plataforma* *Escalera de tijera sin plataforma*

 **Importante**

Cuando se utilice una escalera de mano apoyable para dar paso a una superficie sólida sobre la que se va a trabajar, debe situarse de forma que su parte superior quede, al menos, un metro por encima de dicha superficie.

Dentro de estos dos tipos, se pueden encontrar modelos muy diferentes en el mercado, en función de su altura, del número de peldaños, de si llevan o no plataformas, del material, de si llevan ruedas o no las llevan, de si llevan barandillas o no, etc.

Andamios

Los andamios son estructuras ligeras construidas con elementos prefabricados que se apoyan sobre el terreno y con las que se pueden alcanzar diferentes alturas de trabajo. Sirven para la sustentación de diversas plataformas de trabajo y cumplen, según los casos, funciones de servicio, carga y protección.

 Nota

El montaje de andamios puede requerir un plan de trabajo.

Existen diferentes tipos de andamios, clasificados en función de las cargas que pueden soportar las plataformas de trabajo, ya sean uniformemente repartidas o concentradas en una superficie determinada, que se pueden agrupar en dos grupos principales, estos son:

- **Andamios ligeros (de clase 1, 2 o 3):** adecuados para los trabajos de limpieza, pintura, carpintería, revestimientos de fachadas, tejados, saneamientos y en la industria en general, para la realización de diversos trabajos en altura.
- **Andamios pesados (de clase 4, 5 o 6):** son andamios de protección, aunque también se emplean en los trabajos que manipulan hormigón o en los muros, rehabilitación de fachadas, construcciones industriales diversas y en cualquier otro caso que exija un andamio con bandeja ancha de gran capacidad de carga.

Según el proyecto de montaje, los andamios pueden requerir amarres a la fachada. La función de estos amarres es trasladar a la fachada todas las cargas horizontales que la estructura soporta, incluidas las del viento.

Torres de trabajo móviles

Las torres de trabajo móviles son estructuras de andamio tubular, montadas utilizando elementos prefabricados y capaces de ser desplazadas manualmente sobre superficies lisas y firmes, son autoportantes, tienen una o más plataformas de trabajo y el conjunto más simple se apoya sobre cuatro montantes nivelados, con la ayuda de cuatro ruedas, dotadas de un sistema de frenado y adecuada capacidad de carga. Este tipo de estructuras se emplean cuando el volumen de los trabajos a realizar no justifica la instalación de un andamio fijo.

Las operaciones necesarias para el montaje de un andamio tradicional son las siguientes:

▪ Colocación de bases o ruedas, si se trata de una torre móvil. La correcta colocación de las bases regulables (o ruedas en torres móviles) en los puntos definidos en el replanteo es de vital importancia, ya que dichas partes son la base del andamiaje. Las bases de los andamios tienen que estar niveladas.

Bases de un andamio

▪ Colocación de bastidores. Los bastidores son los elementos que sustentan a las plataformas sobre las que los trabajadores realizan su labor, de ahí la importancia de que estén montados de manera correcta.

Bastidores de un andamio convencional

■ Colocación de largueros y diagonales del primer cuerpo. Sin estos elementos, el andamio carecería de estabilidad, ya que los largueros y diagonales dan "rigidez" al andamio, soportando los esfuerzos de compresión y tracción, además de absorber las cargas de los demás elementos.

**Cuerpo de un andamio convencional
con larguero y montados diagonales**

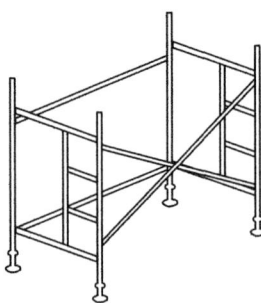

■ Ajuste de tuercas. El correcto ajuste y apriete de las distintas partes que componen un andamio se realiza mediante tornillos pasantes especiales y tuercas.

**Unión de dos elementos de un andamio
mediante un tornillo pasante y tuerca**

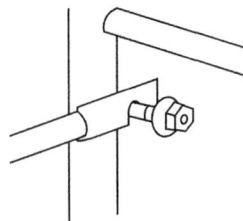

■ Verticalización de la estructura. Con el fin de que la estructura permanezca estable, es de vital importancia que los bastidores que la componen estén totalmente verticales para así evitar el desplome de la estructura.

**Posición correcta del bastidor
de un andamio convencional**

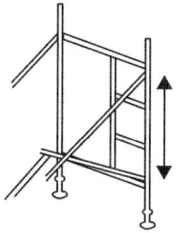

▋ Colocación de tablones. Los tablones o plataformas son las zonas del andamio sobre las que se sitúan los trabajadores. Deben ser capaces de soportar toda la carga que se sitúa sobre ellos, además de cumplir con la Normativa de Seguridad.

**Tablón o plataforma colocada
sobre un andamio convencional**

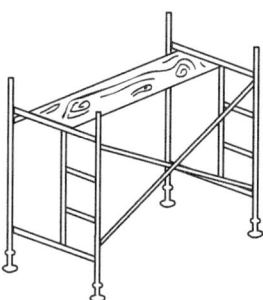

▋ Colocación de bastidores del segundo cuerpo. En la colocación de estos bastidores hay que tener presente que deben quedar perfectamente anclados y alineados con el resto de la estructura de forma que no peligre la estabilidad del conjunto.

Segundo cuerpo de bastidores montado

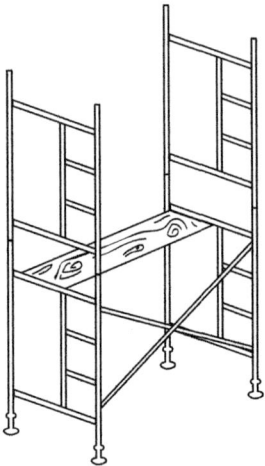

■ Colocación de largueros y diagonales del segundo cuerpo. Cada cuerpo de bastidores debe ir acompañado de un larguero y diagonales para hacer rígida la estructura y absorber los esfuerzos de compresión y tracción a los que se ve sometida al aplicarle cargas.

Segundo tramo de bastidores,
largueros y diagonales montado

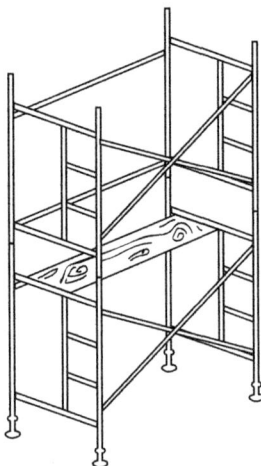

■ Colocación de escaleras y barandas. Para facilitar el acceso de los trabajadores a las diferentes plataformas de un andamio se colocan escaleras. La normativa de seguridad indica que es necesario colocar barandas para evitar caídas. Tanto las barandas como las escaleras tienen que cumplir con la normativa de seguridad vigente.

Escalera colocada en un andamio de dos tramos

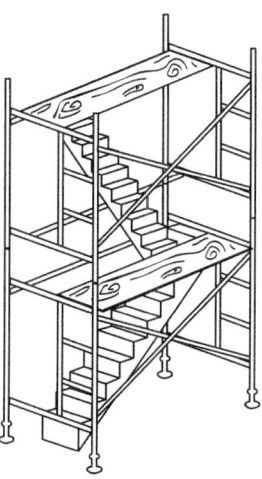

■ Anclaje a puntos fijos. Mientras se monta el andamio es necesario ir anclándolo a puntos fijos que evitan que se desestabilice y caiga. Cuando el andamio se coloca en una pared, bajo ningún concepto se utilizará como puntos de anclaje cañerías o desagües, tubos de gas, chimeneas u otros materiales que no sean suficientemente resistentes.

Sistema de anclaje de un andamio a puntos fijos

■ Colocación de cabezales para baranda. Estos elementos se sitúan en la parte superior del andamio y son la base para la colocación de las barandas de seguridad.

Cabezales para baranda en un andamio de dos tramos

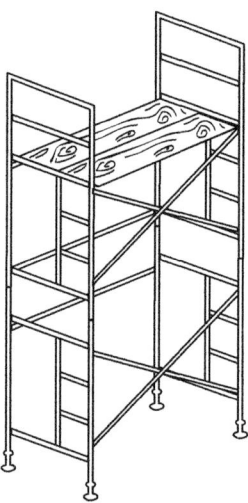

■ Colocación de largueros para baranda. Estos elementos completan la baranda junto con los cabezales, además de darle rigidez.

Instalación de paneles solares en tejado con uso de andamiaje

Plataformas de trabajo

Las plataformas de trabajo están destinadas al transporte vertical de personas y del material necesario para realizar trabajos de construcción, de fachada o de montaje, reparaciones, inspecciones u otros trabajos similares, a la altura de elevación óptima. Las plataformas de trabajo están constituidas como mínimo por:

- **Plataforma de trabajo con órganos de servicio:** es la superficie sobre la que se sitúa el personal. Para que sea segura debe estar rodeada por una barandilla. También debe contar con los medios que permitan su accionamiento.
- **Estructura extensible:** permite mover la plataforma de trabajo hasta la posición deseada. Puede estar formada por uno o varios tramos en forma de pluma o brazos simples, telescópicos o articulados, tener estructura de tijera, ser orientable en relación a la base, etc.
- **Chasis:** es la base sobre la que se asienta el conjunto anterior. Puede ser autopropulsado, ir montado sobre un camión o sobre un remolque, o puede estar situado sobre el suelo. Sobre todo debe ser estable, para lo cual dispondrá de una serie de elementos complementarios como estabilizadores (gatos, bloqueo de suspensión, ejes extensibles, etc.).

Partes de una plataforma de trabajo

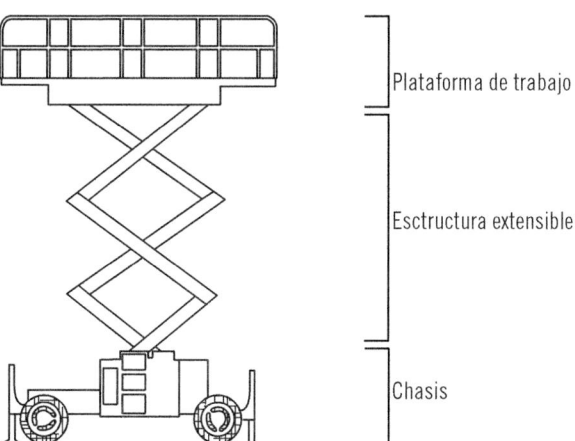

Plataforma de trabajo

Esctructura extensible

Chasis

- **Otros sistemas complementarios de los que dispondrá la plataforma:** son los sistemas de accionamiento, que dan las órdenes de movimiento a las estructuras extensibles, y los órganos de servicio, que incluyen los paneles de mando normales, de seguridad y de emergencia.

Los diferentes tipos de plataforma que existen son:

- **Plataformas sobre camión, articuladas y telescópicas.** Se utilizan para trabajos al aire libre situados a gran altura, como pueden ser reparaciones, mantenimiento, tendidos eléctricos, etc.
- **Plataformas autopropulsadas de tijera.** Se utilizan para trabajos de instalaciones eléctricas, mantenimientos, montajes industriales, etc. La plataforma es de elevación vertical, con alcances máximos de 25 m y con gran capacidad de personas y equipos auxiliares de trabajo.
- **Plataformas autopropulsadas articuladas o telescópicas.** Se utilizan para trabajos en zonas de difícil acceso.

Modelos de plataformas elevadoras

3.4. Otros equipos

Además de las herramientas y equipos mencionados con anterioridad, hay ocasiones en las que es necesario el apoyo de equipos específicos, dependiendo de cuáles sean las necesidades. Estas herramientas y equipos son los que se describen a continuación.

Equipos para la realización de obra civil

El empleo de estos equipos está condicionado a la necesidad de realización de determinadas estructuras, como pueden ser cimentaciones para las estructuras soporte, casetas para los sistemas de acumulación, grupo electrógeno, o para los equipos de bombeo. En cada caso habrá que determinar si su realización entra dentro de las labores del equipo que va a realizar el montaje de las estructuras, o va a corresponder a una cuadrilla diferente, como partida dentro de un proyecto de mayor envergadura.

Un proyecto de estas características necesitará empleo de equipos para la preparación del terreno, elementos de replanteo y el propio equipamiento para la construcción, junto con aquel que posibilite el movimiento de los materiales empleados en dicha construcción.

Herramientas utilizadas en trabajos de cristalería

Cuando los paneles solares se integran en la construcción en sustitución de elementos de acristalamiento, son necesarios para su colocación elementos similares a aquellos que se emplearían para la colocación de los vidrios reemplazados. Ello incluye los medios que permiten el manejo de los módulos que componen las fachadas, como por ejemplo sistemas de ventosas, o en el caso del montaje de los módulos en la propia obra, de los elementos de acuñado que van a hacer que el vidrio permanezca en la posición adecuada durante su colocación o las pistolas selladoras con las que aplicar las masillas o siliconas que asegurarán la permanencia de los elementos cumpliendo con su cometido estructural.

Las herramientas que se pueden utilizar en trabajos de cristalería son las siguientes:

- **Ventosas.** Las ventosas se utilizan para levantar y mover los paneles o los vidrios fotovoltaicos. Son imprescindibles para la colocación de los módulos que componen los muros cortina o las fachadas panel, ya que en estos casos los módulos se suspenden empleando grúas desde el exterior de la obra. En el manejo de otros vidrios, son imprescindibles para evitar riesgos de cortes.

Pueden ser de una sola copa o de varias copas, o estar montadas en lo que se denominan manipuladores de vidrio. También se diferencian según su sistema de funcionamiento sea succión a presión, succión a impacto sobre el vidrio, a leva, etc.

En las ventosas se distinguen dos partes: el cuerpo, que suele ser de aluminio, y la ventosa que suele ser de caucho.

Ventosa triple   *Manipulador de vidrio*

- **Elementos de acuñado.** Mediante el acuñado se consigue que el panel mantenga un correcto posicionamiento dentro de su marco. Para ello se emplean calzos que evitan el contacto entre ambos elementos, transmitiendo el peso de forma adecuada, y evitando el contacto entre ambos elementos.
- **Pistola selladora.** Con ella se puede colocar de forma limpia los materiales de sellado, que en la actualidad son, mayoritariamente, siliconas.

Pistolas selladoras

 **Importante**

Deben emplearse ventosas del tamaño adecuado al peso que van a levantar.

4. Resumen

Los proyectos de las instalaciones solares fotovoltaicas son documentos elaborados por técnicos competentes en los que se fijan las características que tendrán las instalaciones a las que se refieren. Los proyectos están compuestos por una serie de documentos:

- Portada.
- Memoria técnica de la instalación fotovoltaica.
- Memoria técnica de los sistemas complementarios.
- Planos.
- Pliego de condiciones técnicas.
- Estudio de seguridad y salud.
- Presupuesto de la instalación.
- Anexos.

Los planos, junto con los esquemas, constituyen la representación gráfica de la instalación, estos deben estar realizados con suficiente detalle e indicaciones, y en número suficiente para no necesitar ningún otro tipo de aclaración. Con ellos, los proyectistas indican a instaladores, montadores, etc., cómo quedará la instalación, proporcionando información que irá desde lo general hasta lo particular.

El estudio de los planos, junto con el de otros documentos contenidos en los anexos del proyecto, permitirá conocer qué equipos serán necesarios para realizar el montaje mecánico de la instalación solar fotovoltaica.

En general serán necesarios:

- Equipos para el desplazamiento e izado de materiales: grúa telescópica, polipasto, cabrestante, carretilla elevadora...
- Herramientas para el montaje de los diversos elementos que componen la instalación: elementos de medida (flexómetro y nivel), plomada, destornillador, atornillador eléctrico, llave de apriete (llave de boca fija, llave de boca ajustable o llave inglesa y llave dinamométrica), pistola neumática, martillo (o martillo neumático), taladro, remachadora, soldador, herramientas de corte (sierra radial o circular)...
- Otros medios auxiliares, que sin intervenir en los trabajos, posibiliten que estos se realicen: escaleras (escaleras apoyables o de apoyo, escaleras de tijera, dobles o ajustables), andamios (ligeros o pesados) o torres de trabajo móviles, plataformas de trabajo...
- Otros equipos: equipos para la realización de obra civil, herramientas utilizadas en trabajos de cristalería (ventosas, elementos de acuñado, pistola selladora...).

Ejercicios de repaso y autoevaluación

1. ¿En qué documento, de los que componen un proyecto, se incluyen las hojas de características de los equipos utilizados, certificados de calidad y conformidad, y todo aquel material que confirme o avale lo expresado en el resto del proyecto?

_____

_____

2. Indique si los siguientes documentos que componen el proyecto de una instalación solar fotovoltaica son vinculantes o no:

    a. Memoria.
    b. Pliego de condiciones.
    c. Planos.
    d. Estudio de seguridad y salud.
    e. Presupuesto de ejecución.
    f. Anexos.

3. En una cubierta plana se van a colocar los soportes para los módulos que compondrán la instalación, ¿qué herramienta se empleará para comprobar la horizontalidad de estos soportes y cómo se sabrá que están completamente horizontales?

_____

_____

4. De las siguientes frases, indique cuál es verdadera o falsa.

    a. El atornillador eléctrico es una herramienta portátil de percusión.

        ☐ Verdadero
        ☐ Falso

    b. La broca va sujeta al taladro mediante su cabezal.

        ☐ Verdadero
        ☐ Falso

c. Las uniones realizadas con remachadoras son desmontables.

☐ Verdadero
☐ Falso

d. El soldador emplea calor para fundir las piezas a unir.

☐ Verdadero
☐ Falso

e. La sierra radial es una herramienta de corte.

☐ Verdadero
☐ Falso

5. Relacione los siguientes elementos.

a. Son estructuras de andamio tubular, montadas utilizando elementos pre-fabricados y capaces de ser desplazadas manualmente sobre superficies lisas y firmes.
b. Están constituidas, como mínimo, por plataforma de trabajo con órganos de servicio, estructura extensible, chasis y sistemas de accionamiento.
c. Necesitan una superficie sobre la que apoyar su parte superior para que el usuario pueda utilizarlas.
d. Su montaje puede requerir un plan de trabajo.

__ Escaleras apoyables o de apoyo
__ Plataforma de trabajo
__ Andamios
__ Torres de trabajo móviles

Capítulo 4

Organización de los elementos mecánicos para su montaje

Contenido

1. Introducción

Igual que del estudio de los planos que componen el proyecto de una instalación solar fotovoltaica se deducen cuáles son los equipos necesarios para realizar su montaje, del estudio de otros documentos del mismo se conocen cuáles van a ser los plazos establecidos para ejecutar los trabajos necesarios para su factura.

La memoria del proyecto incluye un apartado dedicado a la planificación y programación, en el que se muestran las fases y tareas en que se divide la realización del citado proyecto, así como el tiempo previsto para cada una de ellas y el tiempo total de realización y ejecución. El cumplimiento de la secuencia establecida es fundamental, ya que evita retrasos, que en cualquier caso se traducen en pérdidas económicas.

2. Técnicas

Aparte de la planificación general establecida en el proyecto, por la que el total de este se divide en fases y cada una de estas fases en tareas, cada tarea que sea necesario completar se lleva a cabo siguiendo una serie de pasos. La división del trabajo en actividades más simples, hace que los objetivos sean más claros y que, por tanto, este sea más fácil de realizar.

 Ejemplo

Las fases y tareas establecidas para la instalación de un sistema solar fotovoltaico son:

▌ Fase 1: Diseño y especificaciones del sistema.

▪ Estudio del proyecto y determinación de los parámetros significativos.
▪ Definición final de la estructura en función de la estructura del edificio y de los módulos a montar.
▪ Determinación de las medidas de protección y seguridad a emplear.
▪ Definición del método de montaje y conexionado.

Continúa en página siguiente >>

<< Viene de página anterior

I Fase 2: Provisión de materiales.

- **I** Búsqueda de proveedores y solicitud de ofertas.
- **I** Estudio de ofertas recibidas.
- **I** Formalización de pedidos.
- **I** Almacenamiento de los materiales.

I Fase 3: Montaje de la instalación.

- **I** Fijación de la estructura soporte de los módulos fotovoltaicos.
- **I** Colocación y conexionado de los módulos.
- **I** Montaje y conexionado de los inversores.
- **I** Apertura de zanjas y colocación de tubos.
- **I** Montaje y conexionado de cuadros eléctricos.
- **I** Conexión a la red.

I Fase 4: Verificación y puesta en marcha.

- **I** Revisión de la instalación y pruebas.
- **I** Puesta en marcha definitiva.

Los pasos en que se va a realizar la tarea *Apertura de zanjas y colocación de tubos"* (Fase 3) son:

- **I** Replanteo de la zanja, que consiste en trazar sobre el terreno su recorrido.
- **I** Excavación de la zanja, que se realizará con una retroexcavadora.
- **I** Vertido de una capa de arena cribada.
- **I** Compactado de la capa de arena.
- **I** Colocación del tubo corrugado, asegurándose que se mantiene en el centro de la zanja.
- **I** Vertido de otra capa de arena cribada.
- **I** Compactación de esta otra capa de arena.
- **I** Colocación de las marcas de identificación de la instalación.
- **I** Relleno de la zanja con tierra de la excavación. Este paso se realiza en varias etapas:

  - **I** Se echa una primera capa de tierra.
  - **I** Se compacta la primera capa de tierra.
  - **I** Se echa una segunda capa de tierra.
  - **I** Se compacta la segunda capa de tierra.

- **I** Retirada del material sobrante y limpieza de la zona.

Las personas que intervengan en el montaje de las instalaciones solares fotovoltaicas deben conocer los procedimientos de trabajo y tener la capacidad para emplear los recursos necesarios, con la pericia y habilidad suficientes para llevar a cabo dicho montaje. También deben conocer la instalación, tanto a nivel global, como el lugar que ocupa su trabajo en el total de la misma.

 Nota

Ejecutar comprende una serie de aspectos que incluyen conocer los pasos en que debe realizarse una tarea, pero que comienzan por disponer los materiales, herramientas y equipos en el orden en que van a ser utilizados.

El dominio de las técnicas de montaje es una garantía de seguridad, ya que evita los accidentes por impericia, y también es garantía de trabajo realizado a tiempo, siempre que la experiencia no se traduzca en un exceso de confianza y siempre, claro está, que no se produzcan circunstancias imprevistas.

Respetar el orden que se ha establecido para la realización de trabajos va a determinar el resultado final, y la facilidad y comodidad de realización del trabajo. Por eso es fundamental:

- Seguir atentamente todas las instrucciones especificadas en el proyecto técnico.
- Complementar las especificaciones de montaje con la aplicación de las reglamentaciones vigentes que tengan competencia en el caso.
- Seguir atentamente todas las recomendaciones del fabricante.
- Efectuar las tareas con el mayor cuidado posible, lo que incluye:

  - Preparar el área de trabajo según los procedimientos de trabajo establecidos.
  - Disponer todo el material necesario y comprobar que está todo lo que se necesita, incluidos esquemas de consulta.

▪ Comprobar que las herramientas y útiles de trabajo son las adecuadas y están en buen estado.

▪ Repartir correctamente el trabajo entre los operarios que van a realizarlo, de forma que cada uno conozca su cometido, y que haya una perfecta coordinación entre ellos.

■ Mantener en perfecto estado el área de trabajo durante los trabajos y a la finalización de estos de la siguiente manera:

▪ Evacuando los materiales sobrantes.

▪ Limpiando perfectamente todos los equipos (módulos, baterías, etc.) de cualquier suciedad, dejándolos en perfecto estado.

▪ Marcando adecuadamente los aparatos y equipos que no vengan reglamentariamente identificados de fábrica.

Nota

▪ Las herramientas y útiles de trabajo deben ser revisados antes de comenzar a trabajar con ellos. Debe comprobar y organizar que se dispone de todas las herramientas necesarias para comenzar el trabajo y concluirlo.

▪ Los equipos se identifican mediante placas o chapas de identificación, sobre las que se indican el nombre y las características del elemento. Estas placas tienen que estar situadas en lugares visibles y deben ir fijadas mediante remaches, soldadura o material adhesivo resistente a las condiciones ambientales.

Aplicación práctica

Sabe que es necesario revisar el estado de limpieza de los equipos durante el tiempo que duran los trabajos, pero, ¿debe revisarse algo más?

Continúa en página siguiente >>

<< Viene de página anterior

SOLUCIÓN

Sí, es importante revisar todo el material, y si existe un deterioro importante, debe ser desechado y sustituido o reparado, ya que, por ejemplo, si el disco de una radial empleado para el corte de los perfiles con los que se va a construir la estructura soporte de los módulos no está bien sujeto, puede escaparse mientras se está trabajando con él, causando lesiones muy graves, como amputaciones.

---

3. Procedimientos

Para que una instalación llegue a ser operativa, deben haberse completado toda una serie de procesos, que tienen un comienzo, un desarrollo y un final, y de cuyo éxito depende que el resultado final sea el que se había previsto de antemano. La forma en que estos procesos se comunican con las personas que van a llevarlos a cabo, va a influir en el nivel de comprensión que estos adquieran sobre lo que se espera de su trabajo.

Las instrucciones pueden darse de muchas formas, pero sin duda hay formas que las hacen más fáciles de comprender que otras, ya que una extensa explicación escrita puede ser muy completa, pero sin duda, "una imagen vale más que mil palabras", y por eso, si con una representación gráfica se consigue comunicar la misma información, esta será mucho más asequible y fácil de asimilar. Para representar gráficamente las tareas y procedimientos de que se compone el proceso de instalación, se emplean los flujogramas y los cronogramas, teniendo cada uno de ellos su utilidad y su campo de aplicación dentro de la organización general del proyecto.

3.1. Flujograma

El flujograma se utiliza para expresar gráficamente las distintas operaciones que componen un proceso, estableciendo su secuencia cronológica pudiendo contener otra información adicional.

El flujograma, también llamado diagrama de flujo, es el diagrama más frecuente en la representación de procedimientos.

Los flujogramas son comunes a muchas disciplinas: la programación, los procesos industriales, los sistemas de producción y hasta en psicología; emplean flujogramas para representar los procesos y mostrar las interrelaciones entre las personas y los recursos implicados, de una forma que simplifica su análisis.

Existen muchos tipos de flujogramas, que se clasifican según el formato que empleen (formato vertical, horizontal), etc., o según su finalidad (de tareas, de métodos, etc); pero lo importante es que expresen de forma clara lo que se quiere representar.

El flujograma permite la visualización de las actividades innecesarias y la comprobación de que la distribución del trabajo es equilibrada. También permite identificar problemas, analizarlos y plantear soluciones o mejoras, mostrando gráficamente las distintas pautas o pasos a seguir en función de las características concretas del hecho representado. Por este motivo, es un instrumento fundamental en cualquier método de organización y planificación del trabajo.

Para realizar un flujograma es necesario:

- Definir la función del flujograma, para conocer qué se espera obtener con su realización.
- Definir a quiénes va a ir dirigido.
- Hacer un análisis lógico de lo que se quiere representar, lo que implica identificar y enumerar las principales acciones que deben ser incluidas en el diagrama y su orden cronológico.
- Fijar el nivel de detalle, que va a limitar, entre todas las actividades que pueden incluirse, aquellas que realmente se va a tener en cuenta. Si el nivel de detalle definido incluye actividades menores, hay que enumerarlas también.
- Identificar y enumerar los puntos de decisión.
- Establecer los límites del proceso que va a describir, señalando los puntos entre los que se acotará el proceso. De esta manera quedará fijado

el comienzo y el final del diagrama. Frecuentemente, el comienzo es la salida del proceso previo y el final es la entrada al proceso siguiente.

■ Construir el diagrama respetando la secuencia cronológica y asignando los correspondientes símbolos.

■ Asignar un título al diagrama y verificar que esté completo y describa con exactitud el proceso elegido.

En los flujogramas se utilizan símbolos normalizados, con significados bien definidos, para representar los pasos o etapas de un proceso. Dentro de cada símbolo se hacen anotaciones explicando las operaciones que representan. A la hora de realizar un flujograma, el uso del símbolo adecuado evita anotaciones excesivas, repetitivas y confusas.

La siguiente tabla muestra la simbología utilizada en la representación de flujogramas y el significado que le corresponde a cada símbolo.

Símbolo	Significado
	Inicio/Final Se utiliza para indicar el inicio y el final del flujo del proceso. Solo puede salir una línea de flujo desde el inicio y solo debe llegar una línea de flujo al final.
	Decisión Indica un punto dentro del flujo del proceso, en el que se produce una ramificación del diagrama, ya que se presentan dos opciones entre las que hay que elegir.
	Proceso Indica acciones, instrucciones o la ejecución de una actividad u operación a realizar.
	Conector de actividad Indica el enlace, unión o relación de dos partes de un flujograma dentro de la misma página. Dentro debe anotarse un número arábico (1, 2,...).

Continúa en página siguiente >>

<< Viene de página anterior

Símbolo	Significado
	Conector de página Indica el enlace de dos partes de un flujograma en páginas diferentes. Dentro debe anotarse una letra.
	Líneas de flujo Indican el sentido del proceso, es decir, indican la secuencia del diagrama de flujo, conectando los símbolos y ordenando la secuencia en que deben realizarse las diferentes actividades.

Los pasos a seguir en la ejecución (representados por símbolos) se relacionan mediante flechas que indican la secuencia del flujo, conectando los puntos de inicio y fin.

A continuación, se especifican algunas pautas a tener en cuenta a la hora de crear un flujograma:

■ Los flujogramas siempre se deben escribir de arriba hacia abajo y de izquierda a derecha.

■ Hay que evitar el uso de muchas palabras y utilizar palabras clave.

■ Las líneas de flujo siempre han de ser horizontales o verticales, nunca pueden ser diagonales.

■ Las líneas de flujo no deben cruzarse.

■ Cualquier símbolo de entrada y salida puede estar precedido de una o varias líneas de flujo (flechas), pero solo puede seguirle una única línea de flujo.

■ Los valores posibles han de ser precisos, no deben existir ambigüedades.

Los flujogramas siempre comienzan y terminan en un único punto. Además, todo camino de ejecución debe permitir llegar desde el punto de inicio hasta el punto final.

Ejemplo de creación de un diagrama de flujo

Para crear un diagrama de flujo para la tarea "almacenamiento de los módulos", que va a colocar un operario durante su jornada de trabajo, hay que tener en cuenta las siguientes indicaciones:

- Este flujograma se plantea para establecer si se han elegido correctamente la ubicación de los módulos, que va a colocar un operario durante una jornada de trabajo, y el recorrido marcado, de forma que este no tenga que realizar desplazamientos excesivos con la consiguiente pérdida de tiempo y posibilidad de fatiga que pueden llevarle al realizar acciones indebidas, como depositar los módulos de cualquier forma o en cualquier punto del trayecto, lo cual podría causar daños en los módulos trasladados. Solo se tienen en cuenta las características del lugar y del trayecto, previendo que tendrá capacidad suficiente para todos los módulos que van a colocarse y que hasta que sean colocados, estarán correctamente protegidos.
- El diagrama va a representar la valoración del recorrido que sigue el operario para trasladar los módulos desde donde se encuentran hasta donde están montadas las estructuras soporte, sin incluir las actividades menores como son las de asir los módulos de forma correcta.
- Deberá comprobarse que el terreno donde están los módulos, a la espera de ser montados, está próximo a los soportes en los que van a montarse. Si no es así habrá que buscar una ubicación más cercana; si se estima que lo está, deberá comprobarse que es llano y está correctamente nivelado. Si no es así, habrá que elegir un terreno que reúna estas características. Si el terreno es llano y está nivelado, habrá que comprobar si existen obstáculos en el trayecto a recorrer. Si no existen obstáculos, el lugar elegido para el almacenamiento y el trayecto serán correctos, si existen obstáculos, habrá que analizar si estos obstáculos pueden eliminarse o no. Si se pueden eliminar los obstáculos, habrá que indicar esta actividad, si no se pueden eliminar, habrá que elegir otra ubicación.

El flujograma correspondiente sería el siguiente:

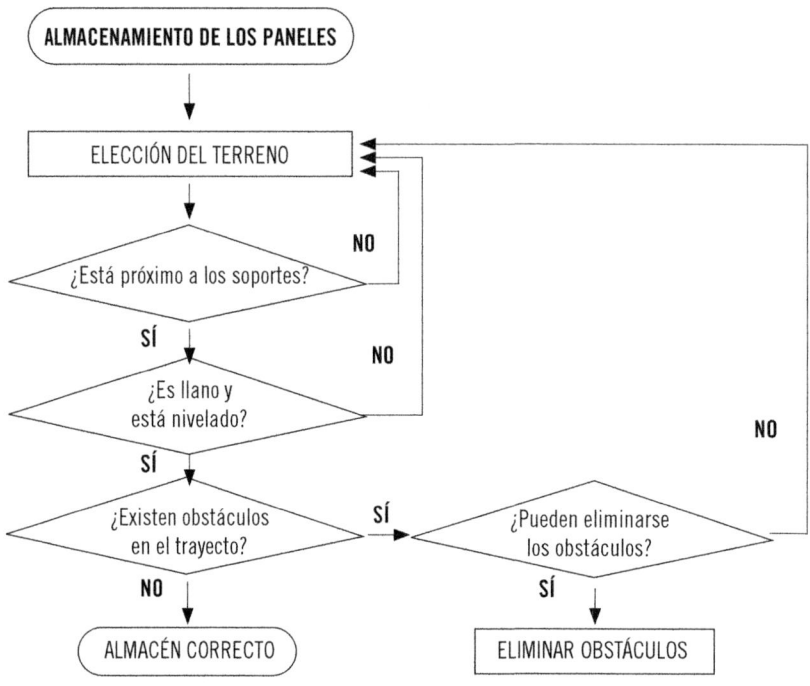

3.2. Cronogramas

Un cronograma, o diagrama de Gantt, es un tipo de representación en la que se relacionan una serie de tareas, que se van a desarrollar para obtener el proyecto pensado, y la cronología calculada para el desarrollo de esas tareas, desde el comienzo del proyecto hasta su final.

Su utilidad radica en que permiten visualizar el desarrollo de las actividades en el transcurso del tiempo. Esto sirve para comunicar aspectos relacionados con los tiempos y plazos, planificar recursos, utilizarlo como herramienta de seguimiento, como apoyo para calcular el flujo financiero, etc.

El cronograma se presenta como un calendario de tareas, y se asemeja a una tabla porque se emplean filas y columnas. En las filas se introducen las tareas en orden de realización y en las columnas se establece una distribución de tiempos (días, semanas, meses), de forma que de un vistazo pueda conocerse, en qué punto de realización está cada fase, según lo previsto. Además, permite precisar cuándo se inicia una actividad y cuándo culmina.

Para realizar un cronograma es necesario seguir los siguientes pasos:

1. Determinar cuáles van a ser las principales fases que se van a establecer en el desarrollo del proyecto y la secuencia en que van a sucederse. Solo se representan las fases más destacadas, ya que incluir demasiado detalle puede dificultar la comprensión y el uso de la información, aunque es importante no olvidar que toda la información relevante debe estar incluida. Para ello, será necesario consultar con quienes van a intervenir en el proyecto, de forma que se cuente con toda la información necesaria para establecer tiempos y tareas que realmente sean fundamentales para el desarrollo de la instalación.

   Por ejemplo, las principales fases establecidas para la instalación de un sistema solar fotovoltaico son, de forma sucesiva:

   ■ Fase 1: Diseño y especificaciones del sistema.
   ■ Fase 2: Provisión de material.
   ■ Fase 3: Montaje de la instalación.
   ■ Fase 4: Verificación y puesta en marcha.

2. Determinar las tareas necesarias para completar las fases establecidas en el paso anterior. El número de tareas que se incluyan irá en función del nivel de control que vaya a establecerse sobre el desarrollo del proyecto. Hay que conocer todas las tareas de que se compone cada fase para poder determinar los tiempos necesarios para terminarlas, hay que ordenarlas y saber cuáles de ellas aparecerán obligatoriamente en el proyecto y cuáles son opcionales, ya que en el momento de tener que reducir plazos, esta información es fundamental.

3. Calcular la duración de las tareas, para lo que habrá sido necesario estimar el esfuerzo que supone cada actividad (en horas que necesita un operario para realizarlas) y definir los recursos necesarios para realizar cada actividad (número de operarios, maquinaria, etc.). Hay que ser consciente de que estos tiempos pueden sufrir pequeños cambios durante el desarrollo del trabajo, puesto que pueden surgir problemas o inconvenientes a solventar, e influirán muchos aspectos que pueden cambiar en función del operario, las condiciones externas, etc. Por este motivo es importante, a la hora de hacer un cronograma, tener en cuenta este tipo de contratiempos o circunstancias que pueden producir ciertos

retrasos, para hacer una previsión de tiempos que se acerque lo máximo posible a la realidad.

El tiempo obtenido será tal que permita terminar el proyecto en un tiempo razonable. Para establecer estos tiempos es conveniente consultar con quienes deben realizar los trabajos, o con alguien con experiencia.

Por ejemplo, para las principales fases establecidas para la instalación de un sistema solar fotovoltaico se establece que el tiempo invertido en cada una de ellas será:

- Fase 1: 8 semanas.
- Fase 2: 8 semanas.
- Fase 3: 5 semanas.
- Fase 4: 8 semanas.

4. Plasmar los cálculos en el cronograma. Una vez que han sido calculados los tiempos necesarios para las diferentes actividades, habrá que fijar un calendario de realización. Para ello hay que tener en cuenta días festivos, vacaciones, factores climáticos, etc., y adaptar la duración y comienzo de las actividades para que puedan ser desarrolladas por el equipo previsto, reduciendo así el riesgo de retraso en la ejecución de las mismas.

 Nota

Existen aplicaciones informáticas para el cálculo de obras que permiten presentar las actividades del proyecto en forma de este tipo de diagramas, como por ejemplo Presto, Arquímedes, *Microsoft Project,* etc.

Ejemplo

Respecto a las fases establecidas para la instalación de un sistema solar fotovoltaico, se establece el siguiente cronograma.

FASES	MES	1				2				3				4			
	SEMANA	1	2	3	4	5	6	7	8	9	10	11	12	13	14	15	16
Diseño y especificaciones del sistema		▨	▨	▨	▨	▨	▨	▨	▨								
Provisión de materiales						▨	▨	▨	▨	▨	▨	▨	▨				
Montaje de la instalación										▨	▨	▨	▨	▨			
Verificación y puesta en marcha										▨	▨	▨	▨	▨	▨	▨	▨

Siguiendo estos pasos se obtendrá un cronograma factible, con fecha de comienzo y fin. Sin embargo, es aconsejable comunicar un plazo de entrega de la instalación más que una fecha concreta, ya que siempre pueden surgir imprevistos.

Nota

Un aumento lineal en la cantidad de recursos no implica un cambio lineal en el tiempo de ejecución. Por ejemplo, si una retroexcavadora realiza una zanja en una hora, sesenta retroexcavadoras no realizan la misma zanja en un minuto.

4. Resumen

En cualquier trabajo, la organización es fundamental. Una correcta organización solo puede establecerse si con anterioridad se ha realizado un análisis de las fases y actividades más simples en las que puede dividirse la obra.

El que una obra, en este caso el montaje mecánico de una instalación solar fotovoltaica, se culmine satisfactoriamente, depende fundamentalmente de que se empleen los medios humanos y técnicos adecuados. Así, las personas que intervengan en el montaje deben conocer los procedimientos de trabajo y tener la capacidad de emplear los recursos materiales necesarios, pero además es necesario que dispongan de los medios técnicos adecuados en el momento preciso en el deben ser usados.

Existen formas de representar las tareas y procedimientos de que se compone el proceso de instalación. Los más efectivos son los medios gráficos: flujogramas o diagramas de flujo y cronogramas o diagramas de Gantt.

El flujograma se utiliza para expresar gráficamente las distintas operaciones que componen un proceso, estableciendo su secuencia cronológica, pudiendo contener otra información adicional.

El cronograma es un tipo de representación en la que se relacionan una serie de tareas que se van a desarrollar para obtener el proyecto pensado y la cronología calculada para el desarrollo de las tareas, desde el comienzo del proyecto hasta su final.

Ejercicios de repaso y autoevaluación

1. ¿Sería correcto ignorar las recomendaciones dadas por el fabricante de una herramienta usada en el montaje de una instalación?

_____
_____

2. ¿Qué opciones conlleva efectuar las tareas con el mayor cuidado posible?

_____
_____

3. Indique los pasos necesarios para realizar un flujograma.

_____
_____

4. Relacione los siguientes símbolos usados en los flujoramas, con su significado.

a. ⬭

b. ◯

c. ◇

d. ⬠

__ Conector de página
__ Conector de actividad
__ Inicio/ Final
__ Decisión

5. **Ordene correctamente los pasos que hay que seguir para la realización de un cronograma.**

1. Calcular la duración de las tareas, para lo que habrá sido necesario estimar el esfuerzo que supone cada actividad.
2. Determinar cuáles van a ser las principales fases que se van a establecer en el desarrollo del proyecto y la secuencia en que van a sucederse.
3. Determinar las tareas necesarias para completar las fases establecidas.
4. Plasmar los cálculos en el cronograma.

Capítulo 5

Desplazamiento e izado de equipos y materiales

Contenido

1. Introducción

El traslado e izado de materiales debe realizarse teniendo en cuenta las prescripciones legales en materia de seguridad y ergonomía.

Algunos componentes de las instalaciones fotovoltaicas, como las baterías, pueden tener un elevado peso, y por eso la elevación de cargas de forma manual, si no es indispensable, es evitada por los operarios. El transporte manual de cargas pesadas no es conveniente, ya que puede provocar lesiones.

Para llevar a cabo el desplazamiento e izado de los equipos y los materiales integrantes de una instalación solar fotovoltaica hasta el lugar donde deben ser montados, se emplearán una serie de medios mecánicos y auxiliares que se elegirán en función del lugar en el que se produzca el desplazamiento y la altura a la que deban elevarse, debiendo tener en cuenta también el tamaño y número de materiales a trasladar.

2. Desplazamiento e izado de equipos y materiales

Las operaciones de elevación y manejo de cargas ocasionan un gran número de accidentes graves y mortales todos los años. Sin embargo, la evolución de la técnica y los nuevos requerimientos normativos han contribuido a la mejora de la seguridad de los equipos de elevación, por lo que es de vital importancia la selección de útiles y maquinaria adecuados para el desplazamiento e izado de los equipos y materiales que vayan a ser utilizados en el montaje de una instalación.

2.1. Grúa telescópica

Es un tipo de grúa móvil muy extendido debido a su facilidad de desplazamiento al ir sobre neumáticos. Requieren una base de apoyo amplia, ya que cuando se detienen para realizar su trabajo, deben asentarse por medio de unas patas desplegables. Normalmente, son estas patas las que soportan el peso durante el trabajo, dejando sin apoyo las ruedas, evitando así que se deformen los neumáticos, ya que esta deformación podría originar inestabilidad en la operación de izado.

Grúa telescópica movible

La pluma telescópica es autodesplegable, y su despliegue se realiza por medios hidráulicos. Además, lleva una base giratoria, que le permite maniobrar en espacios reducidos.

El izado se realiza con la ayuda de una serie de accesorios de elevación, estos son eslingas y ganchos.

Eslingas

Las eslingas son elementos flexibles y debidamente preparados para la conexión entre el elemento de elevación y las cargas, con el fin de efectuar la manipulación e izado de estas. Existen eslingas textiles, de cable y de cadena.

Eslinga textil   *Eslinga de cable de acero*   *Eslinga de cadena*

Las **eslingas textiles** se fabrican en fibras sintéticas de poliéster o nailon, que suelen teñirse para su identificación y para aumentar su resistencia a la abrasión. Las eslingas de poliéster tienen baja **elongación,** mientras las de nailon tienen una elongación alta.

Eslinga plana

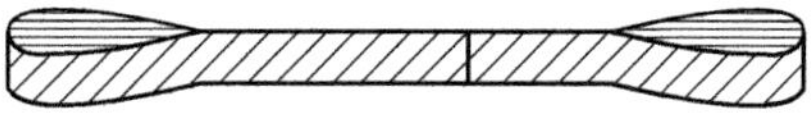

Eslinga circular o sin fin

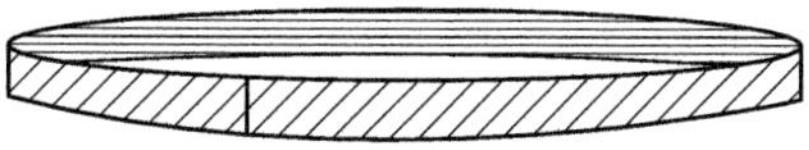

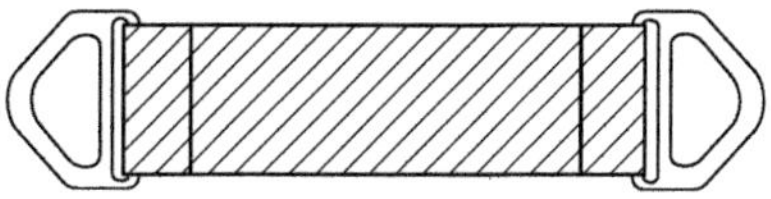

Eslinga múltiple

Cinchón

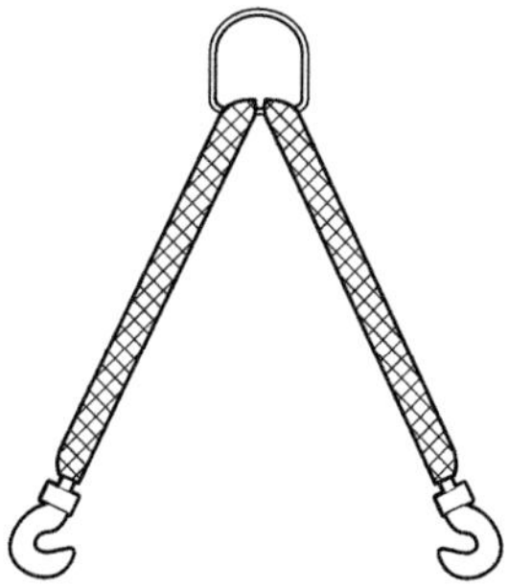

 Nota

Las eslingas textiles deben cumplir la norma UNE-EN 1492-1:2001+A1:2009.

AZ Definición

Elongación
Alargamiento de una pieza sometida a tracción.

Las eslingas pueden ser: planas, circulares o sin fin, cinchones o múltiples.

Las eslingas planas son las más utilizadas. Se fabrican con una gran variedad de anchos, y poseen en cada extremo un ojal blando o un terminal metálico. El terminal metálico, recomendado especialmente para anchos superiores a 100 mm, aumenta la vida útil de la eslinga.

Las eslingas circulares duplican la superficie de apoyo, lo cual se traduce en una capacidad de carga aproximadamente doble que la de la eslinga plana equivalente. Este tipo de eslingas, generalmente, no incluye ojales.

Los cinchones son eslingas con un ancho superior a 320 mm, que se usan para distribuir convenientemente el peso de cargas frágiles o importantes, y que incluye terminales metálicos. Las eslingas múltiples están destinadas a un uso específico, por lo que existe gran variedad de modelos.

Sabía que...

El color de una eslinga textil identifica su Carga Máxima de Utilización (CMU).

Las eslingas de cable reciben el nombre de estrobos. Se fabrican con ojo sencillo, ojo con guardacabo o rozadera, ojo con guardacabo con gancho, fijo o giratorio.

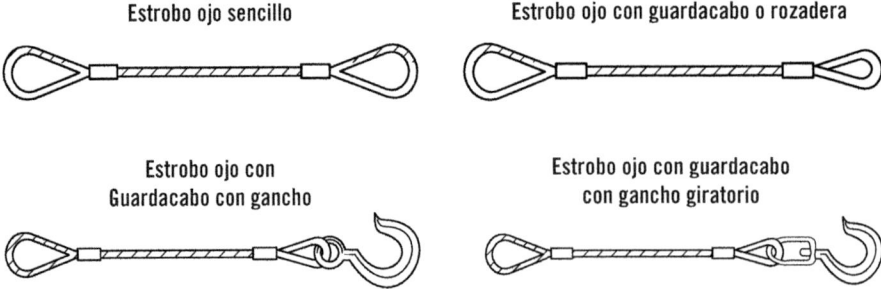

Estrobo ojo sencillo — Estrobo ojo con guardacabo o rozadera

Estrobo ojo con Guardacabo con gancho — Estrobo ojo con guardacabo con gancho giratorio

También se fabrican estrobos dobles, triples, trenzados, etc.

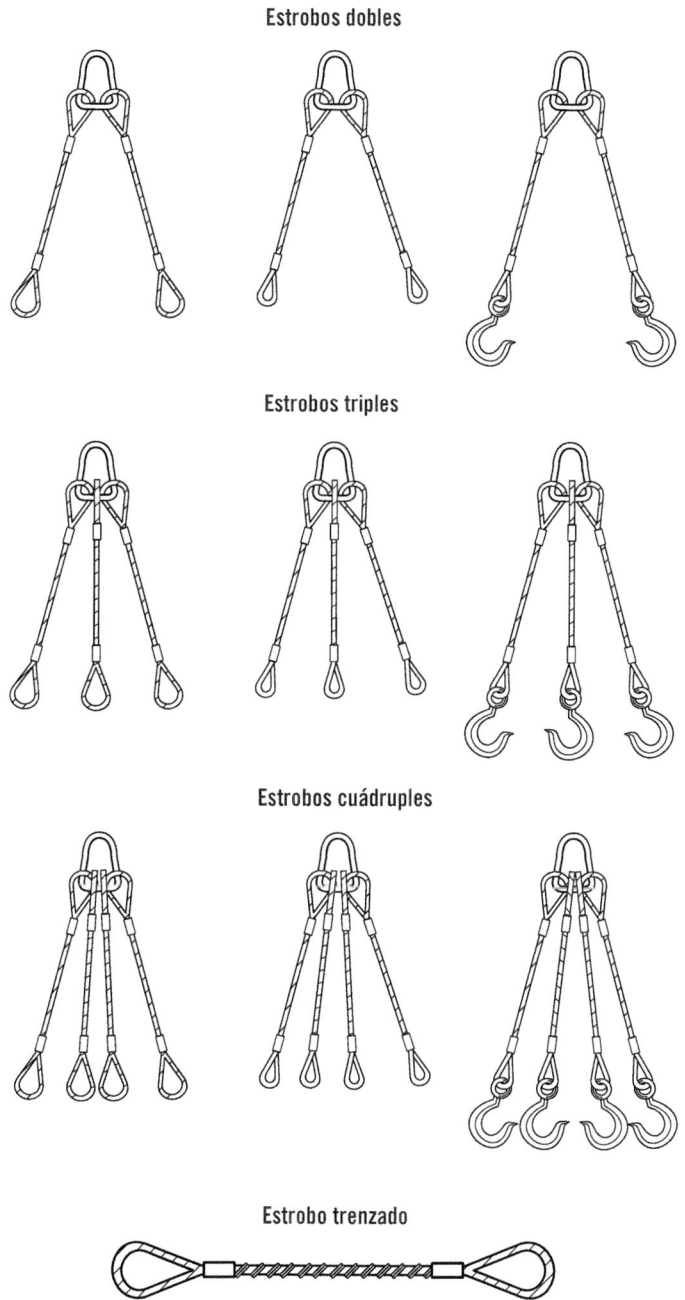

Estrobos dobles

Estrobos triples

Estrobos cuádruples

Estrobo trenzado

La eficacia y resistencia de una eslinga de cable, no depende solo del tipo de cable, sino también de la forma en que se colocan, del número de ramales que se utilicen y de los ángulos que forman, ya que cuanto mayor es el ángulo que forman los ramales, menor es la carga máxima que soportan.

 Ejemplo

Para una eslinga de cable de 10 mm de diámetro, compuesta por dos ramales, si el ángulo que forman estos ramales es menor de 90º, la Carga Máxima de Utilización (CMU) es de 1260 kg, mientras que si los ramales forman un ángulo comprendido entre 90º y 120º, la Carga Máxima de Utilización será de 900 kg.

Las eslingas de cadena se utilizan, a pesar de su elevado peso, por su versatilidad, ya que los eslabones contiguos pueden formar entre sí ángulos muy pequeños.

Ganchos

Los ganchos son elementos con forma curva y abierta, que presentan un extremo de forma puntiaguda, y que sirve para prender, agarrar o colgar algo. En el gancho se puede distinguir el ojo, el asiento y el pico.

Partes que componen un gancho

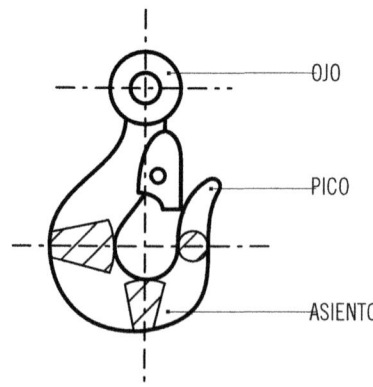

Gancho de grúa

La sección de los ganchos suele ser rectangular o trapezoidal en la parte curvada, y circular en las proximidades del pico.

Deben estar dotados de un dispositivo de seguridad que permita a la eslinga entrar fácilmente, pero que dificulte su salida.

El dispositivo de seguridad que impide que la eslinga salga del gancho es el pestillo de seguridad. En las imágenes que aparecen a continuación vienen representados diversos tipos de ganchos con y sin pestillo de seguridad, alertando de que este último no se puede utilizar en las tareas de izado y traslado de materiales y equipos.

El gancho debe estar dotado de pestillo de seguridad

Nunca se debe utilizar un gancho sin pestillo

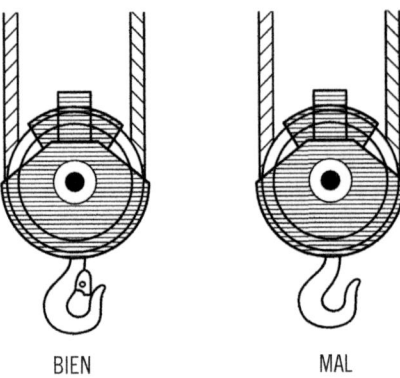

BIEN   MAL

También debe evitarse su calentamiento (lo que podría ocurrir si se emplea cerca de una pieza sometida a trabajos de soldadura), ya que esto modificaría sus características de resistencia.

 **Importante**

Todo gancho que se doble o se abra, deberá ser sustituido inmediatamente.

Grilletes

Son elementos similares a las anillas, con la particularidad de que su parte inferior es desmontable o móvil. Esto será útil en el caso de necesitar introducir una eslinga, u otro elemento utilizado para el mismo fin, sin necesidad de insertarla desde su extremo, pudiendo introducirla por su parte media, por ejemplo.

Grillete recto   *Grillete lira*

2.2. Carretilla elevadora

La carretilla elevadora ofrece al mismo tiempo un sistema de transporte y elevación. La principal utilidad de la carretilla elevadora es la de elevar cargas paletizadas.

Hoy día, la caretilla elevadora tiene la posibilidad de transportar verticalmente hasta 10 m, y levantar cargas de varias toneladas, aunque para la construcción, las carretillas de 1.000 a 5.000 kg son las más usuales.

Pueden propulsarse mediante motores térmicos (diesel, de gasolina, a gas) y eléctricos (por medio de baterías).

Las carretillas para exterior están dotadas de un motor térmico que les confiere una gran autonomía. Este tipo de máquina está compuesta por un chasis, que soporta un motor sobre su eje trasero, y unas guías de elevación en la parte delantera. Pueden tener tracción en dos o en cuatro ruedas. En el tipo de tracción sobre dos ruedas, la tracción se aplica a las dos ruedas delanteras.

Tanto la dirección del vehículo como la elevación de la carga están controladas hidráulicamente.

Carretilla elevadora

La ventaja de este equipo es la posibilidad de descarga desde cualquier lado de un vehículo de abastecimiento. En particular, la carretilla extensible puede abarcar toda la anchura del vehículo, lo cual es muy útil cuando hay limitaciones de espacio por uno de los lados.

Con las carretillas, las cargas deben transportarse tan próximas al suelo como sea posible, para bajar el centro de gravedad y reducir así el peligro de vuelco. Solamente se levanta en el punto de descarga.

2.3. Polipastos

Es una máquina compuesta por dos o más poleas, con las que la fuerza necesaria para levantar o mover una carga es mucho menor que el peso que se desea mover.

En un polipasto, las poleas se distribuyen en dos grupos, uno fijo y uno móvil. En cada grupo se instala un número arbitrario de poleas. La carga se une al grupo móvil.

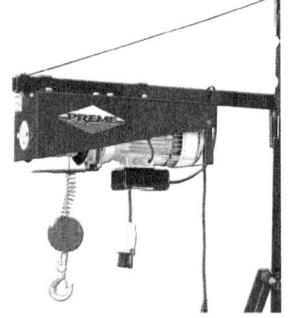

Polipasto

Su uso hace más rápida y fácil la elevación y colocación de las piezas, así como su carga o descarga de los camiones que las transportan. Los más grandes llevan incorporado un motor eléctrico.

2.4. Cabrestante

Consiste en un rodillo giratorio sobre el que se enrolla un cable, al que por el otro extremo se fija la carga que se quiere elevar.

Los hay manuales y eléctricos. Los manuales se accionan mediante una manivela que transmite el movimiento a un sistema de engranajes que, en algunos tipos, reducen el esfuerzo necesario para elevar la carga. Los eléctricos, a diferencia de los anteriores, son accionados mediante un motor eléctrico.

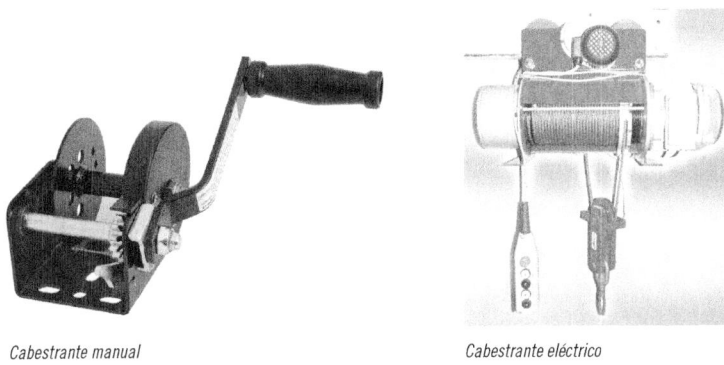

Cabestrante manual   *Cabestrante eléctrico*

3. Enganche y sujeción de cargas para el izado

Una vez vistos los elementos que se emplean para el izado de cargas, es el momento de ver cómo deben utilizarse para realizar dicha tarea de forma segura, tanto para la carga a elevar, como para los operarios que efectúen la maniobra de izado.

Las eslingas pueden usarse de varias formas de manera que su uso resulte seguro, aunque son tres los métodos básicos para el manejo de cualquier carga con este elemento:

- **Levante directo.** Un extremo de la eslinga va directamente a la carga y el otro extremo al gancho de levante. En esta forma de sujeción se aprovecha íntegramente la capacidad de carga de la eslinga.

- **Levante en canasta.** Consiste en abrazar libremente la carga, sujetando los dos extremos de la eslinga al gancho de levante. De esta forma se distribuye más equitativamente la carga. El límite a la utilización de este método de izado de cargas viene dado por la curvatura y doblez que se originan en la eslinga y por el ángulo de abertura al manejar la carga. Una variante de este método de izado es el levante en "U", en el que los extremos de la eslinga se sujetan a dos ganchos, en vez de a uno solo.

- **Levante en lazada corrediza.** Se hace una lazada alrededor de la carga, pasando un extremo de la eslinga a través del ojal del otro extremo y suspendiendo del gancho de levante el extremo que queda libre. La eslinga queda ajustada al cuerpo a levantar. Este método puede emplearse siempre y cuando ni la eslinga ni la carga, resulten dañados.

Métodos de izados para eslingas planas

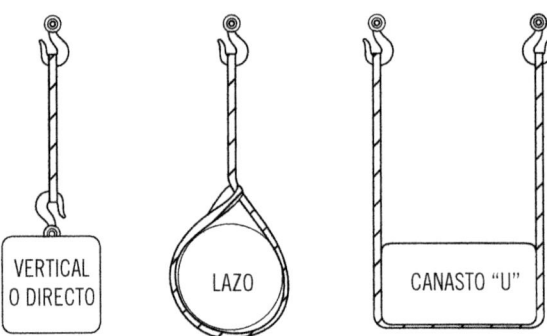

Métodos de izados para eslingas circulares

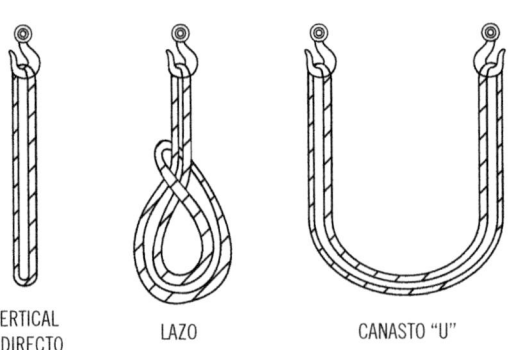

3.1. Uso correcto e incorrecto de eslingas y ganchos

Las eslingas no deben engancharse de forma inestable sobre el pico del gancho, tampoco si se trata de eslingas de cadena, ya que el esfuerzo debe aplicarse sobre el asiento del mismo. Cuando se utilicen eslingas de cadena, la unión entre el gancho de elevación y la cadena debe hacerse con un anillo, y nunca sobre la garganta del gancho o sobre el pico del mismo.

 Aplicación práctica

María es la responsable de Seguridad Laboral de una empresa instaladora de paneles solares fotovoltaicos. Cuando se dispone a visitar una de las obras que está en curso advierte que dos de los ganchos de elevación que se van a utilizar tienen colocadas las eslingas de manera incorrecta. También advierte que los ganchos utilizados no son los adecuados para elevar cargas, tal y como se aprecia en las imágenes. ¿Dónde están mal colocadas las eslingas? ¿Por qué dichos ganchos deberían ser sustituidos por otros? ¿Qué explicación le diría María a los operarios que han enganchado dichas eslingas?

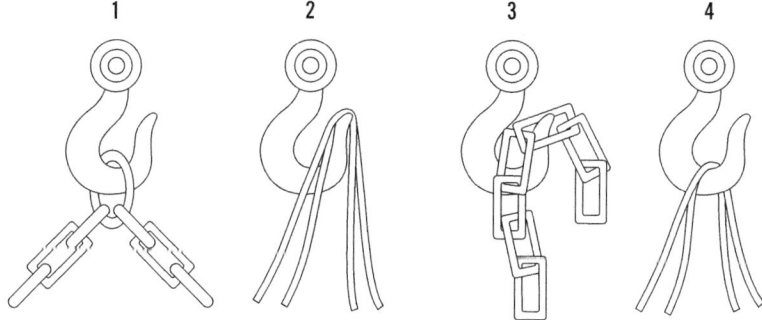

SOLUCIÓN

En primer lugar, María tendría que explicar que las figuras 2 y 3 muestran formas incorrectas de enganche de la eslinga, ya que en la figura 2, los ramales se colocan sobre el pico del gancho y en la figura 3, se ve que la cadena se ha enganchado sobre el pico. Ambas disposiciones suponen un riesgo de caída de la carga que podría tener consecuencias fatales.

Continúa en página siguiente >>

<< Viene de página anterior

En la figura 1 la colocación de la cadena es correcta, ya que la unión entre el gancho de elevación y la cadena se produce en una anilla y no directamente sobre la garganta.

En la figura 4 se ve que ambos ramales de la eslinga están colocados sobre el asiento del gancho de forma correcta.

Con respecto al tipo de gancho utilizado, María ha de explicar que para evitar que una eslinga se salga accidentalmente del gancho y la carga caiga, es necesario que dicho gancho esté provisto de un pestillo de seguridad que facilite la introducción de la eslinga, impidiendo que esta se salga una vez colocada.

Cuando se utilicen eslingas múltiples, debe asegurarse que la carga queda uniformemente repartida entre todos los ramales, y evitar que alguno de los ramales quede flojo, ya que en estas condiciones no estaría soportando la carga que le corresponde, sobrecargando al resto y haciendo que la distribución de las cargas no fuera la adecuada.

No deben aparecer cocas en los cables

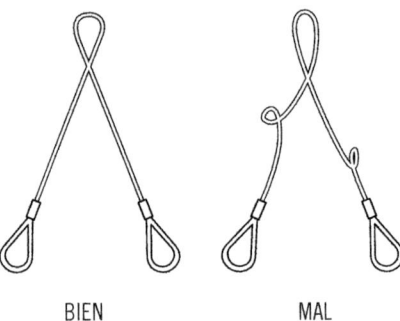

BIEN   MAL

Otra precaución que debe tomarse cuando se usan eslingas es evitar que presenten torsiones (cocas) o nudos, que pueden producir su deterioro, ya que ocasionan roturas.

Las eslingas de cable deben protegerse cuando van a estar en contacto con aristas vivas. Para ello se utilizarán materiales blandos como madera, caucho, etc.

Protección de un cable frente a aristas vivas

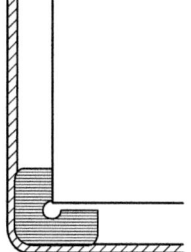

También debe evitarse que los ramales se crucen en el asiento del gancho, aplastándose unos a otros.

Procedimientos correctos de carga

Para realizar la operación de izado es fundamental realizar un buen amarre de la carga.

La persona que realice esta tarea debe respetar las normas de seguridad. Si los elementos que se elevan son materiales sueltos susceptibles de caída, es necesario emplear los medios que impidan esta, como cajas o jaulas.

A continuación puede observarse una carga que no está correctamente fijada, creando una situación de peligrosidad manifiesta, que puede producir accidentes mortales. Empleando la lazada corrediza en los extremos de la misma, esto no se producirá.

Fijación incorrecta de las cargas

Fijación correcta de las cargas

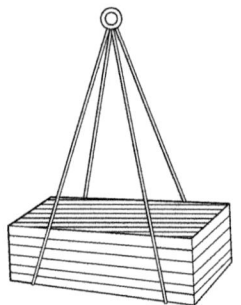
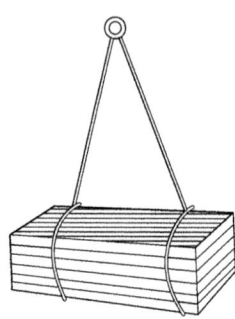

Cuando se usan dos eslingas hay que tener la precaución de no cruzar las eslingas entre las diagonales de la cara, sino usar una eslinga para cada lado, lo que evita que la carga se desnivele.

Modo incorrecto y correcto de posicionar las eslingas

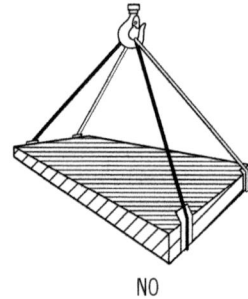
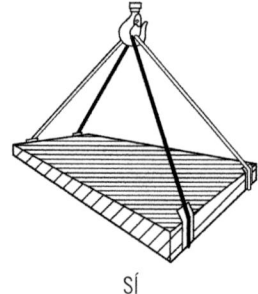

NO　　　　　　　SÍ

Siempre que las eslingas se empleen con ganchos, deben colocarse con los ganchos mirando hacia fuera, ya que así se evita que se doblen las puntas de los ganchos. Además, si es posible se colocarán anillas para favorecer el agarre.

Desplazamiento de las cargas con ayuda de anillador para eslingas

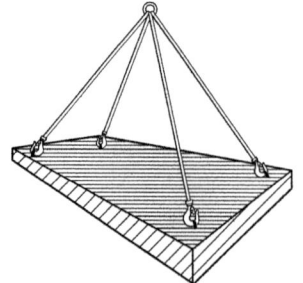
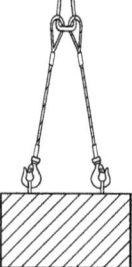

4. Resumen

En el montaje mecánico de instalaciones solares fotovoltaicas puede ser necesario el desplazamiento e izado de equipos y materiales pesados o voluminosos, lo que requerirá el empleo de los medios auxiliares apropiados. Entre estos medios se encuentran la grúa telescópica, que es un tipo de grúa móvil muy extendido debido a su facilidad de desplazamiento, al ir sobre neumáticos; la carretilla elevadora, que ofrece al mismo tiempo un sistema de elevación y transporte; los polipastos, que reducen la fuerza necesaria para levantar y mover una carga, y los cabrestantes.

El izado se realiza con la ayuda de una serie de accesorios de elevación como eslingas (textiles, de cable o estrobos y de cadena), ganchos y grilletes.

Las eslingas pueden usarse de varias maneras, auque hay tres métodos básicos para el manejo de cualquier carga con este elemento: levante directo, levante en canasta y levante en lazada corrediza.

Hay formas correctas e incorrectas de usar las eslingas y los ganchos. En ningún caso deben usarse de forma inestable, colocando la eslinga sobre el pico del gancho, sobre aristas vivas que puedan deteriorarlas, con la carga desigualmente repartida o creando situaciones de peligrosidad manifiesta, etc.

Ejercicios de repaso y autoevaluación

1. **De las siguientes frases, indique cuál es verdadera o falsa.**

    a. Las eslingas de cadena se tiñen para su identificación.

        ☐ Verdadero
        ☐ Falso

    b. Las eslingas de poliéster tienen baja elongación.

        ☐ Verdadero
        ☐ Falso

    c. Las eslingas circulares son las más utilizadas.

        ☐ Verdadero
        ☐ Falso

    d. Los cinchones son eslingas con un ancho inferior a 320 mm.

        ☐ Verdadero
        ☐ Falso

    e. Las eslingas de cable reciben el nombre de estrobos.

        ☐ Verdadero
        ☐ Falso

    f. Cuanto mayor es el ángulo que forman los ramales de una eslinga de cable, menor es la carga máxima que soportan.

        ☐ Verdadero
        ☐ Falso

    g. Las eslingas de cadena son ligeras.

        ☐ Verdadero
        ☐ Falso

h. En las eslingas de cadena, los eslabones contiguos pueden formar entre sí ángulos muy pequeños.

☐ Verdadero
☐ Falso

2. **Relacione los siguientes elementos.**

a. Elemento similar a una anilla cuya parte inferior es desmontable o móvil.
b. Elemento de forma curva y abierta, que presenta un extremo de forma puntiaguda, y que sirve para prender, agarrar o colgar algo.
c. Elemento flexible y debidamente preparado para la conexión entre el elemento de elevación y las cargas.

__ Gancho
__ Eslinga
__ Grillete

3. **Complete las siguientes oraciones.**

a. La principal utilidad de la carretilla elevadora es la de elevar cargas_____.
b. Las carretillas para exterior están dotadas de un _____ que les confiere una gran autonomía.
c. La carretilla elevadora está compuesta por un _____, que soporta un motor sobre su eje trasero, y unas _____ en la parte delantera.
d. Tanto la dirección de la carretilla como la elevación de la carga están controladas _____.

4. **Para trasladar una columna de sección circular de un seguidor solar, ¿qué tipo de levante sería el más adecuado en este caso?**

_____

_____

Capítulo 6
Estructura soporte

Contenido

1. Introducción

A menudo, cuando se proyecta una instalación solar fotovoltaica, toda la atención se centra en el cálculo de los módulos, y se descuida el diseño y/o selección de los elementos que se encargan de soportar o de fijar estos módulos a la tierra, al tejado o a la fachada de un edificio.

La estructura soporte asegura el anclaje del generador solar, y le proporciona la orientación y el ángulo de inclinación idóneo para el mejor aprovechamiento de la radiación solar incidente. Además, es la encargada de hacer que módulos o paneles fotovoltaicos resistan la acción ejercida por los agentes atmosféricos. Hay que recordar que los módulos fotovoltaicos pesan poco, pero en cambio, ofrecen una gran superficie que oponer al viento, lo que puede traducirse en esfuerzos que durante una fuerte racha de este, hagan que los paneles salgan proyectados desde su ubicación.

La elección de los soportes empleados para la sujeción de los paneles dependerá del tipo de montaje que se les dé, no siendo el mismo tipo de estructura la que se emplee para el montaje de los paneles sobre un tejado, que la que se monte en una fachada. Muchas veces los fabricantes de paneles suministran, por separado o en kits, los elementos necesarios para la construcción de la estructura. Otras veces, es el propio proyectista o el instalador quien, haciendo uso de los perfiles normalizados que se encuentran en el mercado, construye una estructura adecuada para los paneles. En cualquier caso, cuando el instalador monte la estructura soporte, deberá asegurarse que sea capaz de resistir las cargas a las que va a estar sometida.

2. Tipos

El tipo de soporte utilizado para la sujeción de los paneles solares es un elemento esencial para garantizar el máximo aprovechamiento de la radiación solar. El tipo de soporte elegido dependerá del tipo de montaje que se les dé a los módulos, no siendo el mismo tipo de estructura la que se emplee para el montaje de los paneles sobre un tejado, que la que se utilice en el montaje sobre una fachada.

En general, las estructuras soporte se caracterizan por ser fijas, al estar los paneles colocados sobre soportes rígidos, sin embargo existen otros tipos de anclajes que se utilizan para sujetar los módulos fotovoltaicos directamente sobre elementos arquitectónicos, como por ejemplo un tejado sin necesidad de incorporar una estructura soporte.

Las estructuras rígidas son usadas en lugares donde la latitud permite elegir un ángulo de inclinación fijo, cuyo valor incrementa las horas de generación durante el invierno, cuando el consumo nocturno aumenta y disminuye la eficiencia de la insolación durante el verano, cuando los días son más largos.

Los soportes rígidos permiten mantener el ángulo de inclinación óptimo, aun cuando soplen vientos fuertes o caigan nevadas. Al elegir el tipo de soporte más adecuado se habrá tenido en cuenta el costo máximo para el sistema y el incremento porcentual de energía que se obtendrá usando algún otro tipo de soporte.

Los lugares típicos donde se colocan las estructuras fijas de soporte para los módulos fotovoltaicos son suelos, tejados y fachadas. Y en función de la inclinación de la superficie, se optará por emplear soportes, (si los módulos van sobre una superficie horizontal), o perfiles y anclajes, para la colocación sobre fachadas.

Estructura soporte sobre tejado   *Anclajes en la fachada*

No obstante, no todos los módulos se colocan sobre una estructura o se fijan mediante anclajes. Hay otros métodos para colocar los paneles de forma fija, como los empleados para la colocación de paneles flexibles.

Sabía que...

Los paneles flexibles no necesitan ser anclados sobre una estructura soporte, ya que se colocan directamente sobre la superficie de la cubierta mediante un adhesivo, sin necesidad de tornillos.

3. Materiales

Son numerosos los fabricantes que se dedican a la fabricación de unidades de montaje modulares que pueden usarse en cualquier tipo de instalación y con cualquier tipo de módulo. Además, los productos que cada uno de ellos fabrica, suelen ser completamente compatibles entre sí, así como con las nuevas unidades que van introduciendo en sus catálogos, aunque pueden no serlo con productos de otros fabricantes. En la documentación técnica que proporcionan, incluyen las instrucciones de montaje y ensamblado de las estructuras portantes.

3.1. Estructuras

Al igual que les ocurre a los módulos solares y sus conexiones, las estructuras se encuentran completamente a la intemperie. Por este motivo, los materiales que se empleen para su construcción deben ser cuidadosamente seleccionados, más aún, cuanto más agresivas sean las condiciones atmosféricas que deban soportar.

Las condiciones ambientales afectan de modo diferente a las estructuras soporte; así, fenómenos como la nieve o la lluvia, afectan al emplazamiento y la forma del soporte de sustentación, mientras que las heladas o determinados ambientes, afectan al tipo de materiales empleados. Las estructuras de soporte deben ser capaces de resistir, como mínimo, diez años de exposición a la intemperie sin signos de corrosión o fatiga apreciables.

Nota

Los ambientes marinos poseen un alto poder corrosivo; la lluvia, sin embargo, no representa en sí misma nada más que un posible aumento de la velocidad de oxidación.

El material con el que se construyen las estructuras soporte es, normalmente, hierro protegido contra la corrosión mediante un tratamiento de **galvanizado** o zincado. En ambientes más corrosivos, como los cercanos a las costas, debe utilizarse acero inoxidable o acero protegido con un doble galvanizado en caliente. Este tratamiento le proporciona un grosor mayor y, por tanto, una mayor protección.

 Definición

Galvanizado
Es un método de protección que consiste en depositar una capa de zinc sobre el hierro o el acero. Al ser el zinc más oxidable que el hierro, cuando está expuesto al aire se genera sobre su superficie una capa de óxido estable, que protege al hierro de la oxidación.

Cuando las estructuras son pequeñas o ligeras, como sucede con los muros cortina empleados en las fachadas, pueden construirse con aluminio anodizado. Este material es caro y, por eso, no se emplea en las instalaciones grandes. Las estructuras de acero inoxidable también tienen un coste muy elevado, por eso solo se utilizan en ambientes muy corrosivos.

Aunque los materiales con los que se construyen las estructuras soporte vienen normalmente protegidos de fábrica contra la corrosión mediante alguno de los tratamientos anteriormente mencionados puede no ser así, en cuyo caso habrá que aplicar dicha protección una vez que se hayan realizado los taladros correspondientes a la tornillería.

Todos los elementos metálicos que no estén debidamente protegidos contra la oxidación por el fabricante deben recubrirse con dos capas de pintura antioxidante. Es sumamente importante preparar las superficies antes de aplicar la protección, ya que un alto porcentaje de fallos en el recubrimiento son debidos a una mala preparación de la superficie. Esta preparación va desde la limpieza con disolventes adecuados hasta el empleo de herramientas eléctricas.

3.2. Elementos de fijación

Para sujetar la estructura a la base de soporte, o para unir los diferentes perfiles que componen la estructura, es necesario emplear elementos como bulones, pasadores, arandelas, tuercas, tornillos, tirafondos, etc., que pueden tener diferentes formas, grosores y longitudes.

 Ejemplo

 De haber vientos fuertes, un sostén ubicado sobre el suelo puede usar bulones en forma de J, colocados en las cuatro esquinas, como el que se muestra en la figura.

Todos estos materiales deben ser de buena calidad, ya que en cualquier momento, tras su instalación puede ser necesario su remoción, ya sea para proceder a la ampliación de un soporte, a la sustitución de un panel, etc. Además, al igual que el resto de las estructura, la tornillería va a estar sometida a las inclemencias del tiempo, por no hablar de otros ataques, como la corrosión galvánica. Por eso, la tornillería que se emplee para el montaje de las estructuras soporte debe ser de acero inoxidable o, en su defecto, estar galvanizada o zincada.

Diversos elementos de tornillería

En las uniones roscadas deben emplearse arandelas plásticas. Las arandelas se ajustan a la tuerca, evitando así que la unión se afloje. También evitan que se produzca la corrosión galvánica. Deben usarse siempre que entren en contacto dos metales distintos, como sucede cuando la estructura es de aluminio y los tornillos de otro metal.

 Nota

La corrosión galvánica es una forma de corrosión que se produce cuando dos metales distintos se encuentran en contacto directo con un electrolito, o medio en el que puede fluir la corriente eléctrica (en el medioambiente, el agua en forma de humedad actúa como electrolito). En estas circunstancias, se van desprendiendo electrones de la superficie del metal más anódico (electronegativo), el cual se va corroyendo, para depositarse sobre la superficie del metal más catódico (el que permanece inalterado).

3.3. Hormigón

Este material se emplea para la construcción de bases de asiento para las estructuras soporte sobre el suelo o sobre cubiertas. Estas bases deben ser robustas, por lo que en su construcción pueden utilizarse varillas de acero corrugado para darles fuerza. Además, el hormigón deberá responder a las características indicadas en el proyecto.

En las construcciones sobre el suelo, los bulones de fijación a los que se anclarán las estructuras, se incrustan en la mezcla antes de que esta haya fraguado. Así se garantiza que queden firmemente anclados.

Para evitar que se hundan en el hormigón cuando aún está fresco, se coloca sobre la superficie un listón de madera que tiene la misma altura que la parte que debe sobresalir el bulón del hormigón, menos la altura de la parte que está roscada. Este listón tiene unos agujeros por los que salen los bulones. A continuación, se coloca la tuerca para evitar que se hundan. Una vez que el hormigón ha fraguado, se quita la tuerca, se saca el listón, y los bulones quedan listos para recibir la estructura soporte.

Base de asiento de hormigón para estructura soporte

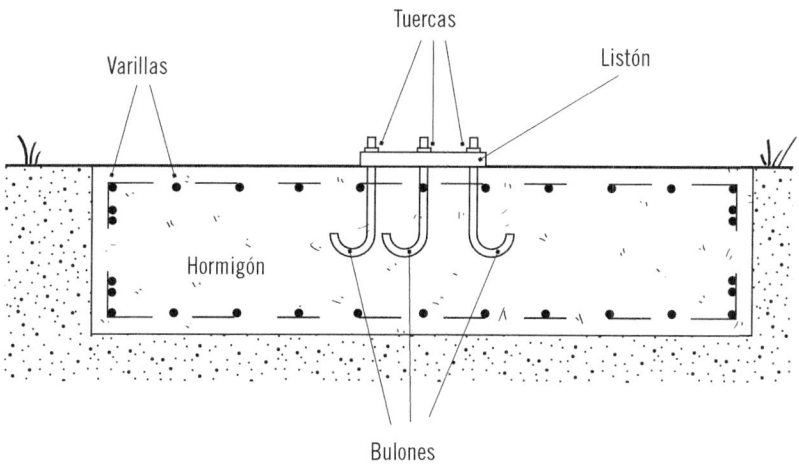

4. Soportes y anclajes (ubicación, colocación)

Una vez vistos cuáles son los principales tipos de estructuras soporte, y los elementos y materiales que pueden emplearse para su realización, es momento de conocer dónde y cómo se colocará cada uno de ellos.

Salvo en las instalaciones con paneles fotovoltaicos flexibles, en el resto de instalaciones los paneles deben ir colocados sobre una estructura portante. Dependiendo de donde se sitúen los paneles, así será la estructura que deba construirse para que se adapte a las indicaciones del proyecto, ya que no será la misma estructura la que se emplee para un montaje a nivel del suelo, que la que se emplee para el montaje sobre una fachada o sobre una cubierta. En cualquier caso, el tipo de estructura ya se habrá definido en el proyecto.

 Importante

Previo al montaje de los paneles, deben considerarse las cargas que se producirán durante las operaciones de mantenimiento.

4.1. Estructura soporte sobre suelo

La estructura soporte garantiza la estabilidad de los paneles solares al quedar estos fijos a ella. En el caso de que dicha estructura vaya a ser instalada sobre el suelo, habrá que tener en cuenta factores como su ubicación y posterior colocación.

Ubicación

Las instalaciones sobre suelo presentan dos problemas fundamentales: la fuerza elevadora que puede ejercer el viento sobre los paneles y la accesibilidad.

La fuerza del viento es menor a nivel del suelo pero se va haciendo más fuerte a medida que se eleva desde este hasta la altura que alcanza el panel. Esta fuerza se contrarresta dotando al soporte de mayor robustez. Además, a nivel del suelo resulta más fácil el montaje tanto de la estructura soporte como de los paneles fotovoltaicos.

La accesibilidad es tanto una ventaja, ya que permite un mantenimiento más cómodo, como un inconveniente, ya que la instalación puede ser objeto de rotura por animales o de actos vandálicos. La mayoría de estas instalaciones se suele proteger con un cerramiento metálico.

El fácil acceso de los animales a los paneles fotovoltaicos es un inconveniente para estos.

Otro inconveniente es que en el suelo aumentan las probabilidades de que puedan producirse sombras parciales, y también son más susceptibles en zonas donde las nieves son abundantes, como son las áreas de montaña, ya que pueden quedar enterradas por la nieve o sufrir las consecuencias de inundaciones. Para evitarlo, la base de las estructuras se elevará lo suficiente como para permitir que la nieve se amontone sin perjudicar a la superficie captadora.

Bases de las estructuras de las placas fotovoltaicas elevadas para evitar su enterramiento por la nieve

Colocación

Una de las formas más habituales de montar las estructuras sobre suelos, es anclándolas sobre cimentaciones de hormigón, calculadas para evitar el vuelco de la estructura por la acción del viento trasero (proveniente del norte).

Para el montaje de una estructura soporte sobre el suelo, se comienza por realizar la base de hormigón a la que se fijará la estructura.

Antes se ha explicado una de las formas de fijar los perfiles en el hormigón, que es incrustar los bulones antes de que este haya fraguado. Pero también puede ser necesario fijar los perfiles sobre una base de hormigón en masa. En este caso, se procede en el siguiente orden:

1. Se taladra el hormigón con una profundidad adecuada al tornillo, que se va a anclar con una broca adecuada. Por ejemplo, 10 cm con una broca de 8 mm.

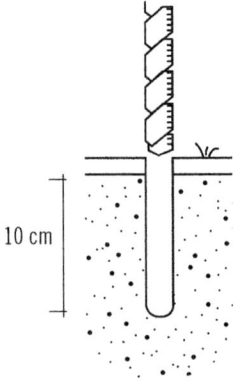

2. Se limpia del orificio taladrado.

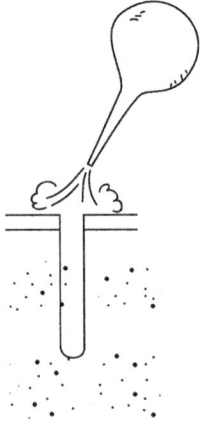

3. Después, se introducen los tacos de expansión con la ayuda de un martillo.

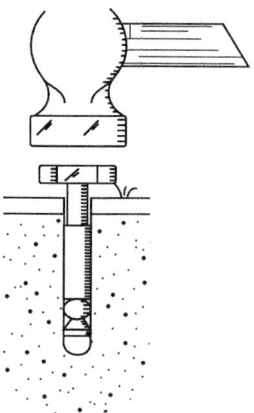

4. Se retira la tuerca y se coloca el vástago del elemento de fijación.

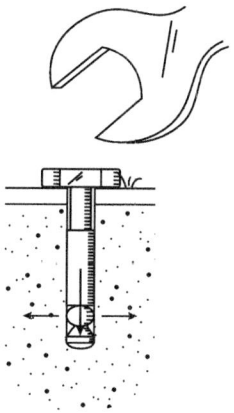

5. Se aprieta al máximo la tuerca para que los tacos se expandan en el hormigón.

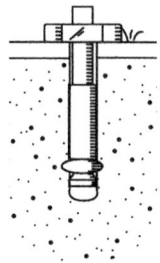

Cuando sea necesario, tras proceder al roscado de las tuercas, se sellan para evitar robos.

Aplicación práctica

Pedro es el jefe de obra de una empresa instaladora de sistemas solares fotovoltaicos que va a acometer la obra de instalación de una estructura soporte sobre suelo, para situar los paneles de un huerto solar, por lo que ha de preparar el terreno para su ubicación. ¿Cómo ha de preceder?

SOLUCIÓN

- En primer lugar ha de preparar el terreno o realizar cimentaciones, para lo que hay que proceder a excavar el hueco que posteriormente será hormigonado. Para realizar este trabajo es necesario emplear maquinaria de excavación.
- Sobre el terreno habrá que señalar lo que los planos indican. Para ello, se emplearán útiles de replanteo como son la cinta métrica, jalones, estacas, listones de madera para camillas, martillo, clavos y cuerdas de albañil.
- Posteriormente, se procederá al hormigonado de los basamentos de los soportes. Los morteros pueden ser elaborados en una hormigonera, en la que se mezclan y amasan el cemento, agua y arena hasta que quede una masa uniforme o pueden venir preparados desde una planta en un camión hormigonera.

Continúa en página siguiente >>

<< Viene de página anterior

▍ Será necesario emplear también los elementos de apisonado, picado y vibrado que hagan que la mezcla se asiente, evitando que queden oquedades que comprometan la resistencia del hormigón.

Otra forma de elevar la estructura portante de los módulos, es el empleo de un único poste, que se hinca directamente sobre el terreno a la profundidad adecuada, para salvar los desniveles del mismo y para obtener la captación óptima. Con este método, se abaratan los costes de la instalación, ya que se evita el hormigonado y se reduce el impacto ambiental, ya que cuando se desmantela la instalación, solo es necesario cubrir el hueco que ha dejado el poste extraído. Para el hincado de los portes es necesario emplear una hincadora de postes.

Postes empleados en el hincado

Hincadora de postes

Posteriormente, se montan los elementos que componen esta estructura, se levantan los montantes delanteros y traseros, se fijan los largueros, se colocan los refuerzos, y queda el conjunto preparado para recibir los módulos.

Montaje de elementos de la estructura

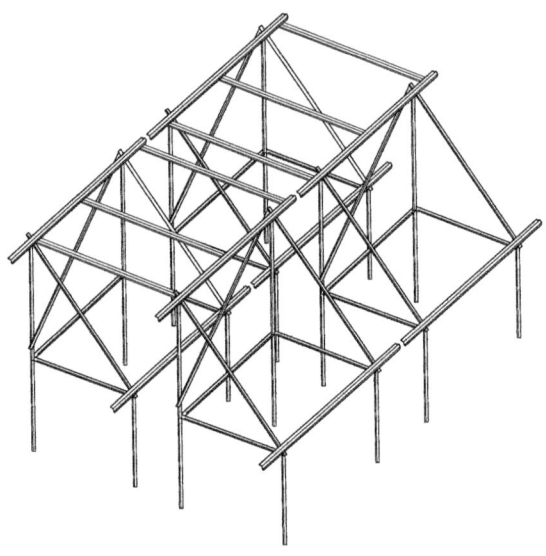

 **Importante**

Para la correcta transmisión de los esfuerzos, es muy importante realizar correctamente el aplomo de los elementos verticales de la estructura soporte.

En todos los casos es aconsejable la inserción de tirantes entre las patas de la estructura, para obtener una mayor resistencia mecánica del soporte.

Tirantes entre las patas de la estructura

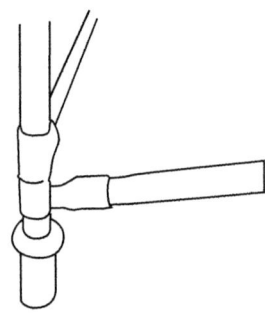

Si los vientos son fuertes, la estructura soporte de los módulos debe estar prevista para poder dejar un hueco entre módulo y módulo, con el fin de que el aire pueda circular entre ellos, ejerciendo menos presión que si los paneles fotovoltaicos quedan pegados unos a otros. Esta distancia puede estar alrededor de los dos centímetros.

 Consejo

No debe olvidarse nunca usar silicona en todas aquellas uniones o puntos débiles frente al agua y la humedad. La silicona sella conexiones eléctricas, cajas, juntas, etc.

4.2. Estructura soporte sobre cubiertas

En el caso de que la estructura haya que instalarla sobre una cubierta, se ha de tener en cuenta, además de la ubicación y colocación, factores como el tipo de cubierta sobre la que va a ir montada la estructura soporte.

Ubicación

El tejado es uno de los lugares más empleados para la colocación del sistema generador fotovoltaico, ya que, por lo general, dispone de espacio y, al estar elevado, también presenta menos problemas con las sombras. Sin embargo, la colocación de la estructura soporte de los paneles puede afectar a la impermeabilización, por el tema de las sujeciones; en las estructuras sobre cubiertas no deben traspasarse estas con los anclajes para evitar infiltraciones de agua. Además, cuando la instalación fotovoltaica se realiza sobre un tejado, hay que tener en cuenta tanto las cargas estáticas como las dinámicas.

Dependiendo del tejado, pueden presentarse dificultades para su orientación al sur, en este caso, habrá que elegir entre dar a los paneles la orientación que tiene la cubierta, con las pérdidas que ello implique, o emplear una estructura que le proporcione al módulo la orientación adecuada.

En el caso de instalaciones sobre cubiertas, hay que tener en cuenta también lo comentado respecto a los problemas con la nieve.

Colocación

La forma en que se coloca la estructura soporte va a depender del tipo de cubierta.

Cubierta plana

Cuando sobre una cubierta plana se va a colocar una estructura inclinada, debe tenerse en cuenta que los anclajes empleados no pueden atravesar el forjado. Por ello, se emplen muretes de hormigón armado con varilla metálica, similares a los empleados para las fijaciones sobre el suelo, que actúan como contrapesos. Los contrapesos se calculan en función del edificio y lugar de la edificación, y se colocan como lastre generalmente en la parte trasera de la estructura.

Estructura inclinada, con contrapesos, sobre cubierta plana

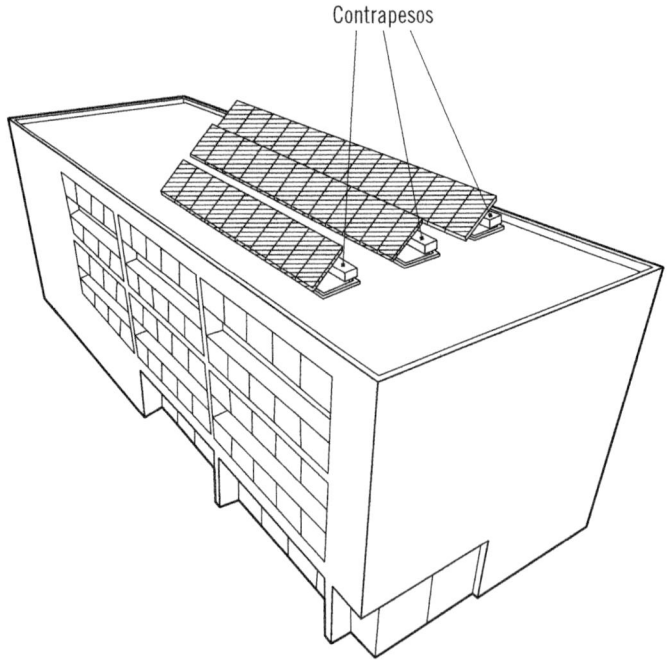

Contrapesos

Si sobre la cubierta se extiende un suelo técnico, el lastre adicional puede colocarse entre el suelo técnico y el forjado, integrando sin obstáculos la instalación fotovoltaica.

Cubierta inclinada

Cuando la cubierta está inclinada, existen dos formas fundamentales de colocar los módulos:

▪ Sobre una estructura independiente de la cubierta.
▪ Integrados totalmente en la cubierta.

Y además, cuando los módulos se colocan sobre una estructura, esta puede presentar dos configuraciones:

▪ Paralela a la cubierta.
▪ Salvando el desnivel de la cubierta, de forma que queden todos los paneles a la misma altura.

Estructura independiente salvando el desnivel de la cubierta   *Estructura independiente paralela a la cubierta*

Módulos integrados en la cubierta

Cuando el montaje se realiza sobre una estructura, sea del tipo que sea, debe elegirse entre los diferentes tipos de anclaje aquellos que garanticen una instalación segura, a la que no le influyan las inclemencias del tiempo. No puede plantearse en esta obra un único método de montaje, ya que cada instalación es diferente de las demás porque varían el tipo de tejado, las dimensiones de las estructuras, sus perfiles, etc., además, cada fabricante diseña sus propias piezas, que difieren en forma y número con las de otros fabricantes. Por este motivo, en este apartado se dan unos pasos básicos, que pueden ser más en función de las dimensiones de la instalación, pero que en líneas generales pasan por:

- Señalar los puntos en los que van a situarse los anclajes. Estos puntos se establecen según el replanteo que se ha realizado siguiendo los planos de diseño.
- Colocación de los anclajes (1). Hay que elegir el anclaje adecuado según la cubierta sea de chapa trapezoidal, de chapa ondulada, de teja árabe o plana, etc., y en función de este material, puede optarse por fijar el anclaje mediante tornillos estancos, mediante soldadura o con un método mixto.
- Montaje de los rieles o travesaños (2), cuya forma va a depender del tipo de estructura; así, si se trata de una estructura paralela a la cubierta, la perfilería puede tener una forma que permita sujetar el marco del módulo y la conducción del cableado eléctrico a la vez. Por el contrario, si se trata de una estructura inclinada, se montarán perfiles en los que puedan fijarse las piezas de conexión que darán forma a la estructura. La forma propia del riel es aquella que presenta un canal por el que se puede desplazar la tornillería, pero que no permite la extracción de esta más que por el extremo, por lo que una vez apretados difícilmente se soltarán, mientras permanezcan en las condiciones para las que han sido calculados. Para este montaje se utilizarán los tornillos y tuercas necesarios para que la fijación sea resistente.
- Montaje de las piezas de conexión de los diferentes tramos de perfilería (3). Estas piezas presentan formas diferentes según sean las piezas que unen. Deberán ir montándose a medida que corresponda, según el tipo de perfil.

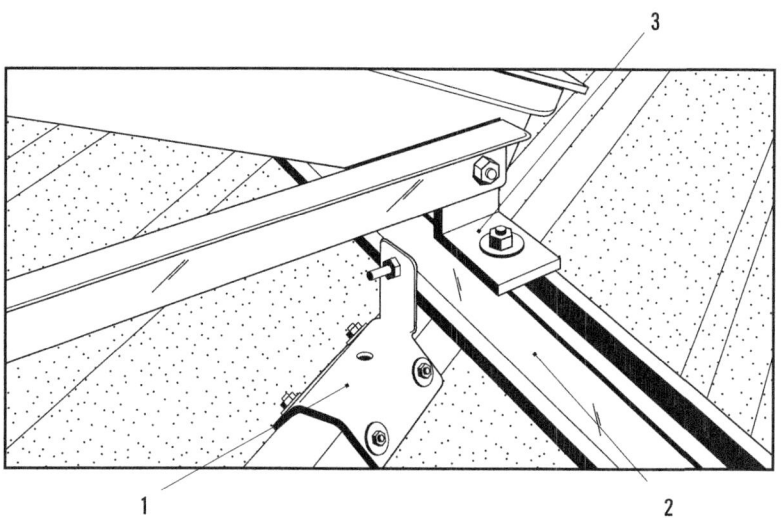

Cuando la estructura se coloca paralela a la cubierta, es importante evitar la fijación del panel sobre o cerca de una superficie metálica expuesta de lleno a la luz solar, ya que esta origina un incremento de temperatura.

 Nota

La temperatura de funcionamiento es un factor a tener en cuenta al instalar un panel solar.

La eliminación del calor se favorece con una aireación y convección natural, por eso, es conveniente dejar una separación entre los paneles y el techo de unos 15 cm, para facilitar su ventilación.

La integración total consiste en sustituir el recubrimiento convencional por otro compuesto por módulos fotovoltaicos. Ahora bien, las formas de incorporación de los módulos para que la integración sea total, pueden ir desde sustituir el recubrimiento por una estructura adecuada sobre la que se fijan los módulos, o sustituirlo por otro de tejas fotovoltaicas.

En el primero de los casos, el trabajo comienza dejando libre del recubrimiento convencional a base de tejas una superficie suficiente equivalente a la que va a ocupar el campo de módulos, más la correspondiente a las juntas que van a emplearse para dar estanqueidad al montaje, y el que va a permitir trabajar con comodidad sobre la cubierta. A continuación, se marca sobre la superficie que se ha dejado libre dónde van a ir los listones o perfiles auxiliares que van a servir para fijar los módulos.

Marcaje del lugar que van a ocupar los perfiles auxiliares para fijar los módulos

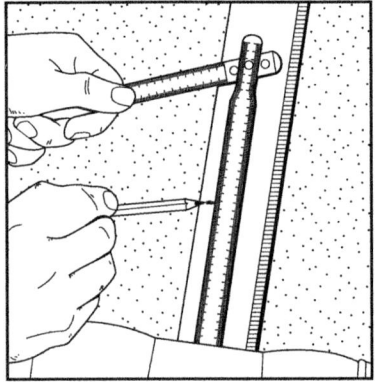

Una vez que se ha replanteado el campo, se colocan los perfiles horizontales y verticales que van a servir de soporte a los módulos. Estos perfiles se fijan con la tornillería adecuada.

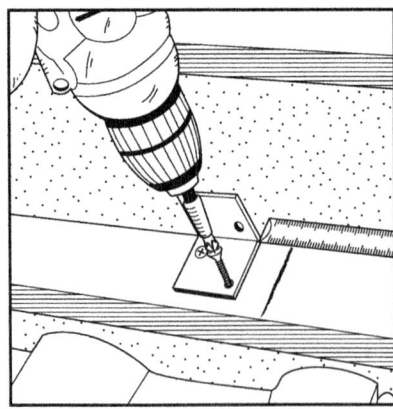

Una vez que se dispone de un soporte, se irían colocando y fijando los módulos, siguiendo un orden e intercalando entre ellos las juntas que van a proporcionar aislamiento al sistema.

En las cabezas de los tornillos que quedan a la intemperie, pueden colocarse capuchones de caucho que actúan como aislantes.

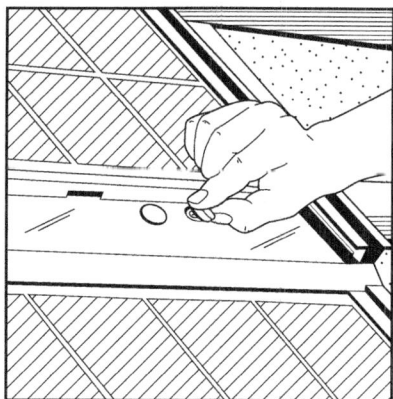

A continuación, se colocan las juntas de estanqueidad en la parte superior, inferior y laterales de la perfilería. Estas juntas deben quedar bien fijadas para evitar que se produzcan filtraciones.

Posteriormente, se colocan las tejas alrededor del campo.

Los pasos aquí señalados son una simplificación porque, como en todos los sistemas, la palabra final la tienen los fabricantes que son quienes van a decir cómo deben montarse los elementos que componen una instalación que ellos han ideado.

 **Nota**

Existen fabricantes en los que esta forma de montaje dispone de un kit, en el que cada perfil y cada junta, van en una posición determinada en el diseño, por lo que si se cambian con otros, no encajan y, por tanto, no cumplen su cometido, con lo que podrían producirse filtraciones.

Cubierta curvada

Debido al particular diseño de estas cubiertas, los módulos se fijan a la estructura mediante grapas especiales. La estructura (de aluminio) puede estar compuesta por montantes y travesaños. La sujeción de los módulos es igual que la de los vidrios del acristalamiento a los que sustituyen.

4.3. Fachadas

En el caso de que la estructura haya que instalarla sobre una cubierta, se ha de tener en cuenta, además de la ubicación y colocación, factores como el tipo de fachada sobre la que van a instalarse los módulos.

Ubicación

En este tipo de montaje se acopla la estructura a los cerramientos del recinto, con lo que la acción del viento queda drásticamente disminuida.

Si se dispone de buenos puntos de anclaje sobre una edificación ya construida, puede considerarse ventajosa, debido a la seguridad que proporciona la altura. El montaje de una instalación solar fotovoltaica en fachadas admite muchas variedades, ya que puede montarse mediante tacos de expansión o bien realizando una pequeña obra donde se inserte la estructura, etc. Cualquier variación puede presentar imprevistos.

Importante

Para el montaje en fachadas debe emplearse una estructura liviana.

Colocación

A continuación, se explica cómo se realiza la colocación de cada una de ellas.

Fachadas ventiladas

La colocación es la misma que se emplearía para una fachada revestida con paneles de vidrio, por lo que pueden emplearse las mismas soluciones constructivas. Sobre la fachada interior se fijan unos anclajes puntuales y/o unos perfiles en forma de raíles (1) (una vez más el método de anclaje es indicado por el fabricante), que permiten la colocación de cualquier tipo de módulo, de cualquier fabricante. Los raíles tienen forma de U y se anclan en vertical a la fachada del edificio. Los módulos se sujetan por fijadores puntuales especiales (2), de tal forma que donde se coloca el fijador no haya células fotovoltaicas.

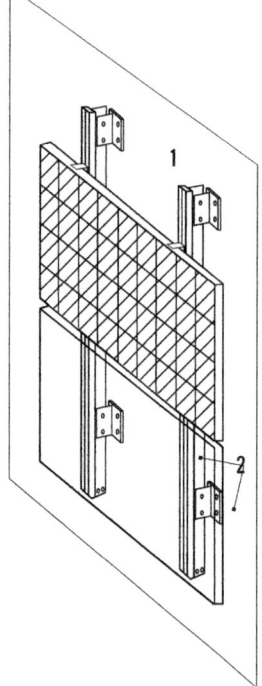

Es importante elegir adecuadamente el tipo de anclaje. Para asegurar que el anclaje elegido es el más adecuado, es recomendable que el proveedor del mismo realice pruebas de tracción de diferentes tipos de anclaje, y así comprobar cuál de ellos ofrece una unión segura al edificio y con cuál se produce una transmisión correcta de las cargas.

Muros cortina

En los muros cortina, al tratarse de un cerramiento no portante, los montantes transmiten tan solo cargas horizontales debidas al viento y el peso propio vertical del muro cortina a la estructura principal. Es conveniente que a la obra lleguen premontados la mayor cantidad de elementos, y así reducir las operaciones de montaje en el momento de la colocación.

El siguiente esquema muestra los componentes del muro cortina.

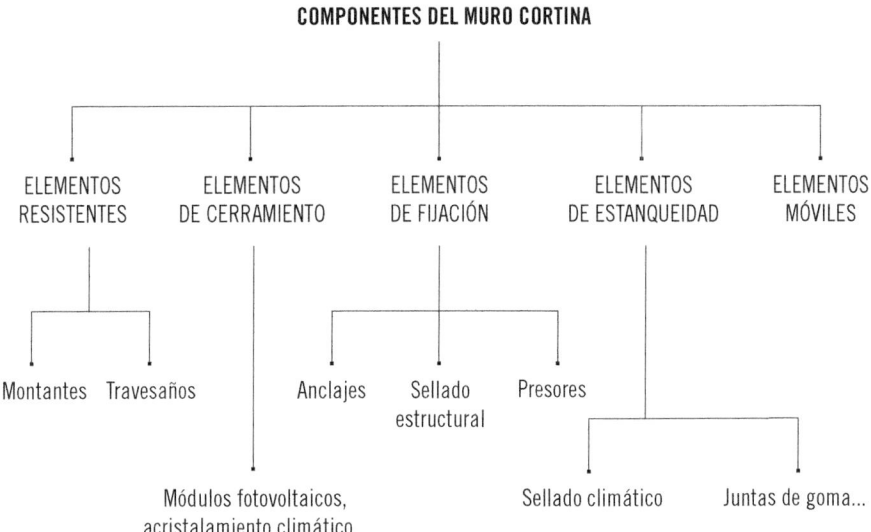

COMPONENTES DEL MURO CORTINA

ELEMENTOS RESISTENTES — Montantes, Travesaños

ELEMENTOS DE CERRAMIENTO — Módulos fotovoltaicos, acristalamiento climático...

ELEMENTOS DE FIJACIÓN — Anclajes, Sellado estructural, Presores

ELEMENTOS DE ESTANQUEIDAD — Sellado climático, Juntas de goma...

ELEMENTOS MÓVILES

 Nota

La base de fijación se realiza mediante piezas de acero galvanizado, unidas a la estructura general.

Para construir un cerramiento empleando muros cortina es necesario que, mientras se ejecutan los forjados de la estructura del edificio, se empotren las bases de fijación. Se trata de piezas que normalmente tiene forma de U o de L y que irán provistas de los elementos necesarios para permitir el acoplamiento con las piezas de anclaje. En su colocación hay que tomar las medidas necesarias para que queden aplomadas y a nivel.

Teniendo en cuenta el sistema de fabricación y puesta en obra, puede establecerse una división entre muros cortina tradicionales y muros cortina modulares.

Muros cortina tradicionales

Para el montaje de muros cortina tradicionales, se llevan a la obra los perfiles previamente cortados a las medidas fijadas, normalmente la altura de una planta, aunque pueden ser mayores en las plantas bajas. Los montantes verticales se fijan a los anclajes de la estructura de la obra en cada planta, ya que transmiten los esfuerzos, generalmente, al forjado que está por encima (de cada planta). En la parte superior del montante se colocan los elementos que sirven para el ensamblaje con el inmediato superior, dejando en estas uniones una junta de dilatación de unos 10 mm.

Elementos de anclaje

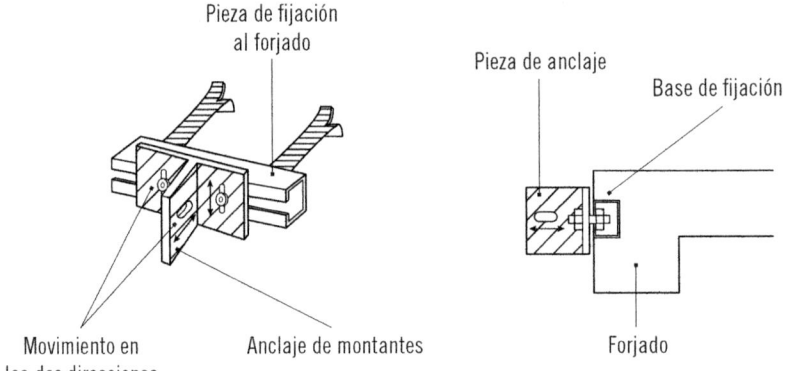

Pieza de fijación al forjado

Pieza de anclaje

Base de fijación

Movimiento en las dos direcciones

Anclaje de montantes

Forjado

Luego se montan los perfiles horizontales o travesaños, atornillándolos a los montantes. El montaje se realiza en sentido horizontal. El proceso de montaje sería así: se atornillan los montantes al arranque del rastrelado; en el extremo superior se coloca la pieza para ensamblar el montante superior. Simultáneamente, se van colocando los travesaños empleando las piezas de amarre con los tornillos adecuados, con lo cual se irá conformando la retícula. Los trabajos se van repitiendo en cada planta, para garantizar que no se producen desvíos respecto al aplomo y que si se producen, están dentro del margen de tolerancia. Una vez que se ha terminado la estructura, se sueldan los anclajes.

Descripción del proceso del montaje de muros cortina tradicionales

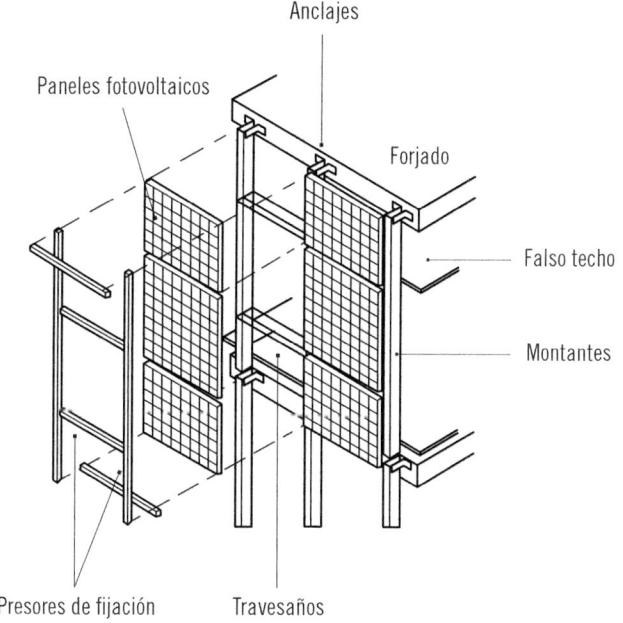

A continuación, habría que montar el vidrio o panel, si se combinan ambos elementos, como doble acristalamiento en las zonas de visión, u otros materiales en las zonas opacas, pasos por forjados, pilares, etc. Es en estas zonas opacas donde suelen colocarse los módulos fotovoltaicos. Para la colocación de los vidrios y otros elementos que compongan el cerramiento, se emplearán elementos de fijación y estanqueidad, como juntas de goma, anclajes, materiales para el sellado, presores, etc. Se finaliza colocando las tapas embellecedoras exteriores que ocultan la estructura interna.

 Nota

Los anclajes pueden ser fijos y móviles. Los anclajes móviles permiten las dilataciones térmicas y las cargas del viento (presiones y succiones).

Muros cortina modulares

Los muros cortina modulares se construyen con módulos de fachada que ya llegan montados a la obra, por lo que su montaje es relativamente simple. Se cuelgan los módulos desde las plantas superiores y se colocan en el hueco previsto, siguiendo un orden preestablecido (de un lado a otro de la planta y de abajo a arriba de la fachada). Estos módulos poseen un entramado estructural en el que los montantes y travesaños, que en realidad son semiperfiles que permiten la unión por machihembrado con los continuos tanto horizontal como verticalmente, se atornillan unos a otros para conseguir un marco rígido. La estanqueidad se la proporcionan unas juntas elásticas de EPDM[1] que ya vienen montadas y que evitan los sellados de silicona.

---

1 Etileno Propileno Dieno tipo M.

Descripción del proceso del montaje de muros de cortina modulares

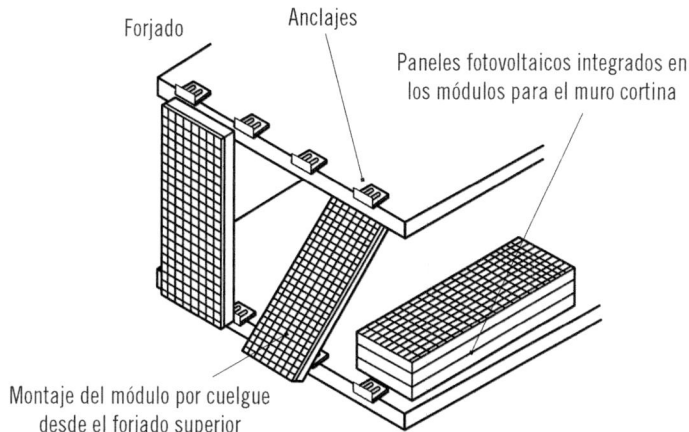

Forjado

Anclajes

Paneles fotovoltaicos integrados en los módulos para el muro cortina

Montaje del módulo por cuelgue desde el forjado superior

El montaje en obra comienza por el replanteo sobre la estructura principal. Tras esto, se fijan los anclajes en el forjado. Los anclajes suelen estar constituidos por placas de acero o aluminio que se fijan a la parte superior de los forjados mediante carriles situados en el interior de este. Las placas de anclaje tienen perforados unos taladros alargados que facilitan el ajuste de las placas. Los módulos se cuelgan sobre las placas de anclaje por medio de unos ganchos atornillados en los extremos superiores de los semimontantes de cada módulo.

Un problema que suele aparecer durante el montaje de estos elementos es el siguiente: durante la colocación de las bases de fijación a las que se van a unir las piezas de anclaje, sobre las que posteriormente se fijarán los módulos que compondrán el muro cortina que va a ser instalado, a veces se producen pequeñas desviaciones respecto a lo establecido en el proyecto. Cuando esto ocurre, siempre y cuando se trate de pequeñas desviaciones, la solución es desplazar las piezas de anclaje por las ranuras de fijación, para ajustar la distancia horizontal y subir o bajar dichas piezas de anclaje, valiéndose para ello de los taladros alargados, hasta que se queden aplomadas. Una vez que el error está subsanado, se aprietan los tornillos de fijación.

A continuación, se verifican las alineaciones, marcando el replanteo y fijando el eje de arranque de la retícula portante. Como paso previo a la colocación de la estructura portante debe comprobarse que tanto los desniveles de las bases de fijación como el desplome de la fachada están dentro de los máximos permitidos. Se marcan los ejes de modulación en el borde inferior del forjado y se llevan de planta en planta mediante aplomos. Hay que ser muy cuidadosos con los replanteos, porque los errores introducidos son acumulativos.

 Aplicación práctica

En la colocación de las bases de fijación a las que se van a unir las piezas de anclaje, sobre las que se fijarán los módulos que compondrán un muro cortina, se producen pequeñas desviaciones respecto a lo establecido en el proyecto. ¿Cómo se compensarán dichas desviaciones?

SOLUCIÓN

Al tratarse de pequeñas desviaciones, lo que debe hacerse es desplazar la pieza de anclaje por las ranuras de fijación, para ajustar la distancia horizontal, y subir o bajar las piezas de anclaje, valiéndose para ello de los taladros alargados, hasta que se queden aplomadas. De esta forma los desniveles máximos serán menores de lo permitido en el proyecto. Cuando se estime que el error está subsanado, se aprietan los tornillos de fijación.

Sistema de vidrio estructural

El sistema de vidrio estructural difiere del muro cortina estructural en que la estructura portante no está compuesta por perfiles y travesaños, sino que consiste en un perfil conector vertical sobre el que se emplean elementos que permiten la fijación puntual.

En este tipo de montaje la estructura que soporta el cerramiento se fija sobre la estructura principal del edificio. Sobre esta estructura soporte se sitúan los elementos que van a componer los nudos de fijación. Estos elementos son arañas y rótulas, que son los que van a sujetar directamente los vidrios o paneles solares del cerramiento.

Estas estructuras son proporcionadas por los fabricantes según el diseño establecido en el proyecto, por lo que su montaje deberá ajustarse a los documentos que componen este proyecto (planos, etc.), manteniendo los márgenes de tolerancia establecidos y ejecutarse siguiendo las instrucciones que para el sistema concreto que se utilice establezca el fabricante de dicho sistema, sin olvidar nunca las medidas de seguridad que correspondan al tratarse de trabajos que se realizan a cierta o mucha altura.

Descripción del procedimiento de montaje de un sistema de vidrio estructural

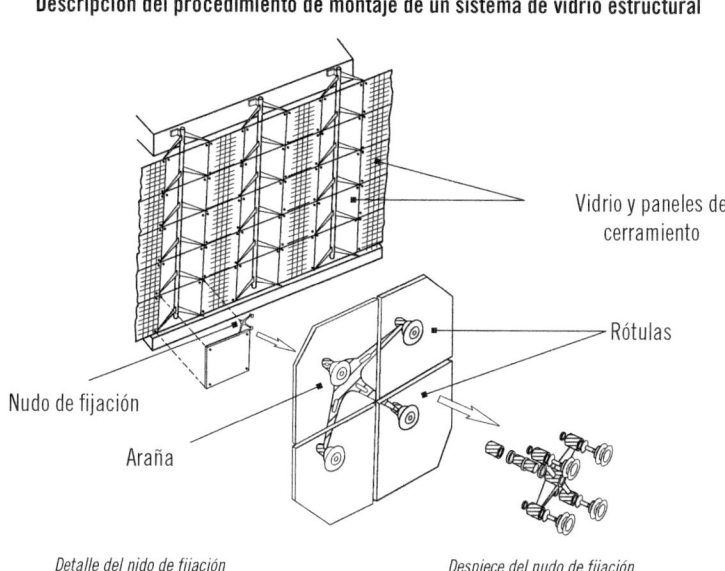

Vidrio y paneles de cerramiento

Rótulas

Nudo de fijación

Araña

Detalle del nido de fijación   *Despiece del nudo de fijación*

5. Resumen

La estructura soporte es el conjunto de elementos que hace que los módulos fotovoltaicos se enfrenten a la radiación solar con la orientación y ángulo de inclinación más apropiados a la captación solar. Se caracterizan por se fijas.

Los materiales que conformarán las estructuras soporte (perfiles, tornillería, etc.) dependerán de la configuración de dicha estructura. Serán resistentes a la corrosión.

Las estructuras soporte se colocan sobre el suelo o sobre las cubiertas y las fachadas de los edificios, pudiéndose emplear soportes o anclajes, según los módulos vayan sobre una superficie horizontal o vertical.

Las formas más habituales de montar las estructuras sobre el suelo es anclándolas sobre cimentaciones de hormigón y sobre postes hincados en el terreno mediante una hincadora de postes.

La forma de colocación de los soportes sobre las cubiertas va a depender de si esta es plana o inclinada.

La colocación de estructuras paralelas a las cubiertas comprende el replanteo de los puntos en los que colocar los anclajes, la colocación de los anclajes, el montaje de los rieles y travesaños, y el de las piezas de conexión de los distintos tramos de perfilería.

La colocación de estructuras integradas en la cubierta comienza por descubrir la superficie que van a ocupar los módulos, replantear los puntos en los que irán los soportes, fijar estos soportes y colocar juntas de estanqueidad, con lo que quedará listo para recibir los módulos fotovoltaicos.

La colocación sobre fachadas, al tratarse de elementos verticales, se realiza mediante anclajes, fijados mediante tacos de expansión o insertados en la estructura del edificio mediante obra de fábrica. Puede realizarse como fachada ventilada o como muro cortina. Para la colocación como muro cortina, debe distinguirse entre muros cortina tradicionales y muros cortina modulares.

Ejercicios de repaso y autoevaluación

1. En una zona en la que se producen nevadas, ¿sería recomendable la colocación de una estructura soporte sobre una cubierta plana, sin ninguna inclinación y sin ninguna elevación sobre la cubierta?

_____

_____

2. Complete las siguientes oraciones.

   a. Cuando las estructuras son pequeñas o ligeras, como sucede con los muros cortina empleados en las fachadas, pueden construirse con
   _____.

   b. En las construcciones sobre el suelo, los bulones de fijación a los que se anclarán las estructuras, se incrustan en la mezcla antes de que esta haya
   _____.

   c. Las instalaciones sobre suelo presentan dos problemas fundamentales: la fuerza _____ que puede ejercer el viento sobre los paneles y la _____.

3. Indique si las siguientes formas de colocación de estructuras soporte son adecuadas para el lugar en que se pretende colocar las estructuras propuestas. Si no son las adecuadas, ¿cuál sería la ubicación correcta de la estructura, a la vista del método de montaje elegido?

   a. Colocación mediante hincado de un único poste, mediante una hincadora de postes, sobre una cubierta plana.

   b. Construcción en el suelo de una cimentación compuesta por un bloque de hormigón en el que se han anclado bulones de fijación, previamente al fraguado del hormigón.

   c. Fijación de la estructura portante, con la que se da a los módulos la orientación e inclinación adecuadas, atornillándola a un contrapeso de hormigón colocado sobre una cubierta plana.

   d. Colocación de montantes y travesaños anclados a una fachada de ladrillo, para la construcción de un muro cortina modular.

4. Relacione los siguientes elementos.

a. Travesaños
b. Módulos fotovoltaicos
c. Juntas de goma
d. Anclajes

__ Elementos resistentes
__ Elementos de estanqueidad
__ Elementos de fijación
__ Elementos de cerramiento

Capítulo 7

Estructura de los sistemas de seguimiento

Contenido

1. Introducción

La posición del sol varía diariamente desde el amanecer hasta el ocaso. Si se observan las posiciones del sol al amanecer, mediodía y atardecer, en cualquier lugar del hemisferio norte, se verá cómo el sol sale por el este, se desplaza en dirección sur y se pone por el oeste.

Para las instalaciones solares fotovoltaicas, las condiciones óptimas de operación implican la presencia de luz solar plena y un panel con la mejor orientación posible hacia el sol, a fin de aprovechar al máximo la luz directa. Esto supone que a las estructuras que sostienen los paneles fotovoltaicos se les dote con un movimiento de seguimiento solar, para así optimizar la energía captada y, por tanto, la energía producida.

Con los sistemas de seguimiento solar se logra mantener la superficie del panel lo más perpendicular posible a la radiación solar, durante más tiempo que con las estructuras fijas, con lo que se obtiene mayor cantidad de energía en cualquier época del año. Cuando uno de estos sistemas de seguimiento sea incorporado a una instalación, en el proyecto técnico debe describirse su funcionamiento y la solución constructiva por la que se opte.

2. Zapatas

Las zapatas son cimentaciones que transmiten correctamente al terreno las cargas originadas por el peso de la estructura del sistema de seguimiento, así como las que se puedan producir por el empuje del viento sobre los paneles, asegurando su verticalidad.

Se calculan en función del tipo de suelo y de las cargas del conjunto: a mayor peso, mayor será la zapata que hay que construir.

Se construyen en hormigón, y pueden ser cuadradas o circulares. Las cuadradas tienen la ventaja de ser más fáciles de construir, pero las circulares ocupan menos espacio, por lo que necesitan menos material, y además la distribución de fuerzas es más uniforme. Las dimensiones de las zapatas deben ser las de los planos, con una tolerancia de ±5 cm.

La zapata también puede realizarse de tal forma que parte del hormigón sobresalga del terreno a modo de pedestal. Para construir una zapata de este tipo es necesario emplear un encofrado lateral, con las dimensiones establecidas en el proyecto. Hay que asegurarse que el encofrado no va a sufrir desplazamientos durante los trabajos siguientes y que queda nivelado.

Importante

Las zapatas deben estar correctamente niveladas para evitar basculamientos del conjunto al que sirven de base.

La ejecución de las cimentaciones comienza por realizar el desmonte o vaciado, que consiste en preparar la superficie del terreno de forma que quede lo suficientemente plana para proceder al replanteo de las zapatas.

Una vez que está preparada la superficie, se procede al replanteo, indicando la cota que deberá rebajarse, y marcando con pintura o yeso las dimensiones de la zapata.

Después se inicia la excavación, empleando para ello una retroexcavadora. El material que se extrae se acopia para su posterior traslado a un vertedero o para usarlo como relleno al final de los trabajos.

Nota

En muchos casos, la superficie de los cimientos se cubre con el material que se ha extraído del terreno, con la finalidad de integrar mejor el seguidor en el paisaje.

Cuando la excavación ha alcanzado la profundidad establecida, se comprueba su nivelación y se quita cualquier material que haya quedado suelto y que pueda afectar al correcto agarre de la cimentación.

A la vista de las características del terreno, puede establecerse en el proyecto el vertido de una capa de **hormigón de limpieza,** cuya cota será la que se haya establecido en el proyecto.

 Definición

Hormigón de limpieza
Es un tipo de hormigón con una resistencia muy baja, que se coloca entre el fondo de la excavación y el terreno, para regularizar la superficie de apoyo.

La superficie queda lista para recibir la armadura, que dará fuerza a la estructura. La armadura está formada por una parrilla de acero corrugado.

Cuando se emplea una armadura de encofrado para construir la zapata, puede colocarse sobre esta una pasarela que lleva una brida perforada. Las perforaciones tienen como objeto la introducción de los ganchos o pernos de anclaje, que terminan en un tramo roscado. Para que los ganchos no se hundan en el hormigón, la parte roscada de los ganchos sobresale de la brida, y se atornilla por encima de esta.

El hormigón se vierte desde una hormigonera o desde una bomba de hormigonado, a poca altura para que no se produzca la segregación de sus componentes y tratando que no se formen juntas ni coqueras. El hormigón se compacta mediante vibradores de aguja. La cantidad de hormigón vertida debe ser suficiente para evitar el vuelco. Luego se alisa la superficie del hormigón y se deja fraguar.

Nota

I Para evitar que la malla de la armadura se asiente en el fondo con el vertido del hormigón, se amarra a los ganchos o pernos de anclaje.

I Para conseguir que el encofrado no se mueva puede emplearse el material extraído de la excavación de la zapata. Colocándolo por el exterior del encofrado, este permanecerá en su posición mientras se realiza el hormigonado de la misma.

I Antes de proceder al vertido del hormigón, deben colocarse los tubos por los que se tirarán los cableados que conecten eléctricamente el seguidor con el resto de la instalación.

Cuando se ha producido el fraguado, se retiran las armaduras del encofrado en sentido inverso al que se montaron; primero se quita la pasarela y después las armaduras laterales.

La base queda lista para soportar la estructura giratoria o la columna portante sobre la que se van a colocar los soportes con los módulos.

Se ha visto cómo realizar una zapata de forma que quede preparada para recibir una columna, pero también puede procederse empotrando la columna en la zapata, antes de proceder al hormigonado.

Columna empotrada en la zapata antes del hormigonado

Aplicación práctica

En la imagen anterior se ve una columna ya preparada para ser empotrada en una zapata. En ella se ha realizado la excavación, se ha colocado la armadura que dará fuerza, y la columna, que además se ha asegurado a la armadura mediante puntos de soldadura para mantener la verticalidad. ¿Qué debe hacerse ahora para conseguir la correcta cimentación de la columna?

SOLUCIÓN

Para conseguir que la columna quede correctamente cimentada, debe finalizarse la construcción de la zapata. Para ello debe procederse al hormigonado, vertiendo la cantidad suficiente de hormigón, según se haya establecido en el proyecto, en la zona excavada. Una vez que se ha vertido el hormigón se removerá con un vibrador de aguja para que quede bien compacto y sin coqueras en el bloque. Luego se alisa la superficie del hormigón, y se deja fraguar para que adquiera la resistencia adecuada.

3. Columnas

La columna (o pedestal, mástil, poste, etc.) de un seguidor solar es un elemento estático que tiene como objeto darle a la estructura soporte una altura que le permita efectuar los movimientos necesarios para realizar el seguimiento solar. Para ello se atornilla a la parte de los pernos o ganchos de anclaje que ha quedado por encima del hormigón en la zapata.

La columna típica consiste en una estructura monoposte de acero galvanizado en caliente para protegerla contra la corrosión y la oxidación. Dependiendo de sus dimensiones, puede tener forma troncocónica o incluso octogonal. También hay sistemas que se montan sobre columnas prefabricadas de hormigón que son, normalmente, huecas lo que se aprovecha para llevar el cableado de accionamiento. Pero eso no quita que deban ser a la vez ligeras y resistentes, ya que mientras más ligeras sean, más se reducirán los metros cúbicos de hormigón necesarios para un asentamiento seguro, y por tanto el precio de la partida correspondiente en el proyecto de instalación.

Columna atornillada a la zapata

 Nota

Existen columnas macizas en cuyo caso el cableado se fija a su exterior mediante grapas para cableado.

No todos los seguidores tienen una columna, en algunos las columnas se sustituyen por estructuras giratorias. Estas estructuras suelen venir de fábrica en piezas prefabricadas.

Aunque la columna es por definición un componente estático, puede tener una parte giratoria. De hecho, los seguidores con movimiento azimutal, incluyen en la columna una corona de rodamiento de orientación azimutal, consistente en una corona dentada de eje vertical, accionada por un conjunto motor-reductor. En la placa de fijación del grupo se alojan también los sensores para monitorización y comando de la posición azimutal del seguidor.

Estructura giratoria

 **Importante**

El montaje de las estructuras giratorias debe realizarse conforme a las instrucciones del fabricante.

Al tratarse de piezas pesadas deben emplearse medios auxiliares de elevación, como puede ser una grúa telescópica. Para la fijación, se colocan las arandelas y tuercas correspondientes y se procede al atornillado a las bridas utilizando los medios adecuados como, por ejemplo, una llave dinamométrica.

4. Soportes

Recibe el nombre de soporte, tablero, bastidor, etc., la estructura portante que recibe los módulos solares. Tiene forma de parrilla, compuesta por elementos longitudinales y por elementos transversales a modo de travesaños.

Estas estructuras se fabrican con perfiles de acero galvanizado en caliente, aunque también admiten otras combinaciones como una estructura principal de acero laminado conformado y electrosoldado, y una estructura secundaria en aluminio, o pueden incluso incluir materiales ligeros como la fibra de vidrio, que reducen notablemente el peso del seguidor.

Soporte sobre columna

Las estructuras soporte de las placas deben adaptarse a todos los módulos del mercado, lo que implica flexibilidad para adaptarse a las dimensiones de estos. Estas estructuras pueden venir premontadas como estructuras soldadas de fábrica, con parte para montar en obra, o pueden tener que montarse en obra completamente, para lo cual deberán, como siempre, seguirse las indicaciones de los fabricantes.

 Nota

- El movimiento azimutal va asociado a la posición horaria del sol. Se realiza paralelo al horizonte.
- La estructura portante debe montarse centrada con la columna para repartir las cargas de forma simétrica.

Los perfiles se ensamblan mediante uniones atornilladas. En líneas generales, en el proceso de montaje se siguen los siguientes pasos:

- Se monta la estructura de largueros sobre la columna o la estructura giratoria, para lo cual se emplearán las placas, arandelas y tuercas necesarias. Se sitúan los travesaños sobre los largueros. Los travesaños pueden estar formados por perfiles con la forma y perforaciones necesarias para poderlos amarrar a los largueros, y para recibir posteriormente el montaje de los módulos.
- Se atornillan los travesaños. Dependiendo de sus dimensiones pueden atornillarse directamente sobre los largueros o pueden sujetarse mediante abarcones que abrazan el perfil del larguero.
- El abarcón se coloca por debajo del larguero, se sacan los extremos por las perforaciones a ambos lados del perfil del travesaño, se colocan las arandelas y las tuercas, y se aprietan con la ayuda de la llave dinamométrica.

Unión mediante abarcón

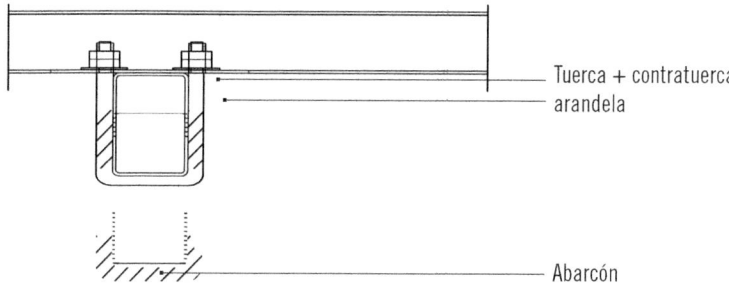

— Tuerca + contratuerca
— arandela

— Abarcón

- Entre dos travesaños consecutivos hay que dejar una distancia adecuada para la colocación de los módulos. Esta distancia se fija con la ayuda de una regla.

 Nota

Otros modos de fijación requieren otras herramientas como, por ejemplo, una atornilladora eléctrica y no llevan abarcones.

Consejo

Como regla puede utilizarse un trozo de perfil cortado a la distancia establecida.

Esos son, en líneas generales, los pasos que hay que seguir para montar la estructura soporte. Dependiendo del tipo de estructura, puede procederse a montar primero la parrilla en el suelo e izarla una vez montada, sobre la columna o la estructura giratoria. El método de montaje será el que resulte más cómodo y seguro para los operarios.

Montaje en tierra del tablero para módulos

Izado del tablero

5. Accionamientos

Un parámetro clave en el diseño de sistemas solares es la insolación, y esta es distinta según la estación del año, ya que el sol no se encuentra a la misma altura sobre el horizonte en invierno que en verano, lo que implica que la inclinación de los paneles, si se quiere que en todo momento estén orientados perpendicularmente al sol, no debería ser fija. En invierno, el sol no alcanzará el mismo ángulo que en verano, por ello, en verano los paneles solares deberían ser colocados en posición ligeramente más horizontal para aprovechar al máximo la luz solar, pero si se mantuviera esa posición en invierno, los mismos paneles no estarían, entonces, en posición óptima para el sol del invierno.

Por estos motivos puede decirse que para que un captador solar estuviera en todo momento correctamente orientado, debería estar dispuesto sobre un mecanismo de anclaje que le permitiera girar sobre su eje horizontal y sobre el vertical. El mecanismo en cuestión sería el sistema de seguimiento solar.

Los sistemas de accionamiento pueden clasificarse de dos formas:

- En función del movimiento que proporcionan.
- En función del método que emplean para seguir la trayectoria del sol.

En función del movimiento que proporcionan, pueden diferenciarse los siguientes seguimientos:

- Seguimiento del **azimut** del sol (eje de giro en dirección norte-sur).
- Seguimiento de la altura solar (eje de giro en dirección este-oeste).
- Seguimiento en dos ejes, el primero es el eje polar del módulo, eje cuya inclinación coincide con la latitud del lugar, y el segundo es un eje horizontal este-oeste que permite variar el ángulo del módulo respecto a la horizontal.

Seguimiento azimutal

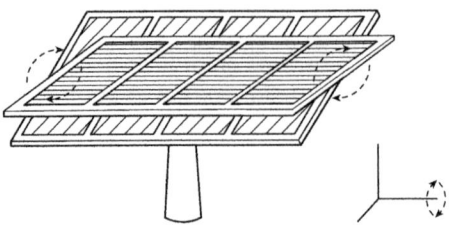

Seguimiento de la altura solar

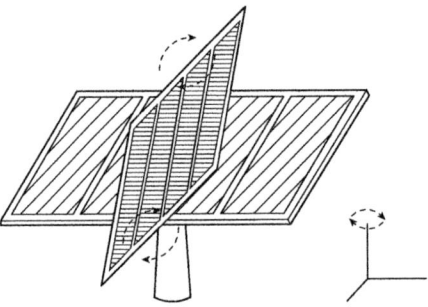

Seguimiento en dos ejes

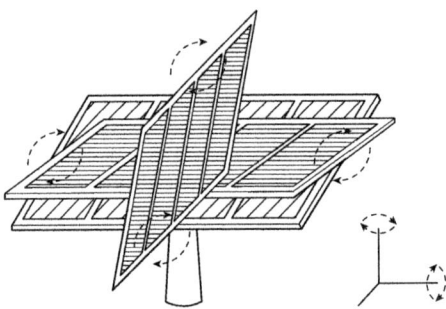

En función del método que emplean para seguir la trayectoria del sol, pueden distinguirse los siguientes tipos:

- Seguidor automático pasivo (un eje de rotación).
- Seguidor automático activo (uno o dos ejes de rotación).

5.1. Seguidor automático pasivo

El seguidor automático pasivo recibe este nombre porque su único movimiento es debido a dispositivos térmicos que se activan pasivamente y por tanto, no consume energía eléctrica. El desplazamiento azimutal se consigue usando el calor del sol, que altera la distribución del peso entre los lados que miran al este y oeste. Posee dos tanques, uno en el lado este y otro en el oeste, que están comunicados entre sí. Estos tanques están llenos de una sustancia de bajo punto de ebullición (freón), y tienen placas metálicas que exponen un lado al sol, mientras que, simultáneamente, sombrean al opuesto.

El lado sombreado (frío) conserva al freón en forma líquida. En el lado que recibe el calor del sol, el freón se vaporiza. Estos gases se desplazan al lado contrario, donde se condensan, provocando un aumento de peso. El desequilibrio inicia el movimiento azimutal.

Al comienzo del día, el seguidor tiene la posición que corresponde a la de la noche anterior, y necesita ser "despertado" por el sol saliente para exponer los paneles hacia esa dirección. A partir de ese momento el calor del sol y el sombreado de los tanques permiten que el seguidor siga el movimiento azimutal con relativa precisión. El tiempo de despertado se alarga en climas fríos y en zonas de vientos fuertes. Estas unidades tienen amortiguadores para minimizar la acción del viento.

 Definición

Azimut
Es el ángulo que forma el plano vertical que pasa por un punto del cielo o de la tierra, con el meridiano.

Posicionamiento del seguidor pasivo según la trayectoria del sol

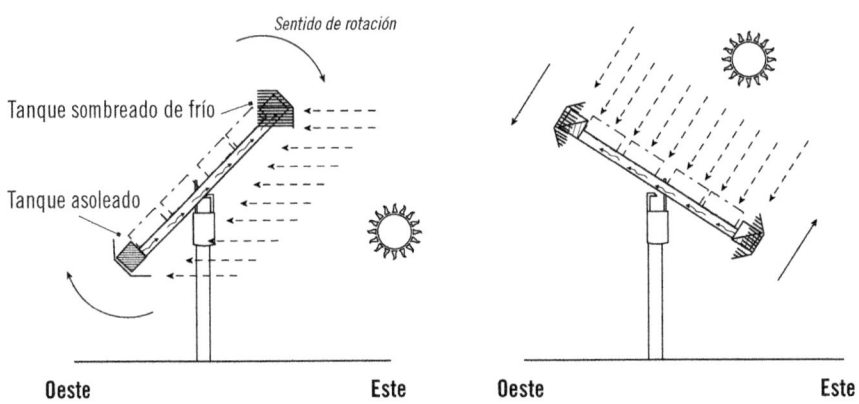

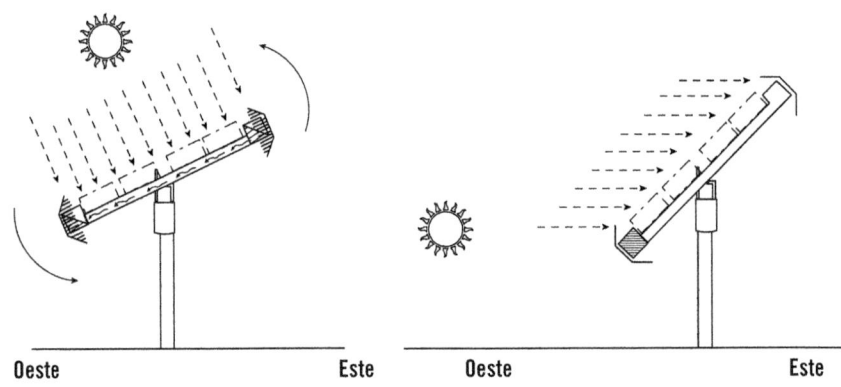

![?] Sabía que...

En los seguidores automáticos pasivos el ángulo de inclinación se ajusta manualmente.

Aplicación práctica

En la siguiente imagen se muestra la base de un seguidor solar pasivo. ¿Sería posible en este variar la inclinación de los paneles? En caso de respuesta afirmativa, ¿cómo se haría?

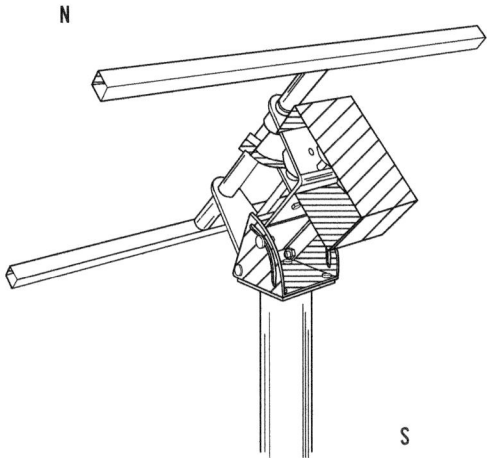

SOLUCIÓN

Sí sería posible, y habría que hacerlo si se quiere que los paneles queden con la inclinación adecuada, según la estación del año y la incidencia de la radiación solar.

Para ello, deberá variarse el ángulo con el que el conjunto soporte está atornillado sobre la base (la pieza en forma de sector circular sobre la columna). Si se atornilla más bajo, quedará más horizontal, posición más adecuada para el verano; y si se atornilla más alto, quedará más vertical, posición más adecuada para el verano.

5.2. Seguidor automático activo

Del seguidor automático activo existen dos versiones: seguidor de un eje y seguidor de dos ejes. Algunos modelos son exclusivamente diseñados para seguir el movimiento azimutal y permiten, como en el anterior, un ajuste manual del ángulo de inclinación.

Los modelos más elaborados realizan los dos movimientos, azimutal y cenital, de forma automática.

 Nota

En el movimiento cenital el eje de giro sería en la dirección este-oeste, con lo que se realizaría el seguimiento de la altura solar.

Para orientar el soporte de los módulos puede emplearse:

- Un sistema de piñón y engranaje, para el movimiento horizontal, o para el movimiento horizontal y para el movimiento vertical.

Sistema de piñón y engranaje para el movimiento en dos ejes

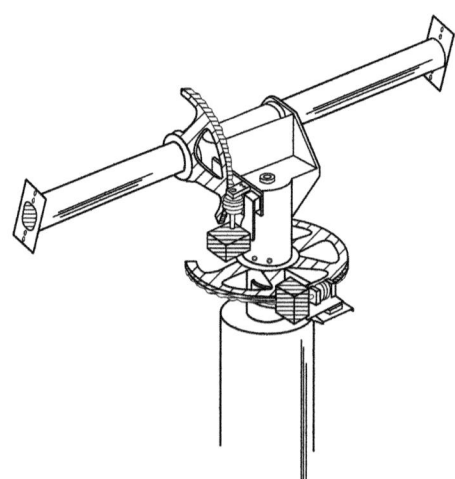

- Actuadores telescópicos (o barras de empuje, según fabricantes) que a su vez pueden ser del tipo actuadores lineales eléctricos y actuadores hidráulicos. En los actuadores hidráulicos el sistema está compuesto por un depósito para el líquido hidráulico, motor de accionamiento, válvulas y control de nivel.

Actuador telescópico para el movimiento en un eje

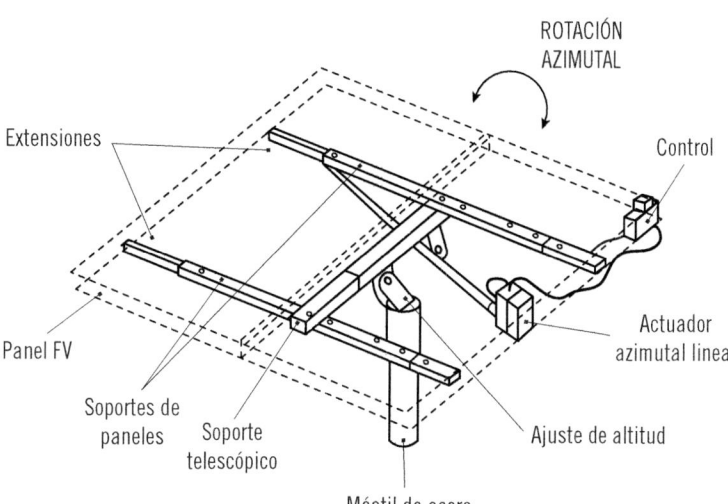

Los actuadores se montan de forma que puedan realizar el movimiento de la parrilla que soporta los módulos. Deben efectuarse las conexiones a los circuitos eléctricos e hidráulicos, necesarias para transmitir las órdenes de movimiento proporcionadas por el sistema de control.

El control del movimiento solar se realiza a través de sistemas de programación. Para posicionarse óptimamente, el sistema debe captar los datos del sol y del viento, para lo cual dispone de sensores ópticos que detectan la perpendicularidad de los rayos del sol respecto al módulo, y de anemómetros que captan la velocidad del viento. Estos datos son transmitidos a un PLC con programación astronómica que establece cuál es el movimiento que debe realizarse, y transmite las órdenes correspondientes al sistema hidráulico. El nivel de programación dependerá de la sofisticación del sistema y de los rendimientos energéticos que pretendan obtenerse.

Parte trasera de un panel con los dispositivos de seguimiento y el inversor

6. Resumen

Para conseguir captar una mayor cantidad de radiación solar, se emplean estructuras dotadas de sistemas de seguimiento, que orientan los módulos en función de la radiación solar incidente.

La estructura de los sistemas de seguimiento puede contar con zapata, columna, soportes y accionamientos.

La zapata constituye la cimentación y está formada por un bloque de hormigón de dimensiones suficientes para soportar las cargas originadas tanto por el peso de la estructura como las que puedan producir el empuje del viento sobre los paneles.

La columna va a proporcionar a la estructura la altura necesaria para realizar los movimientos de orientación de los módulos. Se fija a la zapata atornillándola a los pernos, aunque también puede embutirse en ella antes del hormigonado. Puede sustituirse por estructuras giratorias.

Los soportes constituyen la estructura portante que recibe los módulos solares. Esta estructura se forma con perfiles que pueden adaptarse a las diferentes dimensiones y número de estos. Pueden venir montadas de fábrica, pero también pueden ensamblarse en el lugar en el que van a colocarse.

Los sistemas de accionamiento van a conseguir que los módulos se orienten de forma adecuada, en uno o dos ejes y de forma pasiva o activa. El seguimiento pasivo se realiza en un solo eje usando el calor del sol. El seguimiento activo se realiza en uno o dos ejes, empleándose o bien un sistema de piñón y engranaje, o bien actuadores telescópicos (eléctricos o neumáticos), que serían comandados por una PLC a partir de los datos captados por diferentes sensores.

Ejercicios de repaso y autoevaluación

1. Identifique las partes que componen un sistema de seguimiento en la siguiente figura.

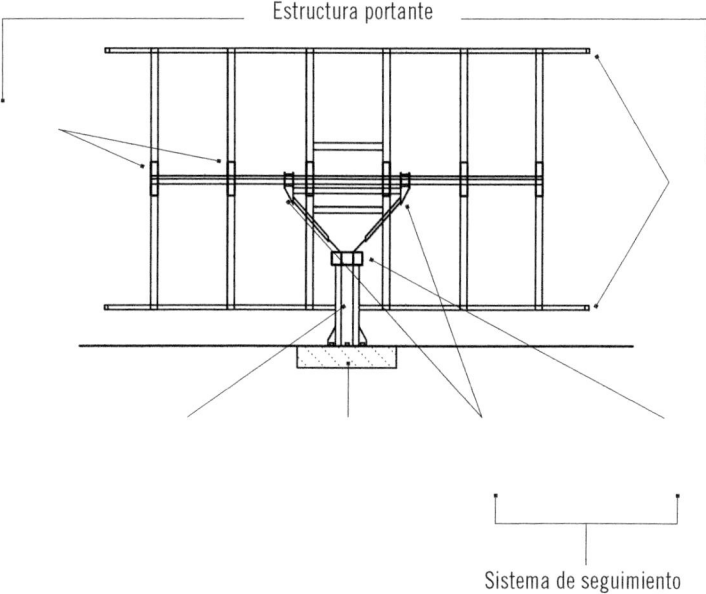

Estructura portante

Sistema de seguimiento

2. ¿Por qué las zapatas que soportan los sistemas de seguimiento deben estar correctamente niveladas?

_____

_____

_____

_____

3. **Relacione los siguientes elementos.**

    a. Es por definición un componente estático.
    b. Recibe también los nombres de tablero o bastidor.
    c. Pueden ser cuadradas o circulares.
    d. Se clasifican en función del método que emplean para seguir la trayectoria del sol.
    e. El ángulo de inclinación se ajusta manualmente.

    __ Zapatas
    __ Columna
    __ Accionamientos
    __ Soporte o estructura portante
    __ Seguidor automático pasivo

4. **Para el montaje de los soportes, ¿es el atornillado el único método de unión entre largueros y travesaños?**

_____
_____
_____
_____

5. **¿Cómo se realiza el control del movimiento solar en un seguidor automático activo y cómo se obtienen los datos para posicionarlo óptimamente?**

_____
_____
_____
_____

Montaje mecánico de estructuras en instalaciones solares fotovoltaicas

Contenido

Capítulo 1

Técnicas a utilizar en los procesos de montaje mecánico

Contenido

1. Introducción

Viendo la diversidad que existe en cuanto a tipos de instalaciones solares fotovoltaicas, se comprende que también deben ser muchas y variadas las técnicas a utilizar en los procesos de montaje de dichas instalaciones.

Además, en un mismo montaje pueden emplearse varias de estas técnicas, dependiendo la técnica elegida del tipo de elemento y de su ubicación, pero también del tipo de unión. Pueden realizarse uniones fijas y uniones desmontables. Cuando se prevea que los elementos a unir no van a ser removidos con el tiempo, puede optarse por realizar una unión fija; en cambio, si se piensa que pueden existir motivos que obliguen a desarmarlos, sustitución de un elemento o desmontaje de la instalación, lo acertado es optar por una unión desmontable.

Sea como sea, la técnica de unión por la que se opte, debe garantizar la integridad de la instalación para las condiciones de diseño, por el tiempo de vida previsto en el proyecto. Para asegurarse que esto se cumple, las uniones se someterán a las revisiones previstas en los plazos establecidos, actuando en consecuencia con los resultados de la inspección.

2. Atornillado

El atornillado es un tipo de unión desmontable. Como tal, se emplea cuando no es necesaria demasiada rigidez o cuando las uniones han de ser desmontadas en repetidas ocasiones.

Los elementos que se emplean en esta técnica de fijación son tornillos y arandelas de diferentes formas, tamaños y materiales, dependiendo de donde se realice la unión y de los esfuerzos a los que va a estar sometida. Las arandelas, que se colocan entre la cabeza de los tornillos y la pieza, cumplen varias funciones: inmovilizar las piezas atornilladas, minimizar vibraciones, impedir que la cabeza perfore la pieza, repartir la presión del tornillo, etc.

En un tornillo pueden distinguirse varias partes: cabeza, rosca y punta.

Partes de un tornillo

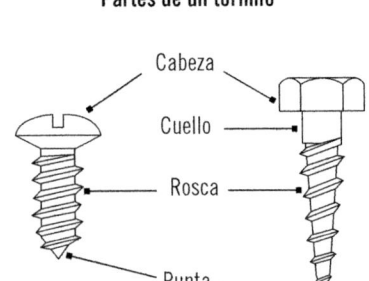

La cabeza es la parte en la que se va a imprimir la fuerza de giro que hará que el tornillo se fije. Se fabrican tornillos con cabeza cilíndrica, hexagonal, redondeada, avellanada, etc., cuyas dimensiones, tipo y calidad están regulados por Normas DIN[1]. Estas formas determinarán la herramienta que se empleará para su atornillado.

Diferentes formas de las cabezas de los tornillos

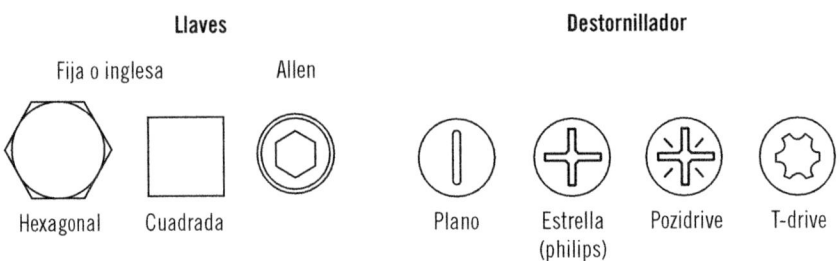

La rosca es la parte dentada del tornillo. Dependiendo del sentido del dentado, así será el movimiento que deba realizarse para su introducción y extracción, pudiéndose distinguir entre tornillos a derechas (la gran mayoría) y tornillos a izquierdas.

---

1 Deutsches Institut für Normung.

La punta es la parte del tornillo que inicia la penetración en la pieza.

 Recuerde

Las herramientas que se emplean para el atornillado son: destornillador, atornillador eléctrico y llaves de apriete (de boca fija, de boca ajustable y llave dinamométrica).

El material del tornillo y el de las piezas en las cuales se realiza la unión atornillada deben ser compatibles, ya que si ambos materiales no tienen la misma dureza puede producirse el aplastamiento de los filetes. También puede ocurrir que la fuerza con la que se produzca el apriete ocasione que la cabeza del tornillo quede embutida en la pieza.

 Importante

Cuando se realicen las operaciones de atornillado habrá que cuidar la verticalidad de la unión.

De los diferentes tipos de tornillos que existen, los que probablemente se empleen con más frecuencia en este tipo de montajes son los tornillos para chapas.

2.1. Tornillos para chapas

Se trata de tornillos autorroscantes o de tornillos autoperforantes, que pueden penetrar la chapa por sí mismos.

Los tornillos autorroscantes tienen la mayor parte del vástago de forma cilíndrica, pero la punta es de forma cónica. Necesitan que se realice una perforación previa que facilite su penetración con el posterior atornillamiento. La rosca es delgada, con su fondo plano, para que la plancha se aloje en él. Se usan en láminas o perfiles metálicos. Estos tornillos son completamente tratados, desde la punta hasta la cabeza, y sus bordes son más afilados que el de los tornillos para madera.

Tornillo autoenrroscante

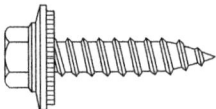

Los tornillos autoperforantes tienen la punta en forma de broca que actúa como macho de roscar, facilitando su penetración, lo que evita tener que realizar una perforación guía. Se usan para metales más pesados, ya que van cortando una rosca por delante de la pieza principal del tornillo.

Tornillo autoperforante

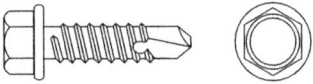

 Nota

Los diferentes estilos de cabeza son comunes para todo tipo de tornillo.

3. Roscado

El roscado es otro tipo de unión desmontable. Para este tipo de unión son necesarios dos elementos roscados, macho y hembra.

Una rosca macho es aquella en la que los filetes de rosca se encuentran en la parte exterior de la pieza, como se ve en los tornillos, y una rosca hembra es aquella en la que la parte roscada se encuentra por el interior de la pieza, como sucede en las tuercas.

En este tipo de uniones se emplean tornillos de rosca cilíndrica que soportan bien los esfuerzos a los que están sometidos y que no se aflojan una vez colocados.

En este tipo de tornillos la rosca se mecaniza sobre un cilindro de diámetro constante, pudiendo presentarse también como roscas a derechas y roscas a izquierdas. El perfil que presente el filete tallado en el cilindro va a definir el tipo de rosca, siendo los perfiles más comunes para sujeción la rosca Whitworth y la métrica. Estos tornillos se venden con diferentes diámetros y pasos de rosca.

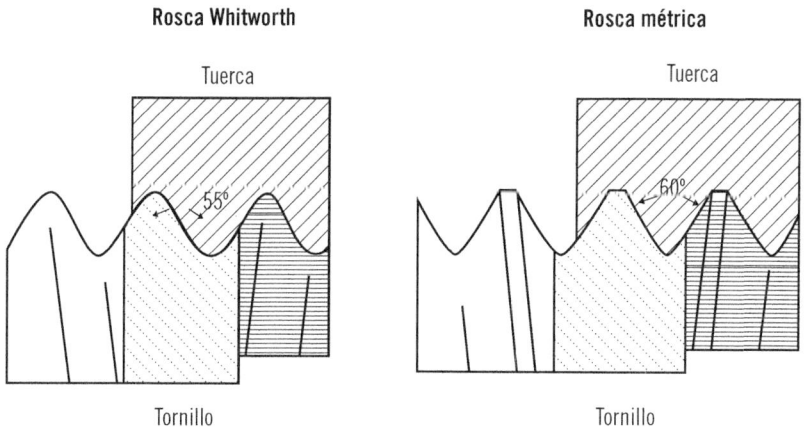

Rosca Whitworth	Rosca métrica
Tuerca	Tuerca
Tornillo	Tornillo

Los tornillos se designan indicando:

- Una letra representativa del tipo de rosca. Si se trata de una rosca Whitworth, se indica con las siglas BSW o W. Si se trata de una rosca métrica se indica con M.
- El diámetro. Se mide en la parte roscada.
- El paso. Es la distancia que hay entre la parte superior de dos filetes consecutivos. En la rosca métrica se indica directamente en mm. En la rosca Whitworth se indica el número de hilos por pulgada.

 Ejemplo

W 1" × 10: corresponde a una rosca Whitworth. El diámetro de rosca sería 1 (pulgada) y el paso 10 (hilos por pulgada), que corresponderían a un diámetro de 25,4 mm y un paso de 2,54 mm.

M 5 × 0,8: corresponde a una rosca métrica. El diámetro de rosca sería 5 mm (0,2") y el paso 0,8 mm (0,03", que serían 31,75 hilos por pulgada).

Otra característica a tener en cuenta es la longitud del tornillo, que es lo que mide desde la pare inferior de la cabeza hasta el extremo de la rosca.

 Nota

El paso de una rosca determina el avance longitudinal por vuelta de rotación.

Las tuercas se designan indicando el tipo de rosca, el diámetro y el paso, pero los catálogos de los fabricantes suelen incluir también la altura, que representa su longitud y el número de caras de la cabeza.

Tuerca

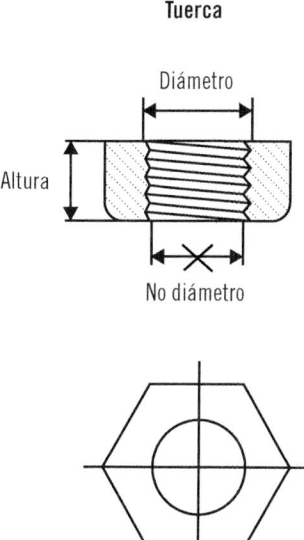

La cabeza del tornillo debe tener una superficie que permita su sujeción, de forma que la fuerza que se aplique no la deforme ni la rompa. Por otro lado, en muchas ocasiones se exige, por razones de seguridad, que la unión no pueda desenroscarse con una herramienta convencional. En este caso, se emplean tornillos con cabezas especiales que necesitan herramientas especiales para su montaje y desmontaje.

En el montaje de instalaciones solares fotovoltaicas son muchos los elementos que poseen una parte roscada: la parte de los ganchos que sobresalen de una zapata de hormigón está roscada, los abarcones se fijan con tuercas, que no podrían unirse si ambas piezas no fueran roscadas, etc., pero como técnica de montaje, el roscado exige que sean los elementos que se monten los que se rosquen.

Combinando tornillo y tuerca se consiguen uniones en las que el elemento a sujetar quede comprimido entre la cabeza del tornillo y la tuerca, que se gira para desplazarla hacia el tornillo, atrapando las piezas a unir. En este tipo de uniones también suelen colocarse arandelas que protegen las piezas que se unen y evitan que se afloje la unión.

Importante

Para que un tornillo y una tuerca puedan roscarse, ambos deben tener el mismo tipo de rosca y ser de medidas compatibles.

4. Remachado

El remachado o roblonado es un tipo de unión fija que se emplea cuando las estructuras deben resistir grandes cargas o momentos de fuerza. En él se emplean como piezas de unión remaches o roblones, fabricados con materiales dúctiles y a la vez resistentes.

Definición

Remache o roblón
Es un clavo o clavija de hierro o de otro metal dulce, con cabeza en un extremo, y que después de pasada por los taladros de las piezas que ha de asegurar, se remacha hasta formar otra cabeza en el extremo opuesto.

En los **roblones** pueden distinguirse dos partes: cabeza y vástago. La cabeza tiene normalmente forma redondeada. El vástago tiene forma cilíndrica. Las dimensiones de los remaches se expresan en milímetros o en pulgadas, y están normalizadas. Para realizar una unión roblonada debe elegirse un roblón con un diámetro comprendido entre 1,5 y 2 veces el espesor de la chapa más gruesa y con una longitud igual al espesor de las chapas que une más 1,5 veces su diámetro.

Existen varias formas de realizar uniones roblonadas: recubrimiento o solape, simple cubrejunta o doble cubrejunta.

Recubrimiento o solape	Simple cubrejunta	Doble cubrejunta

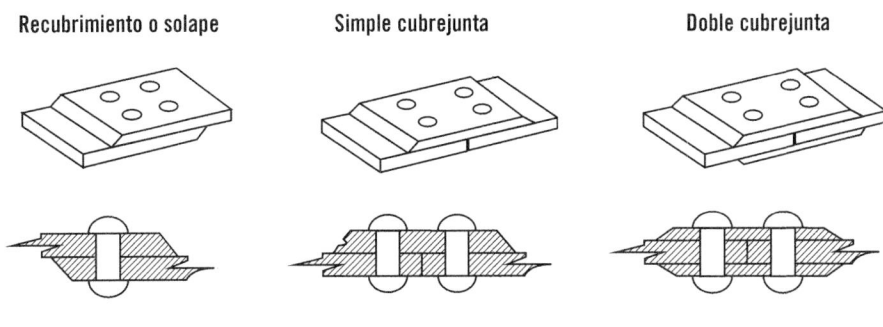

 Aplicación práctica

Se pretende realizar una unión roblonada a dos chapas; una tiene un espesor de 30 mm y la otra de 50 mm, ¿cuáles serán la longitud y el diámetro de los roblones que se empleen?

SOLUCIÓN

El diámetro será entre 1,5 y 2 veces el espesor de la chapa más gruesa, luego estará comprendido entre 75 y 100 mm.

La longitud será la suma de los espesores más 1,5 veces el diámetro, luego estará comprendida entre 192,5 y 230 mm.

Las piezas que se pretenden unir mediante remachado deben estar taladradas. Los remaches o roblones se introducen en los taladros, y luego se fijan mediante una remachadora. Lo que hace la remachadora es percutir el extremo del vástago del roblón hasta formarle una cabeza que lo sujete y afirme.

Para realizar uniones remachadas pueden emplearse también remaches huecos en vez de roblones. Para colocar estos remaches se emplea una remachadora que tiene una punta roscada sobre la que se enrosca el remache. Luego se introduce este por el orificio taladrado de las piezas a unir, y al desenroscar, la presión contra la parte posterior de las chapas hace que el vástago se deforme y se cree un resalte que impedirá que las piezas se separen.

Secuencia de colocación de un remache

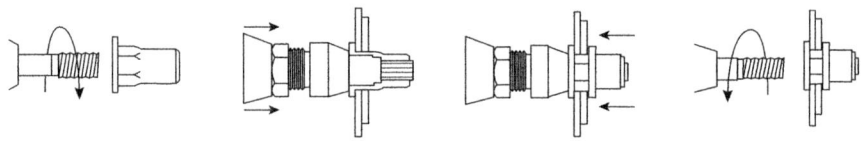

El número de roblones depende de las secciones de la chapa y del roblón. Se requiere un dimensionado correcto.

 **Nota**

Una vez que las piezas se han remachado, no pueden separarse.

Las uniones mediante remaches proporcionan un ensamblaje seguro, ya que al estar la unión bloqueada mecánicamente, se eliminan los problemas provocados por un par de apriete inadecuado. Estas uniones tienen además otras ventajas, como la inviolabilidad, la robustez y la resistencia a las vibraciones; son rápidas y fáciles de colocar, inalterables y de larga duración. Este tipo de montaje es el apropiado cuando se pretende realizar uniones fijas y no es posible emplear la soldadura, y también cuando no es factible una unión atornillada.

Sabía que...

Cuando existe riesgo de robo, las uniones atornilladas se sustituyen por uniones roblonadas, ya que mientras las primeras son desmontables facilitando el robo de la instalación, las segundas lo evitan al no poderse desmontar.

5. Anclaje

Los anclajes son piezas encargadas de fijar firmemente distintos elementos entre sí. Con ellos se pueden fijar los perfiles que constituyen los pilares de una base de asiento, los travesaños que darán forma a una estructura soporte sobre tejados, etc., y dependiendo de donde se empleen presentarán formas diferentes. El medio de fijación dependerá del fabricante y de las condiciones de trabajo, ya que no trabajan en las mismas condiciones una pieza de una estructura soporte sobre tejado que una que sirva para fijar dos paneles consecutivos. En el primer caso, este anclaje debe soportar su parte de carga de la instalación más las introducidas por las condiciones ambientales, mientras que en el segundo, solo tiene como misión mantener estos en su posición, dándoles una separación constante para que permita el paso del viento entre ellos.

Importante

Los anclajes deben utilizarse únicamente como los suministra el fabricante, sin intercambiar sus componentes, empleando las herramientas apropiadas y siguiendo las especificaciones dadas por él.

Los anclajes están compuestos principalmente por un cuerpo y un tornillo o perno. El cuerpo consiste en un cilindro que presenta unas estrías longitudinales, cuyo extremo inferior puede tener forma cónica.

El tornillo o perno va en el interior del cuerpo. Este puede presentar variaciones como terminar en una cabeza hexagonal, o por el contrario que no tenga cabeza y se añada una tuerca como un componente más del conjunto, incorporar arandela, etc.

Los fabricantes deben facilitar unos datos mínimos que permitan la correcta instalación de los anclajes, como son diámetro de la broca, diámetro de roscado, espesor máximo del elemento a fijar, profundidad de anclaje mínima, profundidad mínima de taladrado, par de apriete requerido, información sobre el procedimiento de instalación (incluyendo la necesidad de limpieza del agujero), si va a necesitarse material especial de instalación, etc.

Para colocar los anclajes en necesario perforar previamente las superficies a unir.

 Importante

Debe garantizarse la profundidad del anclaje especificada por el fabricante para este.

Luego se limpia el orificio taladrado y se introduce el anclaje, con las estrías hacia la parte interior del agujero taladrado. A partir de aquí pueden seguirse dos caminos para conseguir la fijación del anclaje:

- Golpear con un martillo sobre la cabeza del perno.
- Emplear una llave dinamométrica.

Cuando se golpea la cabeza del perno, este va penetrando en el cuerpo, provocando la abertura de las estrías, con lo cual queda fuertemente fijado al soporte.

La colocación con una llave dinamométrica requiere que previamente se haya introducido el perno en el orificio perforado, para lo cual puede ser necesario golpearlo con un martillo. Si la tuerca es independiente, debe asegurarse que en este paso se encuentre al final de la rosca para que esta no se dañe. Una vez que se ha introducido el anclaje, se aplica con la llave el momento de giro indicado por el fabricante, lo cual ocasionará la expansión que fijará el anclaje.

Secuencia de colocación de un anclaje

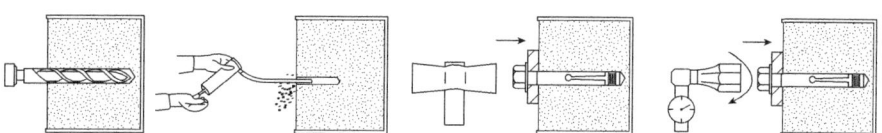

 **Nota**

Con la llave dinamométrica se consigue un par de apriete controlado.

6. Sujeción

En esta técnica de montaje, el fijado se realiza con elementos que van a permitir sujetar la estructura a la base de soporte, o unir entre sí los diferentes perfiles que componen la estructura, utilizando para ello sistemas de fijación ajustables como grapas de amarre y abarcones.

Estas piezas tienen forma de U; se colocan abrazando una de las piezas a unir, y fijándose por encima de la otra, bien por medio de pletinas perforadas o por perforaciones realizadas en la misma pieza. Para fijar las piezas de amarre se emplean tuercas y arandelas.

Abarcón

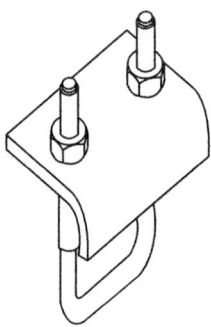

7. Empotramiento

En la técnica de empotramiento se emplea obra de fábrica para fijar los elementos. En el montaje de estructuras solares fotovoltaicas se pueden empotrar por ejemplo, las grapas que van a soportar los montantes verticales en los muros cortina, las columnas de los sistemas de seguimiento o las torres de los sistemas de apoyo eólico.

Empotramiento de una columna soporte

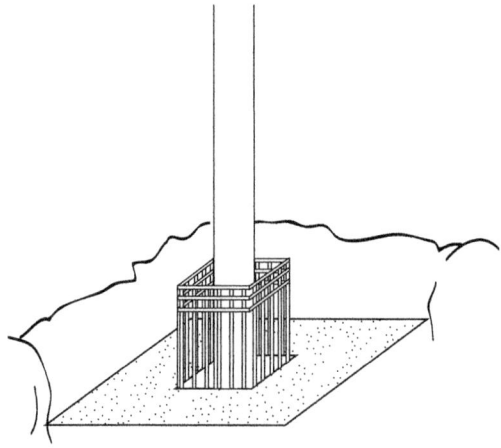

Así, mientras se ejecutan los forjados de la estructura primaria, se reciben las bases para anclajes que van a soportar los montantes verticales de la estructura en los muros cortina, empotrándolas, y cuidando que queden aplomadas y a nivel.

Las columnas de los sistemas de seguimiento o las torres de los sistemas de apoyo eólico se empotran en una cimentación de hormigón que transmite al terreno los esfuerzos generados por el conjunto. Para su realización se excava en el terreno una superficie de dimensiones adecuadas, se introduce el tramo de la columna que va a quedar empotrado, cuidando que esté centrado, para que los esfuerzos se transmitan por igual, y vertical, ya que cualquier desviación en este punto se transmitiría a los elementos que soporta, luego se vierte el hormigón y se vibra para asegurar que no queden oquedades. Una vez que el hormigón ha fraguado y ha adquirido su consistencia definitiva, el elemento queda empotrado de forma que no puede ser extraído sin romper el hormigón.

 Aplicación práctica

Manuel es el responsable de una obra de montaje de una instalación fotovoltaica sobre tejado en la que los módulos tradicionales con marco, se integran sustituyendo parte de la cubierta tradicional de tejas.

A la hora de elegir la técnica de montaje para dicha instalación, ¿sería el empotrado la técnica de montaje apropiada para esta instalación? Justifique su respuesta.

SOLUCIÓN

Analizando los pros y contras que acarrearía emplear esta técnica de montaje llegaría a la conclusión de que no sería la más adecuada para este tipo de instalación, ya que si hubiera que realizar alguna modificación, habría que romper parte del tejado y también se dañaría la instalación. Además, este tipo de montaje no permitiría la circulación de aire por debajo de los módulos y transmitiría efecto térmico a la construcción.

8. Ensamblado

El ensamblado es el método por el que se obtienen estructuras a partir de las diferentes piezas que las componen. Las piezas deben unirse, juntarse y ajustarse de forma que la estructura resultante soporte las cargas para la que ha sido construida. En el montaje mecánico de las estructuras en las instalaciones solares fotovoltaicas se emplean piezas que pueden venir de fábrica ya premontadas y que solo es necesario ensamblar.

Las estructuras soporte se construyen con perfiles que pueden tener forma de L, U, T, Omega, puede emplearse también tubo estructural, etc. Las estructuras pueden tener guías para soportar el panel fotovoltaico, o cualquier otro diseño que pueda comprobarse que ofrece buenos resultados de sujeción, como son los sistemas angulares, que ofrecen una inclinación fija o variable.

En el montaje de estructuras hay que seguir las instrucciones dadas por el fabricante y realizar las comprobaciones necesarias para que el ajuste sea correcto.

Las piezas pueden ensamblarse mediante uniones fijas (como remachado, soldado, etc.) o desmontables (atornillado o roscado), según las características de la unión.

9. Soldadura

Es un método de unión que emplea calor para fundir las piezas a soldar, un material de aporte, o ambos, dependiendo de la técnica. Al soldar se forma una unión intermolecular entre la soldadura y el metal. Las moléculas de soldadura penetran la estructura del metal base para formar una estructura sólida, totalmente metálica.

9.1. Soldadura eléctrica al arco

En este tipo de soldadura, se emplea una corriente eléctrica, ya sea corriente alterna o corriente continua, para formar un arco eléctrico entre dos puntos que tienen diferente potencial, al cerrarse un circuito eléctrico a través del aire caliente. Este arco produce gran cantidad de calor, alcanzándose temperaturas alrededor de los 4.000 °C, que funde las piezas a soldar y en su caso, el material de aportación (electrodos), que se deposita sobre la unión soldada.

Los electrodos varían según el material que se va a soldar y el tipo de soldadura; existen electrodos revestidos, consistentes en varillas de unos 30 cm, de espesor variable, compuestos por una varilla central rodeada por el material de recubrimiento, que al fundirse va depositando sobre la soldadura una escoria que actúa como capa protectora, y crea además una atmósfera protectora que evita la oxidación del metal fundido favoreciendo la operación de soldeo.

 Nota

Se han desarrollado ciertos revestimientos con el propósito de incrementar la cantidad de metal de aporte que se deposita por unidad de tiempo. Otros revestimientos contienen aditivos que aumentan la resistencia y mejoran la calidad de la soldadura.

El núcleo del electrodo está constituido por una varilla o alambre metálico que conduce la corriente eléctrica y permite establecer el arco eléctrico.

El calor del arco hace que la punta del alambre se funda progresivamente y que se deposite en el cordón de soldadura en forma de pequeñas gotas, proporcionando así el material de aporte. El metal del núcleo depende del tipo de metal base que se requiere soldar. Si es acero generalmente se usará acero y si es aluminio el núcleo será de aluminio.

Los equipos de soldadura están formados por:

- La máquina soldadora, que recibe la corriente eléctrica por los cables de alimentación con interruptor y fusible, y la suministra al electrodo y a la pieza. Pueden suministrar corriente alterna o continua, y según su

forma de funcionar se clasifican en dos grandes grupos: estáticas (transformadores, rectificadores y transformadores-rectificadores) y rotativas
o convertidores (de motor eléctrico y de motor de combustión interna).

- Dos cables, que conducen la corriente desde la máquina hasta el punto
de soldadura.

- Pinza portaelectrodos, que está comunicada eléctricamente con el equipo
de soldadura por uno de los cables. Sujeta al electrodo y le hace llegar
la corriente eléctrica con total seguridad para el operario que la maneja.

- Pinza de masa o de puesta a tierra, que conectada al otro cable tiene
la misión de cerrar el circuito eléctrico entre el electrodo y la pieza a
soldar, y que puede conectarse directamente en la pieza o a través del
banco de trabajo metálico.

Soldadura al arco

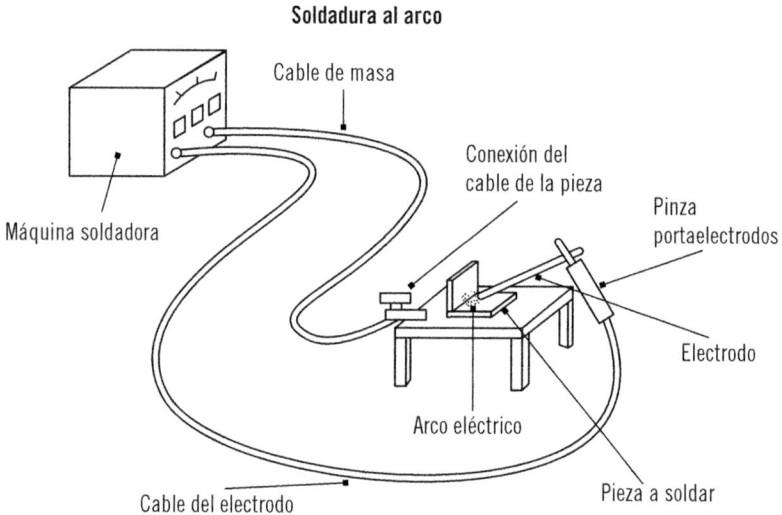

Para soldar al arco se realizan las siguientes operaciones:

- Se conecta el cable de masa a la toma señalada en la máquina y el otro
extremo a la masa o la pieza.

- Se conecta el cable de la pinza. En los transformadores hay, corriente-
mente, una toma de mínima, otra de máxima y varias intermedias. Se
regula la intensidad.

- Se sitúan las piezas a soldar y se monta el electrodo en la pinza.

- Se acciona el interruptor, con lo que quedará conectada la máquina soldadora.
- Se enciende o se ceba el arco. El procedimiento más empleado es el de frotar la punta del electrodo en el lugar que se vaya a soldar, elevándolo para que el arco se inicie en el punto donde ha de comenzar el cordón de soldadura.

  Es importante tener en cuenta que nunca se debe cebar en la mesa; si es necesario, hacerlo sobre una pieza inservible.

- Hay que mantener un ángulo de inclinación del electrodo apropiado para posición de soldeo. Es imprescindible no variar ni la separación ni el ángulo, para evitar que entre el aire en el baño de fusión, impidiendo así la formación de poros y la inclusión de óxidos.
- Desplazar el electrodo de izquierda a derecha: en línea recta para cordones estrechos; con movimiento oscilatorio para pasada ancha, y con desplazamiento triangular para cordones anchos y profundos.
- Al consumir el electrodo, al final de la pasada o cuando se detenga la marcha por cualquier razón, es necesario picar la escoria formada por la fusión del revestimiento, antes de reanudar el cordón; de lo contrario, no habría unión perfecta del metal, quedando con incrustaciones de escoria.
- Picar y cepillar la escoria al final del trabajo.

 Nota

Hay que cerciorarse previamente de que la pinza o el electrodo no hagan contacto con la pieza o con la mesa. El portaelectrodos no debe apoyarse nunca sobre la pieza a soldar, sobre el banco de trabajo ni sobre ningún elemento que esté conectado eléctricamente a la masa del equipo de soldar, ya que de ser así, se produciría la chispa y el aparato entraría en cortocircuito.

Debe elegirse el electrodo del diámetro adecuado en función de la naturaleza y el espesor del metal base, de la penetración que se desea conseguir, de la posición en que se va a soldar, de la máquina disponible y de la corriente que se emplea. La intensidad para soldar depende del espesor del metal que se suelda y del diámetro del electrodo. Como norma práctica, se considera que la intensidad debe ser de treinta a cuarenta veces el diámetro del electrodo en milímetros. Esta relación corresponde a la soldadura en posición horizontal. Para posición vertical y ángulo exterior se disminuye, y se aumenta para ángulo interior.

Soldadura por arco con gas protector

En este proceso la unión se logra por el calor generado por un arco eléctrico que se genera entre un electrodo y las piezas, pero en este caso el electrodo se encuentra protegido por una boquilla por la que se inyecta un gas inerte como argón (Ar), helio (He) o dióxido de carbono (CO_2).

En este proceso se genera un arco protegido contra la oxidación y además perfectamente controlado en cuanto a penetración, sobreespesor y ancho de la soldadura. Es ampliamente utilizado para soldar acero inoxidable, aluminio, cobre y magnesio.

Existen dos tipos de soldadura por arco protegido:

- Con electrodo refractario o soldadura TIG[2]. La soldadura TIG es aquélla en la que el electrodo de la máquina es de un material refractario, es decir, que no funde prácticamente nada, como el wolframio. Su misión es solamente la de establecer y mantener el arco eléctrico, por lo que el metal de aporte se debe incorporar por separado.
- Con electrodo consumible o procedimiento MIG. En la soldadura MIG[3] el electrodo lo constituye el metal de aportación que va siendo suministrado de forma automática desde un rollo de alambre de la propia máquina de soldar, por lo que este sistema es considerado como de soldadura continua.

Un método derivado es el MAG[4], en el cual se usa como protector el anhídrido carbónico (CO_2). Bajo la atmósfera de CO_2, la fusión del metal es más rápida y, por tanto, la velocidad de alimentación del metal de aporte aumenta, pero

2 Tungstein Inert Gas.
3 Metal Inert Gas.
4 Metal Active Gas.

tiene el inconveniente de que ese metal debe contener manganeso, silicio, aluminio, etc., para contrarrestar los efectos oxidantes del gas.

10. Resumen

Se pueden usar diferentes técnicas que pueden ser empleadas en el montaje de las instalaciones solares fotovoltaicas o de otros sistemas que actúen como apoyo energético: atornillado, roscado, remachado, anclaje, sujeción, empotramiento, ensamblado y soldadura. Algunas de ellas son técnicas de unión y otras son formas de realizar montajes y que, por tanto, necesitan de las anteriores para poder realizarse.

El atornillado es una técnica de unión en la que se emplean tornillos para fijar las piezas que se unen.

En las uniones roscadas se emplean como elementos de unión tornillos y tuercas. En las uniones realizadas con estos elementos, las partes que se sujetan quedan comprimidas entre la cabeza del tornillo y la tuerca, siendo la tuerca la que se gira y se desplaza hacia el tornillo, atrapando las piezas a unir.

En el remachado la unión de las piezas se consigue empleando roblones o remaches.

Mediante el anclaje se consigue que diferentes elementos queden fijados entre sí de manera firme, ya que una parte del anclaje se expande dentro del elemento al que se fija, quedando fuertemente sujeta.

La sujeción se realiza con elementos como grapas y abarcones.

El empotramiento consiste en fijar los elementos asegurándolos con obra de fábrica.

Mediante ensamblado se consigue montar estructuras a partir de perfiles, travesaños, etc. Para ello, las piezas se unen mediante atornillado, roblonado, etc., de forma que partiendo de perfiles más simples se obtienen estructuras completas.

Con la soldadura se consiguen uniones definitivas, empleando para ello calor. En el montaje de las estructuras se emplea la soldadura eléctrica al arco con material de aportación (electrodo), que se deposita en la unión soldada. En el proceso de soldadura eléctrica al arco puede inyectarse un gas inerte como argón, helio o dióxido de carbono, que protegen al electrodo, dando lugar a los procesos de soldadura TIG, MIG y MAG.

Ejercicios de repaso y autoevaluación

1. Indique si las uniones que se consiguen con los siguientes métodos son fijas o desmontables.

    a. Atornillado.
    b. Roscado.
    c. Remachado.
    d. Soldadura.

2. ¿Cuál es la diferencia entre los tornillos autorroscantes y los tornillos autoperforantes?

_____
_____
_____
_____

3. Indique a qué tipo de elemento corresponde la siguiente designación: M 8 × 1,25.

_____
_____
_____
_____

4. Complete la siguiente oración.

Los anclajes están compuestos principalmente por _____ y _____. El cuerpo consiste en un _____ que presenta unas estrías _____, cuyo extremo inferior puede tener forma _____.

5. **Establezca el orden correcto en el que suceden las operaciones para realizar una soldadura al arco.**

    a. Se conecta el cable de la pinza.

    b. Se conecta el cable de masa a la toma señalada en la máquina y el otro extremo a la masa o la pieza.

    c. Se acciona el interruptor, con lo que quedará conectada la máquina soldadora.

    d. Se sitúan las piezas a soldar y se monta el electrodo en la pinza.

    e. Se enciende o se ceba el arco.

    f. Picar y cepillar la escoria al final del trabajo.

    g. Desplazar el electrodo de izquierda a derecha

Capítulo 2
Impermeabilización

Contenido

1. Introducción

La impermeabilización es el procedimiento que evita que un material o elemento constructivo se moje o absorba agua. Cuando se monta la estructura soporte de una instalación solar fotovoltaica sobre una cubierta, es importante que no se dañe el impermeabilizante.

El Código Técnico de Edificación (CTE) establece en su Artículo 13 unas exigencias básicas de salubridad (HS), donde el objetivo del requisito básico "consiste en reducir a límites aceptables el riesgo de que los usuarios, dentro de los edificios y en condiciones normales de utilización, padezcan molestias o enfermedades, así como el riesgo de que los edificios se deterioren y que deterioren el medioambiente en su entorno inmediato".

Además del CTE, en la instalación de impermeabilizaciones deben seguirse las instrucciones que para cada producto facilitan los fabricantes y los proveedores, siguiendo las normas UNE correspondientes.

2. Tipos y métodos de realización

La impermeabilización de estructuras y cubiertas es una de las labores más importantes que es necesario realizar en una instalación fotovoltaica, ya que son un punto crítico debido a las filtraciones de agua que pueden corroerlas o dañar los equipos que sustentan en caso de no estar tratadas adecuadamente para garantizar su estanqueidad.

2.1. Tipos

La impermeabilización se consigue con materiales que pueden encuadrarse dentro de sistemas bituminosos y sistemas sintéticos. En cada uno de ellos pueden encontrarse diversos tipos de impermeabilizantes con los que cubrir las necesidades que cada soporte presenta.

Materiales bituminosos

La impermeabilización con materiales bituminosos se realiza con láminas asfálticas, que son productos bituminosos prefabricados en piezas pequeñas (por ejemplo, rollos de 1 m de ancho x 10 m de longitud), constituidas por una armadura (por ejemplo, fieltro de fibra de vidrio), recubrimientos bituminosos (que pueden ser de oxiasfalto), un material antiadherente y, eventualmente, una protección mineral situada en la cara exterior.

En la siguiente tabla pueden verse las características que presentan los materiales que se emplean como armaduras en la impermeabilización con materiales asfálticos.

Armadura	Propiedades
Fieltro de poliéster	Mayor resistencia mecánica Baja elongación
Fieltro de fibra de vidrio	Estabilidad dimensional Baja resistencia al punzonamiento y desgarro
Film de polietileno	Impermeable Alto nivel de elongación Mejor comportamiento ante el desgarro que la fibra de vidrio

Este sistema de impermeabilización fue el más usado al tratarse de un material de aislamiento asequible, aunque ahora está siendo sustituido por otros materiales.

Las láminas deben presentarse suficientemente protegidas para evitar que se produzcan deterioros durante su transporte y almacenamiento. Cada rollo debe llevar una etiqueta con los datos del fabricante, producto, longitud y anchura, superficie que puede cubrir, masa nominal del producto por m^2, fecha de fabricación y condiciones de almacenamiento del producto.

Las condiciones de almacenaje y conservación de estos materiales de impermeabilización son las siguientes:

■ Se almacenarán en un lugar seco y protegido de la lluvia, el sol, el calor y las bajas temperaturas.
■ Se almacenarán en posición vertical.
■ No se apilará un palé sobre otro.
■ El producto se utilizará por orden de llegada a la obra.

Antes de colocarlas debe observarse que estas presenten un aspecto uniforme y carezcan de defectos tales como agujeros, bordes desgarrados, roturas, grietas, protuberancias, hendiduras, etc. La superficie vista debe aparecer totalmente recubierta con gránulos minerales uniformemente distribuidos, perfectamente empotrados y fuertemente adheridos a la correspondiente capa de recubrimiento bituminoso y la cara interna protegida con arena como material antiadherente.

Materiales sintéticos

La principal ventaja que presentan estos productos es que son fácilmente instalables. Los más utilizados son las láminas de poli (cloruro de vinilo) plastificado (PVC-P) y las de EPDM[1].

Láminas de policloruro de vinilo plastificado (PVC-P)

Las láminas de PVC-P son más resistentes, tanto a los esfuerzos mecánicos como a la acción de las condiciones ambientales, que las bituminosas y por tanto se obtiene una óptima durabilidad. Estos productos se formulan para conseguir un revestimiento de impermeabilidad absoluta, elasticidad permanente, elevada capacidad de adaptación a las irregularidades del soporte y alta resistencia mecánica, además de inalterabilidad a los rayos UV cuando deban quedar expuestas a la intemperie. Los espesores pueden ir desde 0,5 mm a 1,5 mm

1 Etileno Propileno Dieno Monómero.

Nota

De acuerdo con la norma UNE 104416:2009 Sistemas de impermeabilización de cubiertas con membranas impermeabilizantes formadas por láminas de Poli (cloruro de vinilo) plastificado, el espesor mínimo recomendado para los trabajos de impermeabilización en cubiertas es de 1,2 mm, por lo que cualquier membrana de inferior espesor no debe utilizarse como elemento principal del sistema de impermeabilización.

Las láminas de PVC-P no resisten a asfaltos, alquitranes, ni aceites, por lo que en ningún caso podrán adherirse directamente sobre soportes de naturaleza asfáltica, y entre ambos materiales deberá interponerse un **geotextil** separador.

 Definición

Geotextil
Es un material textil sintético plano, formado por fibras poliméricas (polipropileno, poliéster o poliamidas), similar a una tela, de gran deformabilidad, cuya misión es hacer las funciones de separación o filtración, drenaje, refuerzo o impermeabilización.

Según el tipo, las láminas de PVC-P se presentan sin armar o pueden contener una armadura de malla de fibra de vidrio o de fibras sintéticas (de poliéster).

Las membranas con armadura de fibra de vidrio tienen un bajo coeficiente de dilatación térmica, lo que las hace dimensionalmente muy estables, ya que la retracción que sufren es insignificante. Son muy sensibles a las tensiones por retracción y dilatación.

No es aconsejable plegar este tipo de láminas, por lo que su transporte se realizará siempre enrollado, ya que la rotura de la malla las lleva a comportarse como si la membrana no tuviera refuerzo.

Las membranas armadas con malla de poliéster presentan gran resistencia a la tracción, lo que les permite absorber las dilataciones de la estructura soporte y otros movimientos de asentamiento. Las mallas de poliéster hacen estas membranas más resistentes al avance de desgarros.

Derivados del caucho

Pueden aplicarse como base de pinturas o imprimaciones que se extienden en capas con un rodillo y que cuando se secan forman una lámina impermeable continua.

También se presentan en láminas elásticas de EPDM, que vienen en rollos. El espesor puede ir desde 1 mm hasta 1,5 mm, o poco más, que se aplican de forma similar a las láminas de PVC.

Los materiales de EPDM son, en su gran mayoría, incompatibles con productos como grasas, sebos animales, alquitrán, derivados del aceite (de origen vegetal o mineral), ácidos concentrados y asfaltos, por lo que no se debe permitir ningún contacto entre ellos.

 Importante

Las láminas deben aplicarse de forma que no entren en contacto materiales incompatibles químicamente.

Las membranas de caucho EPDM se suministran en rollos que deben colocarse lo más cerca posible de su posición final, ya que es más fácil dejar el rollo en esta posición que tener que recolocarlo una vez abierto. El sentido de apertura de la manta está indicado en el envoltorio.

Antes y durante la instalación se deben revisar el embalaje y el rollo de caucho EPDM. Todas las membranas se han de desenrollar, desplegar y situar sobre el soporte sin tensión. Se pueden desplazar haciéndolas flotar sobre un cojín de aire. Antes de fijarlas, cortarlas o unirlas es necesario dejarlas reposar como mínimo 30 minutos. Las grandes mantas (de 12,20 y 15,25 m de ancho) necesitan un periodo de reposo más largo (45 minutos). En caso de lluvias repentinas se debe cortar la membrana en cruz, encima de los desagües para evacuar el exceso de agua.

2.2. Métodos de realización

Cada impermeabilizante debe colocarse empleando un método de aplicación adecuado a sus características. Los impermeabilizantes deben aplicarse cuando las condiciones térmicas y ambientales se encuentren dentro de los márgenes establecidos en las correspondientes especificaciones técnicas de aplicación.

Como norma general, los trabajos de impermeabilización no deben realizarse cuando las condiciones atmosféricas sean adversas, ya que esto puede perjudicar el resultado de la operación. Se consideran condiciones climatológicas perjudiciales:

- Que esté nevando o exista nieve o hielo sobre la cubierta.
- Que llueva o que la cubierta esté mojada.
- Que sople viento fuerte.
- Que la temperatura ambiental sea menor de 5 °C o mayor de 35 °C.

Para aplicar un impermeabilizante, la superficie a impermeabilizar debe estar suficientemente seca, de acuerdo con las especificaciones de aplicación que correspondan.

Antes de comenzar o reanudar, los trabajos de impermeabilización, debe comprobarse que el soporte reúne las condiciones adecuadas para no dañar el material que se va a aplicar. En caso contrario, debe esperarse el tiempo necesario o procederse a su adecuación, así:

- La superficie debe ser suficientemente resistente según el uso previsto; debe ser uniforme, estar limpia y seca, no tener manchas de grasa, aceites o cualquier otra sustancia y carecer de cuerpos extraños.
- Los elementos verticales deben estar preparados de forma adecuada para permitir una terminación correcta de la impermeabilización hasta la altura apropiada.
- Antes de comenzar la colocación de la impermeabilización deben prepararse los puntos singulares como desagües, escocias o chaflanes, juntas de dilatación, bandas de refuerzos en paramentos, etc.

 Importante

El paramento donde se va a aplicar la lámina no debe tener rebabas de mortero. En las fábricas de ladrillo o bloques, ningún resalto de material puede suponer riesgo de punzonamiento.

Cuando se interrumpan los trabajos de impermeabilización, hay que asegurarse que los materiales no sufran deterioro, protegiéndolos adecuadamente.

 Consejo

Los materiales se llevarán hasta la cubierta con la maquinaria de elevación adecuada y se distribuirán por toda ella para no concentrar las cargas.

La correcta ejecución de la obra requerirá de diferentes herramientas, según los trabajos a realizar, pero como mínimo serán las siguientes:

Para realizar el soldado manual:

- Soplete de aire caliente con varias boquillas.
- Rodillo de presión (de goma rígido).

Para realizar el corte y marcado:

- Tijeras.
- Cuchilla de gancho.
- Cúter.
- Cintra métrica.

Para el soldado químico:

- Brocha plana tipo "peine" de aproximadamente 7 cm.
- Cubeta para disolvente (tetrahidrofurano).
- Bayeta de papel.
- Sacos para lastre.

Para el montaje mecánico:

- Atornilladora equipada con un tope de profundidad.

Además se dispondrá de una aguja metálica roma para la verificación y control de las soldaduras. Esta aguja tiene una punta redondeada con un radio que va de 1 mm a 3 mm.

Impermeabilización con materiales asfálticos

En este tipo de impermeabilización hay que realizar previamente una imprimación de la superficie. Cuando la impermeabilización esté constituida por materiales a base de asfalto, los materiales de imprimación serán a base de asfalto. La imprimación se aplica con una brocha, un cepillo o un pulverizador. Debe realizarse en todas las zonas en las que la impermeabilización deba adherirse (puntos singulares, remates, etc.) y en toda la cubierta si se trata de sistemas adheridos.

Técnicas de unión

Los métodos utilizados para realizar las uniones de las diferentes láminas son:

- **Fusión y vertido.** Para efectuar la unión de las láminas entre sí se vierte delante de la lámina enrollada una cantidad suficiente de mastique o de oxiasfalto fundidos, de tal manera que al desenrollarla quede una porción por delante y sobresalga por los bordes. A la vez que se va extendiendo el rollo debe presionarse la superficie del mismo.
- **Soldadura.** Para efectuar la unión de las láminas entre sí, en primer lugar se funde con un soplete la capa de mastique que la lámina lleva incorporada, a continuación se desenrolla esta, a la vez que se ejerce presión sobre ella para que el mastique fundido se desplace hacia delante y sobresalga por los bordes.
- **Clavado.** Para cada tipo de soporte deberá aplicarse el tipo de fijación adecuado. El número de fijaciones por metro cuadrado estará determinado por la fuerza de la tracción que estas presenten en cada tipo de soporte. La fijación se realizará con tornillos, tacos y arandelas, adecuados al tipo de soporte. El tornillo-taco se aplicará con un martillo sobre el agujero obtenido con un taladro. El diámetro de la broca será igual al del tornillo. La profundidad del agujero será superior a la longitud de penetración del clavo en el soporte.

La siguiente tabla muestra las distancias a mantener en esta técnica de unión.

Distancia entre fijaciones:

- Mínima: 10 cm.
- Máxima: 36 cm.

Continúa en página siguiente >>

<< Viene de página anterior

Bordes:

- Borde que queda cubierto: 25 cm.
- Borde que cubre: 10 cm.

El número de fijaciones por m² viene determinado por la diferente presión que ejerce el aire sobre la cubierta, la cual depende de la zona geográfica, zona de la cubierta y altura del edificio.

Las cabezas de las puntas no deben quedar expuestas al exterior.

 Nota

Cuando la pendiente sea mayor que el 15 %, como sucede con el refuerzo de placas asfálticas, las láminas deben fijarse mecánicamente para evitar su descuelgue.

Formas de colocación de las capas de impermeabilizante

Las distintas capas de la impermeabilización deben colocarse en dirección perpendicular a la línea de máxima pendiente.

Monocapa

En este tipo de impermeabilización se coloca una sola capa de láminas impermeabilizantes.

Las láminas impermeabilizantes empiezan a colocarse por la parte más baja de la cubierta, siguiendo la dirección perpendicular a la línea de máxima pendiente del faldón, continuando hasta terminar una hilera. Cada nueva lámina debe colocarse solapando la anterior. En las uniones de las láminas deben respetarse los solapos mínimos establecidos en las especificaciones de aplicación. Una vez colocada la primera hilera, debe continuarse colocando nuevas hileras en sentido ascendente, de tal forma que cada hilera solape a la inferior.

Impermeabilización monocapa

≥8

≥8

≥8

Línea de máxima pendiente

Sentido descendente del faldón

Cotas en cm

Nota

En láminas asfálticas el solape debe ser mayor o igual a 8 cm.

Los solapos deben quedar a favor de la corriente y no deben quedar alineados en hileras contiguas.

Además, el solapo debe establecerse de acuerdo con la pendiente del elemento soporte y de otros factores relacionados con la situación de la cubierta, tales como zona eólica, tormentas y altitud topográfica.

Bicapa

La impermeabilización bicapa está formada por dos capas de láminas. Las láminas de la segunda capa deben tener sus solapos de tal manera que queden desplazados con respecto a los de la primera, en la dirección de la línea de máxima pendiente, como mínimo la mitad del ancho de la lámina, menos el ancho del solapo. En consecuencia, el ancho de la primera hilera de la segunda capa debe ser la mitad del ancho del rollo.

Impermeabilización bicapa

La impermeabilización bicapa
- Línea de máxima pendiente
- Sentido descendente del faldón
- Cotas en cm

Tricapa

Está compuesta por tres capas de láminas. Los solapos de las capas segunda y tercera deben quedar desplazados con respecto a los de la capa situada inmediatamente debajo de cada una de ellas, en el sentido descendente de la línea de máxima pendiente, un tercio del ancho de la lámina. En consecuencia, el ancho de la primera hilera de la segunda capa debe ser 2/3 del ancho del rollo y el ancho de la primera hilera de la tercera capa debe ser 1/3 del ancho del rollo.

Impermeabilización tricapa

En todos estos casos deben respetarse los solapos mínimos establecidos en las especificaciones de aplicación. Además, los solapes de la nueva hilera se dispondrán a favor de la corriente de agua, de tal manera que cada hilera solape a la anterior.

Con doble solapo

También llamada a la inglesa. Se obtiene una fijación mecánica con doble solapo cuando se coloca una sola capa de láminas de tal manera que cada hilera solape la hilera anterior la mitad del ancho del rollo más dos centímetros. El ancho de la primera hilera debe ser la mitad del ancho del rollo más dos centímetros.

Impermeabilización doble solapo bicapa

Se obtiene una imprimación tricapa con doble solapo colocando una sola capa de láminas de manera que cada hilera solape a la anterior 2/3 del ancho del rollo más dos centímetros. El ancho de la primera hilera debe ser 1/3 del ancho del rollo más cuatro centímetros y el ancho de la segunda hilera debe ser 2/3 del rollo más dos centímetros.

Impermeabilización doble solapo tricapa

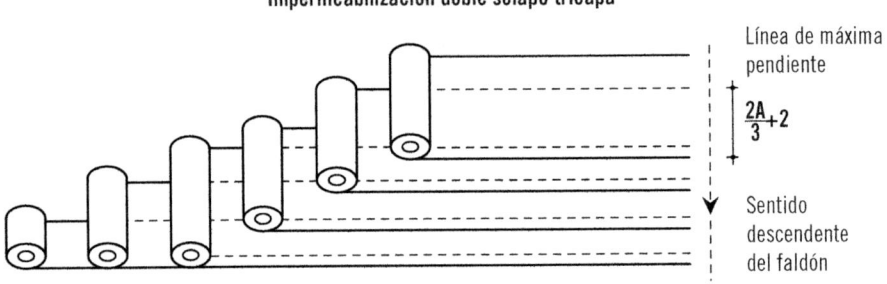

Línea de máxima pendiente

$$\frac{2A}{3}+2$$

Sentido descendente del faldón

Cuando la impermeabilización se realice con varias capas, estas deben colocarse en la misma dirección y a cubrejuntas, es decir, de tal forma que ninguna junta entre piezas de cada hilera resulte alineada con las de las hileras contiguas.

Métodos de unión

En cada uno de los sistemas de impermeabilización, una vez se haya acondicionado el soporte base de la impermeabilización, la colocación de las láminas debe realizarse de la siguiente manera:

▪ **Membrana adherida.** La lámina debe colocarse soldándola sobre la imprimación o aplicándola junto con una capa de asfalto fundido sobre la base. Se procederá a imprimir el mismo en todas las zonas en las que deba ir adherida la impermeabilización; en toda la superficie de la cubierta y elementos singulares, incluso entregas a elementos verticales. En la colocación de láminas adheridas debe evitarse la formación de burbujas de aire.

Debe aplicarse una imprimación sobre la base, y a continuación, deben soldarse las láminas de la primera capa con la base. Seguidamente deben soldarse totalmente las láminas de la segunda capa con las de la primera.

▪ **Membrana no adherida.** Deben soldarse las láminas de la primera capa en los solapos, a continuación deben soldarse totalmente las láminas de la segunda capa a las de la primera, y también las de la primera capa en los solapos. En los bordes de la cubierta y en los encuentros con elementos singulares debe aplicarse, previamente una capa de imprimación.

▪ **Membrana fijada mecánicamente.** En este caso, la lámina impermeabilizante dispondrá lateralmente de una zona de solapo en la que se practicarán las fijaciones. La lámina se extenderá completamente antes de su fijación, ajustándola a la zona de inicio de la aplicación y elementos singulares. La fijación y la arandela se deberán aplicar centradas en la anchura de la banda a solapar, de modo que siempre queden cubiertas por la banda de solape de la lámina siguiente. El tornillo se roscará con una atornilladora con limitador de profundidad o con una remachadora extensible.

 Nota

Deben imprimarse todas las zonas en las que deba ir adherida la impermeabilización.

Importante

Las impermeabilizaciones deben realizarse de tal manera que las capas resulten totalmente adheridas entre sí.

 Ejemplo

A continuación se muestra cómo se colocan las láminas en dirección perpendicular al alero.

Las láminas deben comenzar a colocarse por la parte más baja de la cubierta. Los bordes que resulten paralelos a la línea de máxima pendiente deben clavarse de tal manera que en el borde que queda cubierto, las puntas contiguas queden separadas unos 25 cm y en el borde que cubre, 10 cm.

Los bordes superiores de las láminas de cada capa deben clavarse colocando dos filas de puntas al tresbolillo, separando entre sí las de cada fila 10 cm aproximadamente. Cuando la forma de la cubierta lo permita, la colocación de la lámina debe realizarse doblando esta sobre la cumbrera e invadiendo el otro faldón una distancia comprendida entre 30 y 40 cm.

Impermeabilización vertical

Línea de máxima pendiente

Sentido descendente del faldón

Cotas en cm

Cuando la capa superior de la impermeabilización deba quedar al exterior en las láminas de dicha capa, los bordes que solapan no deben clavarse y deben adherirse mediante calentamiento o con oxiasfalto caliente.

Impermeabilización con PVC-P

El PVC-P es una lámina sintética transparente que funciona como una barrera frente al agua, por lo que es utilizada para impermeabilizar cubiertas en edificación.

Técnicas de unión

Para realizar la unión de las diferentes capas de impermeabilizante que es necesario colocar existen diversas técnicas.

Unión con adhesivo

Se aplica una capa uniforme de adhesivo a ambas caras de la unión a solapar, dejando que se evapore. Seguidamente se presiona la unión mediante un rodillo o un saco relleno de arena.

 Importante

Antes de proceder a unir las láminas, se comprobará que el adhesivo esté seco al tacto.

Soldadura por aire caliente

Se aplica un chorro de aire caliente que funde las láminas de aislante en la zona de solape. También se denomina soldadura termoplástica.

 Importante

Para unir o soldar láminas de PVC-P, no se emplea llama directa.

Las láminas deben estar desenrolladas, solapadas entre sí, 5 cm como mínimo, y sin ningún tipo de tensión. A la vez que se pasa el chorro de aire caliente, se presiona la zona con un rodillo rígido. La soldadura entre las láminas inferior y superior debe ser al menos de 4 cm. La temperatura y velocidad del aire caliente deben ajustarse para obtener un correcto ensamblamiento. Además, cuando la temperatura ambiente es baja conviene atemperar las láminas en las zonas de solape para facilitar su posterior soldadura.

 Aplicación práctica

Antonio tiene que colocar una membrana de PVC Plástico (PVC-P) para impermeabilizar la cubierta sobre la que van a ir instalados unos paneles fotovoltaicos. Cuando va a proceder a presionarla se da cuenta de que no tiene el rodillo cerca del lugar de trabajo.

¿Al presionar las uniones con la mano en vez de con el rodillo se obtendrá el mismo resultado? Justifique su respuesta.

SOLUCIÓN

No. Antonio sabe que la presión ejercida con la mano no se reparte uniformemente y, por tanto, pueden quedar zonas sin unir, mientras que el rodillo ejerce una presión uniforme que garantiza una unión homogénea, por lo que si quiere colocar la membrana impermeabilizante de forma correcta tiene que utilizar el rodillo y realizar con él dicha operación.

Soldadura con disolvente

Es un tipo de soldadura química en la que se emplea un disolvente (tetrahidrofurano) como adhesivo para facilitar la unión entre las láminas que se solapan. El disolvente se aplica simultáneamente sobre cada una de las superficies que van a formar la unión. Luego se presiona la zona de unión durante unos segundos para que el disolvente actúe sobre las dos caras en contacto, frotando la superficie de la misma para que el contacto sea total. A continuación, se colocan sacos de lastre sobre la unión, para mantener presionado el solape.

Para comprobar si la unión se ha producido de manera correcta, se pasa una aguja roma a lo largo del canto de la unión, con un ángulo entre 10º y 30º. En caso de detectar alguna irregularidad en la soldadura debe repararse con el mismo procedimiento de realización.

Comprobación de la unión

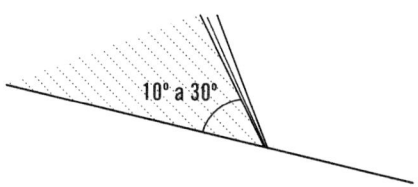

10º a 30º

 **Importante**

Cuando la soldadura se haya realizado mediante disolventes, el control de soldaduras no se realizará hasta que hayan transcurrido más de cinco horas.

En las uniones en T (tres láminas que se cruzan en un punto), la lámina inferior se achaflanará para evitar que se produzcan filtraciones capilares. El vértice del ángulo que forman los bordes transversal y longitudinal de la pieza superior, se cortará en forma curva. Debe evitarse unir más de tres láminas en un solo punto.

Formas de colocación [2]

Las membranas impermeabilizantes pueden ser colocadas de varias maneras en función de que la unión entre ambas se lleve a cabo mediante adhesivo o se haga mediante fijación mecánica.

---

2 Antes de fijar las láminas de PVC-P, deberán desenrollarse y esperar un tiempo prudencial.

Membrana no adherida

La membrana se coloca suelta sobre el soporte y solo se fija en el perímetro y puntos singulares de la cubierta. En el resto queda simplemente apoyada y lastrada por el peso de materiales como grava o pavimentos. El material que se emplee como lastre debe tener un peso que impida que el viento lo arrastre, ya que en ese caso se alteraría la distribución de cargas sobre la cubierta y el lastre dejaría de cumplir su función.

Las láminas comienzan a colocarse desde el punto más bajo de la cubierta, disponiendo las siguientes hileras en sentido ascendente y realizando los solapes a favor de la corriente de agua.

Membrana semiadherida

El adhesivo que se emplee en este sistema de fijación debe ser compatible con la membrana y garantizar la resistencia a la tracción.

En los perímetros y zona central, el anclaje se realiza mediante fijaciones y perfiles. El proceso de colocación es el siguiente:

▪ Se extiende una capa de adhesivo tanto al soporte como a la primera lámina.
▪ La segunda lámina se coloca doblada transversalmente sobre la primera, colocando juntos los bordes que se van a solapar; seguido se encolan el soporte y el dorso de la segunda lámina.
▪ Se vuelve ahora la parte encolada de la lámina sobre la superficie encolada del soporte al que se va a adherir.
▪ Se vuelve y se adhiere al soporte la mitad que queda sin fijar.

 **Consejo**

No es conveniente aplicar el adhesivo a la zona de solape, para proceder a la correcta soldadura de las uniones.

Fijación mecánica

En este sistema de fijación, junto con la lámina de impermeabilizante se fijan individual o simultáneamente, las capas inferiores tales como barrera contra el vapor, aislamiento térmico, etc.

Para la fijación se utilizan puntuales metálicos sobre el área de solapo en el borde de la membrana, antes de que se solape con la lámina contigua. El solape longitudinal entre láminas debe ser siempre mayor o igual a 10 cm y el solape transversal debe ser siempre mayor o igual a 5 cm. Las fijaciones deben colocarse a una distancia del borde de la lámina mayor o igual a 1 cm y en el perímetro de la cubierta deben alinearse paralelamente al mismo. El número de fijaciones y la distancia entre ellas se obtendrán de acuerdo a los cálculos que se realicen.

En la imagen que aparece a continuación se muestran dos formas de colocación de membranas de impermeabilizante que se solapan.

FORMAS DE COLOCACIÓN

MEMBRANA NO ADHERIDA O SEMIADHERIDA

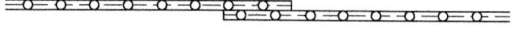

MEMBRANA FIJADA MECÁNICAMENTE

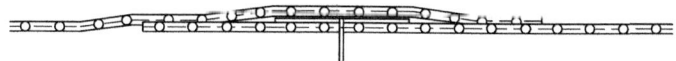

 Nota

Para cubiertas con pendientes mayores del 15 %, el CTE establece que la fijación del impermeabilizante se hará con sistemas fijados mecánicamente.

Impermeabilización con EPDM

Una característica de estos sistemas es la flexibilidad, que los hace adecuados para cubiertas con formas muy diversas y con capacidad de carga limitada.

Formas de colocación

Las membranas impermeabilizantes pueden mantenerse en su lugar de varias maneras, en función del sistema empleado para ello.

Sistema lastrado

La membrana se mantiene en su lugar usando un lastre. Como material de lastre puede emplearse:

- Grava, en forma de canto rodado, liso, limpio, sin piezas rotas y del tamaño adecuado.
- Pavimento compuesto por losas de hormigón, de espesor mínimo de 50 mm, con acabado fino a la llana.
- Grava de machaca con una granulometría normalizada, libre de fracturas excesivas, arena o sustancias extrañas.

En estos dos últimos casos es conveniente instalar un geotextil de fibra de poliéster como protección.

Las membranas deben colocarse con un solapo mínimo de 15 cm y dejarlas reposar antes de proceder al lastrado. El lastre debe esparcirse sobre la membrana empleando un equipo ligero (como una rasqueta de madera, etc.), y de forma manual alrededor de los salientes con el fin de no estropear los detalles recién instalados.

Sistema adherido

El adhesivo se aplica tanto a la membrana como al soporte. Las membranas contiguas se solapan 10 cm como mínimo.

La membrana superior se pliega sobre sí misma, cuidando que quede plana para así evitar la formación de pliegues, de forma que queden visibles la cara inferior y el soporte.

El soporte y la membrana se barren para eliminar cualquier resto de talco de la membrana o cualquier otro contaminante. A continuación, se aplica una capa regular de adhesivo tanto al soporte como a la membrana, evitando que se formen burbujas o aplicar demasiado adhesivo.

 Consejo

Se debe aplicar el adhesivo simultáneamente a la membrana y al soporte con el fin de que el tiempo de secado sea el mismo en ambas superficies.

Cuando el adhesivo se ha secado, se desliza la parte encolada de la membrana sobre el soporte también encolado, comenzando por el pliegue, y con cuidado para que no se formen arrugas.

A continuación, se presiona la mitad encolada contra el soporte con un cepillo duro para mejorar la adherencia, y se repite la operación para encolar la otra mitad de la lámina.

Sistema anclado

Cuando el material de la cubierta no admite el adhesivo y la cubierta tampoco admite la carga que añade el lastre, se utiliza el sistema anclado. Las láminas quedan sueltas sobre el soporte, pero se fijan perimetralmente al soporte. El resto de las láminas de la cubierta se anclan mecánicamente con barras de anclaje colocadas sobre la membrana y también en las uniones.

Antes de colocar las barras de anclaje sobre las membranas, hay que asegurarse de que las mantas están bien planas, sin pliegues. El solape entre membranas contiguas es como mínimo de 10 cm.

La distribución de los anclajes se determinará de acuerdo con la potencia calculada del viento y la resistencia al arrancamiento del sistema fijación-cubierta.

 Nota

El CTE establece que para cubiertas con pendientes mayores del 15 %, la fijación de este tipo de impermeabilizante se hará con sistemas fijados mecánicamente, igual que sucede cuando el material es PVC-P.

3. Láminas impermeabilizantes fotovoltaicas

Las láminas impermeabilizantes fotovoltaicas constituyen un avance en materia de impermeabilización, ya que además de impedir la penetración de agua a través de la cubierta, permiten obtener energía solar fotovoltaica.

Este tipo de montaje fotovoltaico tiene numerosas ventajas, estas son:

- Puede instalarse tanto en cubiertas de nueva construcción como en otras ya construidas.
- Además, al ser muy ligeros, no añaden un peso adicional a la cubierta, ni por paneles ni por estructuras.
- Otra ventaja es que al ir colocadas directamente sobre la cubierta, no necesitan estructuras de soporte, por lo que no es necesario realizar un estudio de orientación, ya que el sol incide por igual en toda la superficie.
- Tampoco hay problemas con las sombras, ya que la posición plana impide que los módulos tapen el sol entre ellos.

- Resultan estéticos, ya que no son visibles desde el exterior, y la flexibilidad de las membranas ofrece grandes posibilidades de diseño, pudiendo usarse incluso en superficies curvas.
- Y como en otros métodos de impermeabilización con membrana flexible, se realiza sin perforar el tejado.

La única condición recomendable es que la cubierta deberá tener un mínimo de pendiente, para que la escorrentía del agua de lluvia realice su autolimpieza. En caso contrario, habrá que limpiar los módulos cuando la suciedad acumulada afecte al rendimiento de la instalación.

En las láminas impermeabilizantes fotovoltaicas pueden distinguirse:

- La membrana impermeabilizante que sirve de soporte y que puede ser de caucho sintético como el EPDM, o con base termoplástica, como el **EVALON.** Todos ellos son materiales que cuya principal característica es, además de la impermeabilidad, tener una larga vida sin sufrir alteraciones. Dependiendo de la aplicación se incorpora un filtro de poliéster.
- Los módulos fotovoltaicos de capa fina están compuestos por células de silicio amorfo desarrollados con tecnología de triple unión, y las células solares se componen de tres capas:

  - Un sistema de generación de corriente formado por tres elementos de silicio amorfo.
  - Láminas finas de acero inoxidables revestidas por vaporización (polo negativo).
  - Un electrodo transparente con una estructura protectora en rejilla (polo positivo).
    Cada uno de los tres sistemas de silicio amorfo, colocados uno sobre otro, absorbe diferentes longitudes de onda de la luz, lo que le permite producir la máxima potencia eléctrica a través de todo el espectro solar.

- El encapsulado transparente proporciona protección de larga duración.

Corte de una lámina impermeabilizante fotovoltaica

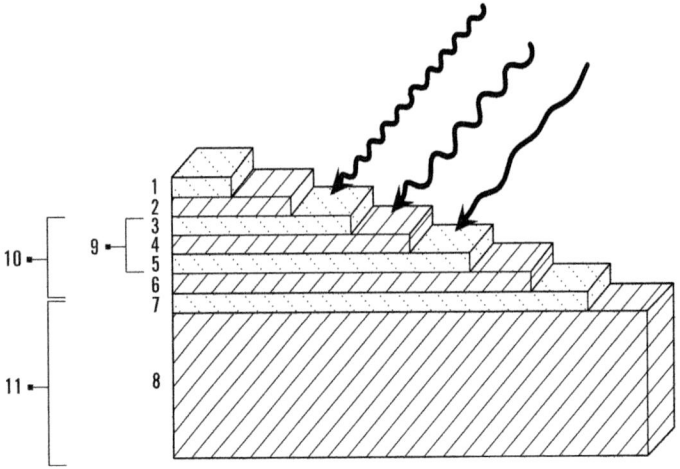

1. Encapsulado transparente
2. Polo positivo
3. Espectro azul
4. Espectro verde
5. Espectro rojo
6. Polo negativo

7. Filtro
8. Membrana impermeabilizante
9. Sistema de conversión
10. Células de silicio amorfo
11. Soporte

 Definición

Evalon

Es una lámina homogénea de aleación macropolímera de acetato de vinilo y etileno termo-polímero (EVA) y policloruro de vinilo plastificado (PVC-P).

Las células solares se conectan en serie, con diodos de derivación entre todas las células. Si una célula solar se rompe o está sombreada, los diodos puentean esta célula para que continúe el flujo de electricidad. Esto hace posible que el módulo siga operativo cuando una célula no funciona correctamente.

Los cables de conexión vienen montados de fábrica, y se colocan ocultos y protegidos contra los cortocircuitos, y de la intemperie debajo de los paneles, y siempre que sea posible se empotrarán en el soporte base.

Los módulos se conectan entre sí y se integran directamente en las membranas, o como una lámina de módulos que se adhiere a la membrana impermeable previamente colocada según los métodos correspondientes a sus características. Con este segundo método, la cubierta puede impermeabilizarse antes, con lo cual el edificio se mantiene hermético, y los paneles pueden montarse más tarde, tanto como se pueda programar, evitando así posibles daños causados por trabajos posteriores.

Para colocar los módulos adheridos sobre una membrana impermeabilizante, colocada previamente, se deben seguir lo siguientes pasos:

1. Se airea la lámina fotovoltaica, para lo cual se extiende sobre la membrana impermeabilizante.
2. Se pega el final de la lámina, una distancia aproximada de 1 m, convenientemente del lado en el que están los terminales para realizar la conexión eléctrica.
3. Se desenrolla la lámina, tirando de la película protectora, cuidando que quede alineada. Este paso se realiza entre dos personas, una desenrolla y la otra tira perpendicularmente de la película protectora.
4. Se presiona la lámina correctamente con un rodillo adecuado, tanto por el centro como por los bordes, de forma firme pero cuidadosa, de forma que quede completamente adherida, pero sin dañar los módulos.

Operario preparando una lámina impermeabilizante

Como preparación para el montaje, sobre la membrana impermeabilizante se marca la posición que ocuparán los paneles solares sobre la cubierta. En el diseño se habrán establecido los puntos de salida de los módulos para que resulte sencillo conectarlos con los reguladores y sistemas de protección.

 Importante

Una vez colocados los módulos solares flexibles es necesario conectarlos correctamente para poder suministrar la energía eléctrica obtenida. Es un procedimiento sencillo, ya que estos disponen de enchufes machihembrados.

Las membranas fotovoltaicas se fabrican como láminas de una longitud determinada, dotadas de las conexiones necesarias. En la información que proporcionan los fabricantes aparecen tanto las características de la membrana soporte (longitud, espesores, masa por metro cuadrado, etc.), como las características del módulo (Wp, tensión de carga, corriente de cortocircuito, etc.), necesarias para el cálculo de la instalación fotovoltaica. Además, algunos fabricantes pueden realizar bajo pedido, membranas de dimensiones especiales que se adapten a una determinada cubierta en particular. Estas membranas se aplican sobre las superficies con los mismos métodos que los impermeabilizantes tradicionales, como por ejemplo, el soldado.

Membrana fotovoltaica soldada con aire caliente

Aplicación práctica

Un edificio dispone de una cubierta plana, con una pendiente del 5 %, sobre la que se ha proyectado la instalación de una membrana fotovoltaica. El material impermeabilizante es EPDM y los módulos van incorporados en la membrana. La cubierta está impermeabilizada con un material compatible y en perfectas condiciones. Las condiciones ambientales son las adecuadas. Explique cómo se realizaría la fijación.

SOLUCIÓN

Primeramente se extiende la lámina sobre la cubierta para que se airee.

Seguidamente, se procede al replanteo de la instalación, y se extienden los módulos en la posición que va a ser definitiva.

Se sueldan las membranas. En este caso mediante soldadura por aire caliente, se levantan los bordes y se le aplica el chorro de aire. A la vez se va apisonando el borde para unir ambas membranas, para que la unión sea resistente.

 Nota

Existen soldadoras automáticas de aire caliente que levantan el borde de la membrana, aplican el chorro de aire caliente y van apisonando la unión, de forma que todo el trabajo puede realizarlo una única persona.

4. Resumen

La impermeabilización de cubiertas se realiza empleando diversos tipos de materiales: materiales bituminosos, asfálticos, sintéticos, etc. Cada uno de los cuales presenta propiedades (elasticidad, resistencia mecánica, etc.) que los hacen más aptos que otros para ser colocados en determinado tipo de superficie.

En función del material que se utilice para realizar la impermeabilización, variarán los métodos de colocación. Habrá que tener en cuenta la forma en la que se colocarán las láminas de impermeabilizante y de qué forma se realizará la unión de dichas láminas.

Debe elegirse entre colocar las membranas impermeabilizantes adheridas, no adheridas o fijadas mecánicamente. Y también debe elegirse si para la unión se empleará un adhesivo o si se realizará por soldado con aire caliente, soldadura química o con puntales metálicos.

Una forma de realizar la impermeabilización, aprovechando esta para obtener energía solar fotovoltaica, es el empleo de láminas impermeabilizantes fotovoltaicas. Se trata de láminas impermeabilizantes que integran módulos de capa fina capaces de captar diferentes longitudes de onda para aprovechar al máximo la radiación solar. Estas láminas impermeabilizantes fotovoltaicas se suministran en rollos que vienen dotados de los correspondientes terminales de conexión. Pueden adherirse sobre una base impermeabilizante de un material compatible o pueden colocarse con los mismos métodos que los impermeabilizantes tradicionales. En cualquier caso, el método de unión lo determinarán las instrucciones del fabricante.

Ejercicios de repaso y autoevaluación

1. Relacione los siguientes elementos.

    a. Fieltro de poliéster
    b. Fieltro de fibra de vidrio
    c. Film de polietileno

    ___ Baja resistencia al punzonamiento y desgarro
    ___ Impermeable
    ___ Baja elongación

2. De las siguientes frases, indique cuál es verdadera o falsa.

    a. Las láminas de PVC-P son más resistentes que las bituminosas.

        ☐ Verdadero
        ☐ Falso

    b. Las láminas bituminosas no resisten a asfaltos, alquitranes ni aceites.

        ☐ Verdadero
        ☐ Falso

    c. El espesor de las láminas de EPDM puede ir desde 0,5 mm a 1,5 mm.

        ☐ Verdadero
        ☐ Falso

    d. No se debe permitir ningún contacto entre los materiales de EPDM y asfaltos.

        ☐ Verdadero
        ☐ Falso

3. ¿Cómo se realiza la unión con adhesivo en membranas de PVC-P?

_____

_____

4. ¿Qué material puede emplearse como lastre en la impermeabilización con EPDM, cuando se emplea el sistema lastrado para su colocación?

_____

_____

Capítulo 3

Montaje de paneles fotovoltaicos

Contenido

1. Introducción

El montaje de los paneles es una de las operaciones más importantes de la instalación de energía solar fotovoltaica, ya que ellos son los encargados de transformar la energía incidente del sol en energía eléctrica. Es, por tanto, fundamental que cada panel se monte correctamente, dependiendo de sus características y del conjunto de la instalación, dándole la orientación y la inclinación adecuadas según la zona en la que se instalen, y teniendo en cuenta el efecto que sobre la producción de electricidad van a causar las sombras que produzcan los elementos del entorno como árboles, edificaciones o incluso otros módulos.

Como la forma más habitual de montar los módulos fotovoltaicos es sobre una estructura soporte, deberá tenerse en cuenta que las opciones de montaje siempre dependen del instalador de la estructura soporte y del fabricante de la misma.

2. Tipos de paneles

La finalidad de una instalación solar fotovoltaica es la producción de energía eléctrica. Sin embargo, dependiendo de donde se ubique la instalación, es necesario tener en cuenta, entre otros factores, el aspecto que ofrece. En este aspecto influyen en:

- La estructura soporte porque dejando a un lado su misión de posicionar los módulos en la forma más apropiada para la captación de energía, va a contribuir a que los módulos resulten más o menos visibles.
- Los módulos porque ofrecen una gran superficie, que es la que va a revelar la presencia de la instalación solar.

En el proyecto de la instalación se habrá determinado el tipo o tipos de paneles que se van a colocar. Dependiendo de la instalación proyectada, se emplearán paneles estándar o paneles especiales, si el grado de integración arquitectónica es elevado:

- Los paneles estándar son los que entran dentro de la oferta normal de los fabricantes.
- Los paneles especiales son aquellos que se fabrican especialmente para un proyecto arquitectónico concreto.

Los paneles fotovoltaicos se dividen en paneles rígidos y paneles flexibles. Dentro de los paneles rígidos, se encuentran los paneles rígidos con marco (módulos estándar) y los paneles rígidos sin marco.

En los módulos estándar, el marco aporta rigidez y permite su montaje. Los marcos son de aluminio anodizado, acero inoxidable o similar, y llevan perforados unos taladros necesarios para el anclaje en la estructura soporte. Los taladros vienen practicados de fábrica y evitan tener que realizar manipulaciones posteriores a su fabricación, ya que nunca se debe taladrar un marco porque las vibraciones producidas pueden hacer que el cristal estalle. El marco lleva acoplado una toma de tierra, como se especifica en el REBT[1].

 Nota

Los paneles solares deben conectarse a tierra.

A lo largo del perímetro del marco se coloca una junta selladora de neopreno, goma butílica, silicona, o cualquier otro material sellante, que impida la presencia de agua (humedad) dentro del panel, evitando que las conexiones internas se oxiden.

Los paneles rígidos sin marco se emplean en la integración arquitectónica, sustituyendo a los vidrios tradicionales, y pueden ser montados en cualquier sistema convencional de fachada, como es el caso de los muros cortina tradicionales.

1 Reglamento electrotécnico de Baja Tensión.

Nota

Los paneles que se emplean en integración arquitectónica deben cumplir las mismas exigencias de resistencia y aislamiento que los vidrios a los que sustituyen.

La sección normal de los paneles fotovoltaicos, compuesta por: cubierta frontal (de vidrio templado, materiales orgánicos o plásticos de alta resistencia), material encapsulante (EVA) y cubierta posterior (Tedlar), se modifica para adaptarse a las nuevas exigencias constructivas, empleándose módulos fotovoltaicos de doble vidrio o módulos de estructura cristal-cristal-vidrio.

Sabía que...

Otra forma de llamar a los módulos fotovoltaicos de doble vidrio es módulos vidrio-vidrio o cristal-cristal.

En los módulos fotovoltaicos de doble vidrio, la cubierta posterior de Tedlar se sustituye por un vidrio templado, lo que le confiere mayor resistencia ante las cargas del viento, haciendo que sea más resistente ante posibles impactos y que aguante los gradientes térmicos debidos al calentamiento de las células fotovoltaicas.

La sección de los módulos de doble vidrio está formada por dos láminas de vidrio templado, entre las que se encapsulan las células solares fotovoltaicas. La luz penetra a través del panel, ya que entre las células se deja una distancia predeterminada. La composición del módulo fotovoltaico es la siguiente:

- Una lámina exterior de vidrio templado de seguridad.
- Una capa de material encapsulante, que puede ser **PVB.**
- Las células fotovoltaicas, distribuidas según se haya acordado con el cliente al realizar el pedido.
- Otra capa de material encapsulante.
- Un vidrio templado de seguridad incoloro en la parte trasera.

 Definición

---

PVB (polivinilbutiral)
Es un material encapsulante, tradicionalmente usado en la construcción para el vidrio laminado de seguridad por sus ventajas de resistencia y robustez.

Para evitar cortes al manipular los módulos es conveniente que los cantos de los vidrios templados de la capa exterior y posterior estén pulidos.

En los módulos fotovoltaicos de estructura cristal-cristal-vidrio, el módulo fotovoltaico se sitúa siempre en la parte exterior. La parte interior está formada por una lámina de vidrio aislante, junto con un cristal templado de seguridad. Entre ambos, queda una cámara estanca que minimiza la transmisión térmica. Si en la cámara se introduce un gas inerte, como el argón o el kriptón, la transmisión térmica se reduce aún más.

En los paneles rígidos sin marco debe realizarse el tratamiento mecánico necesario, por ejemplo los taladros oportunos para la fijación con un sistema abotonado, según requiera el montaje que van a recibir.

La forma de realizar el montaje de los paneles solares depende del tipo de panel que componga la instalación. Dependiendo de si se trata de módulos rígidos o flexibles, su montaje se llevará a cabo sobre las estructuras portantes anteriormente ensambladas o con elementos de sujeción similares a los empleados en los muros cortina (módulos rígidos), o directamente sobre la cubierta (módulos flexibles).

Importante

No debe olvidarse que previo al montaje de los módulos se debe comprobar que el apoyo es apto para soportar las sobrecargas.

En cualquier caso, los paneles se montarán siguiendo las indicaciones de los fabricantes, no realizando modificaciones a los medios que estos han dispuesto para la fijación.

Para la fabricación de módulos flexibles se utilizan tecnologías de lámina delgada. Los módulos se fabrican depositando capas delgadas de material semiconductor sobre un sustrato de bajo costo (por ejemplo, un material impermeabilizante). El proceso de fabricación de estos módulos es relativamente simple, barato y consume poca energía, lo que hace posible la producción de células a gran escala. Los módulos flexibles se emplean en las láminas impermeabilizantes fotovoltaicas.

3. Tipos de sujeción

La elección de un determinado tipo de panel fotovoltaico, condiciona el tipo de montaje con el que debe fijarse. Así, cuando un módulo está provisto de un marco, la fijación se hará, por ejemplo, a través de los taladros que este tenga perforados, pero si el panel no tiene marco, porque va a emplearse en la realización de un muro cortina, se emplearán para su fijación los mismos elementos (perfilería, arañas, etc.) que si se tratara de un vidrio estructural.

En la fijación de los módulos a la estructura, deben tenerse en cuenta los movimientos causados por dilataciones y los problemas de alineación.

También debe tenerse en cuenta que las instalaciones solares fotovoltaicas no siempre son definitivas e inamovibles. Por esta razón se debe prestar principal atención a los elementos de fijación, tanto de paneles-estructura como de estructura-base de soporte, ya que en un determinado momento puede ser necesaria la sustitución de un módulo o la ampliación del tamaño del soporte fotovoltaico, por haber crecido la demanda de potencia. Por este motivo se han de usar buenos materiales en tornillería.

 Importante

La unión entre módulos y estructuras debe realizarse con mucha precaución, para evitar golpes que puedan dañar la cara frontal de los módulos y para evitar colocar los módulos sobre superficies inadecuadas.

3.1. Montaje de módulos estándar

En el caso de módulos fotovoltaicos con marco, su fijación a los soportes solo puede realizarse mediante elementos (grapas de diversas formas, tornillos, tuercas, arandelas, etc.) de acero inoxidable, y solo pueden hacerse por los taladros que tenga el marco del módulo, evitando realizar otros taladros adicionales a los que vienen de fábrica.

Entre la estructura y el marco se emplearán arandelas de teflón o nailon que eviten la producción de pares galvánicos.

En cualquier caso, deberán emplearse los sistemas que indiquen los fabricantes. Normalmente, los fabricantes incluyen en sus indicaciones que en el montaje de los módulos deben emplearse diferentes tipos de grapas o pletinas, con forma de U, T, L, doble L, I, etc., adecuadas en función del perfil que tenga el elemento soporte.

Perfil en z

Grapas intermedias

Grapas finales

Grapa de sujeción

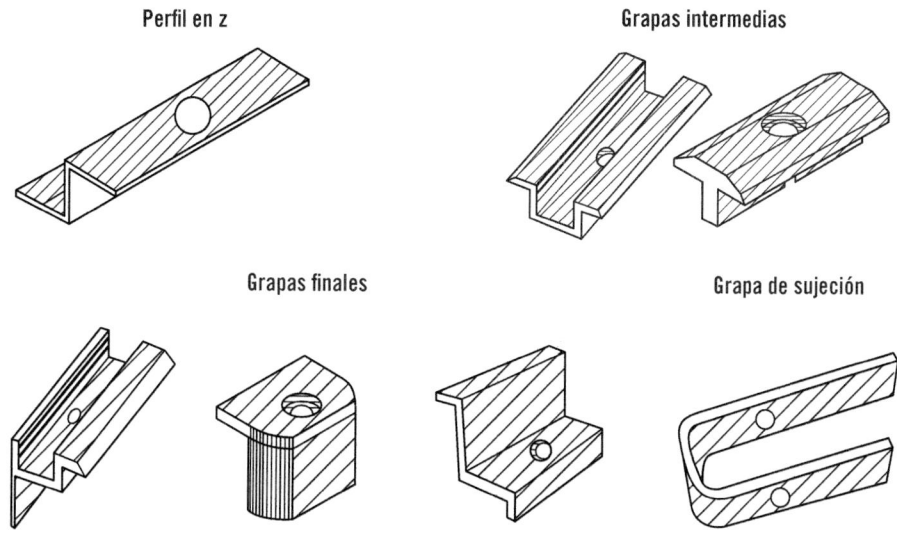

A continuación, se muestran diferentes formas de realizar el montaje de este tipo de módulos, tanto entre sí como a la estructura soporte, sin olvidar que se trata de procedimientos generales, que pueden variar para adaptarse a las instrucciones dadas por los fabricantes de las piezas.

En la forma más simple, la unión se hará roscando estructuras soportes y marcos por los taladros que ambas tienen perforados. Se inserta el tornillo en las perforaciones, atravesando el marco del módulo y el perfil de la estructura soporte, se colocan las arandelas (planas y/o de presión), y se coloca la tuerca que, una vez apretada, dará firmeza a la unión.

Unión mediante tuerca y tornillo

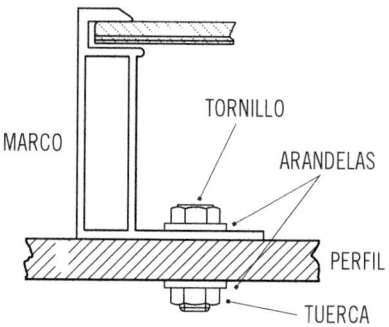

MARCO

TORNILLO

ARANDELAS

PERFIL

TUERCA

En esta otra imagen se emplean pletinas en forma de doble L (de 90°) para fijar el módulo. Se trata de una grapa final en la que la pletina inferior se rosca a la estructura soporte, mientras que la pletina superior sujeta el marco del módulo.

Montaje de una grapa final

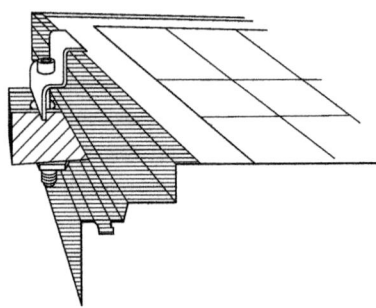

En el montaje siguiente se utilizan unas pletinas planas con doble atornillamiento, que se fijan por un lado, a los taladros que tienen perforados los marcos de los módulos, y por otro a la estructura. Las pletinas se pueden fijar hacia el exterior del marco o hacia el interior.

Para montar las pletinas hacia el exterior, se hace de la siguiente forma:

- Se aflojan los tornillos que fijan las pletinas metálicas.

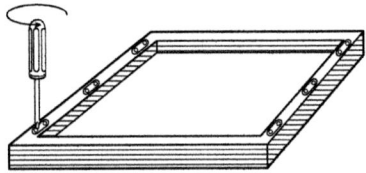

- Se giran las pletinas hacia la parte exterior del módulo, de forma que sea fácil la introducción de los tornillos de sujeción desde el exterior.

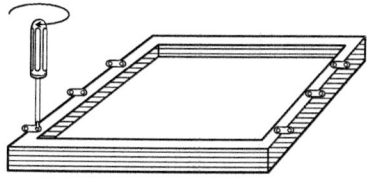

■ Las pletinas pueden ser ajustadas deslizándolas de arriba/abajo, o deslizándolas a derecha/izquierda.

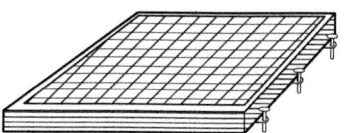

■ Cuando estén bien situadas y para poder fijar el módulo en la estructura soporte, se insertan los tornillos en ellas y se aprietan los tornillos firmemente.

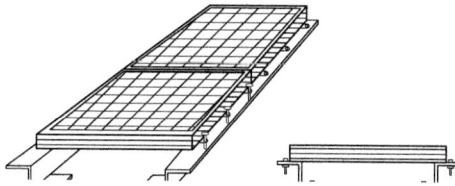

De esta forma, los módulos pueden ser ensamblados formando un grupo compacto. La ventaja de este método de instalación es un acabado más estético, porque los tornillos quedan ocultos.

Para montar las pletinas hacia el interior, se hace de la siguiente forma:

■ Se aflojan los tornillos que fijan las pletinas metálicas.

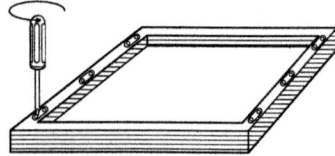

- Se giran las platinas hacia la parte interior del módulo, para que así resulte fácil introducir los tornillos de sujeción desde el interior.

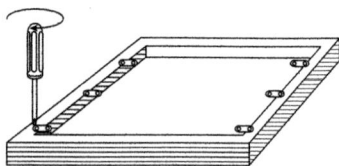

- Se ajustan las pletinas deslizándolas hacia arriba/abajo, a derecha/izquierda.

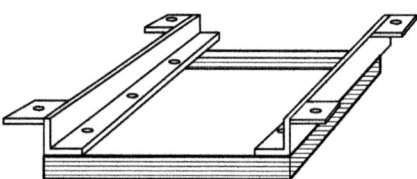

- Una vez que se han situado correctamente las pletinas, se insertan los tornillos en ellas y se aprietan los tornillos firmemente, con lo cual quedan fijadas a la estructura soporte.

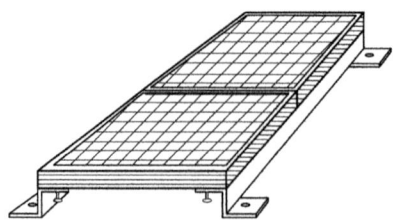

En este otro sistema se fijan dos módulos empleando una sola grapa. El número de fijaciones será como mínimo de cuatro grapas. Las grapas intermedias sirven para fijar dos módulos a la vez. La distancia de las grapas a los extremos del módulo será igual o menor de ¼ de la longitud del módulo. Dependiendo de la forma del perfil de la estructura soporte, así se procederá. Pueden realizarse dos tipos de uniones:

- Fijar la grapa atornillándola a la estructura.
- Fijar la grapa sobre un perfil cuya sección corresponde a un carril en forma de U. Para ello se empleará una tuerca guía que se desplaza a lo largo del carril para fijar los módulos a la distancia adecuada.

Para el módulo inicial y para el módulo final, se procede a colocar los elementos de fijación sobre el perfil, alineándolos verticalmente, apretando los tornillos, pero no completamente, sino dejando una separación suficiente para que el módulo pueda desplazarse bajo la brida sin que haya rozamiento. Los módulos deben deslizarse sobre los perfiles hasta que lleguen a la posición de fijado y una vez que están correctamente alineados, se aprietan los tornillos hasta el final.

Para los módulos intermedios, se colocan otros dos elementos de fijación, alineados verticalmente, y se desplazan por el carril hasta hacer tope con el panel. Una vez que se comprueba que los módulos están alineados entre sí, tanto vertical como horizontalmente, se enroscan los tornillos hasta el límite, consiguiendo que queden fuertemente fijados al carril guía.

El atornillado de los tornillos se realiza con un par de apriete adecuado, establecido por el fabricante, comprendido entre 8 y 10 N, que se consigue con una llave dinamométrica.

Sistema de montaje de grapa sobre carril en forma de U

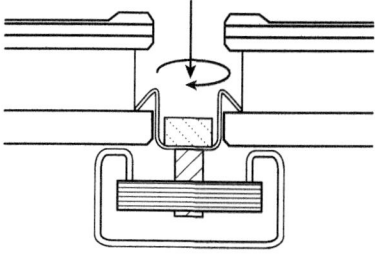

Aplicación práctica

Juan es el encargado de realizar la tarea de fijación de los marcos de los módulos mediante el sistema de "grapas sobre carril". ¿Debe perforar dichos marcos para realizar dicha operación?

SOLUCIÓN

Juan no debe perforarlos. En este caso, la fijación se realizará por presión, ya que cuando se aprietan los tornillos de fijación, la grapa impide que el módulo se desplace.

3.2. Montaje de muros cortina tradicionales

En los muros cortina tradicionales se montan paneles sin marco, empleando para ello tanto la fijación en los cuatro lados como la fijación puntual (en los sistemas abotonados). Para el montaje se emplean elementos de fijación y seguridad como juntas de goma, anclajes, materiales para sellado, presores, etc.

Los módulos se colocarán sobre la estructura portante de perfiles y travesaños previamente montada. En líneas generales, para realizar el acristalamiento, en este caso con paneles fotovoltaicos, se procede a colocar los paneles centrados desde el lado exterior empleando un sistema de perfiles. Se colocan los perfiles interiores, empleando las piezas de fijación adecuadas, en función del sistema diseñado por el fabricante; se montan las juntas aislantes que actúan como burletes; se coloca el panel, que se mantiene en su posición utilizando juntas de EPDM, que actúan de calzo; y luego se asegura mediante otros perfiles, en este caso exteriores. Seguidamente se aplican cordones de sellado perimetral. Con la colocación de las tapas embellecedoras exteriores que ocultan la estructura interna, finaliza el montaje.

Montaje de muro cortina tradicional

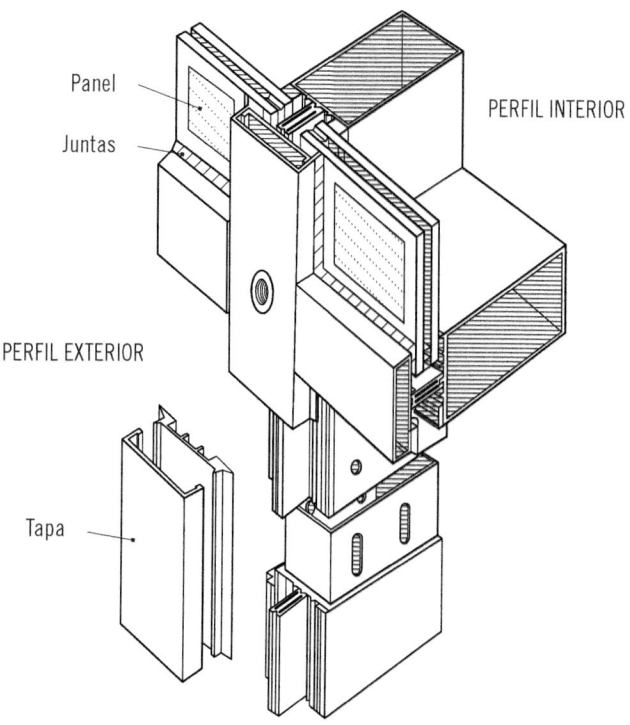

Panel

Juntas

PERFIL INTERIOR

PERFIL EXTERIOR

Tapa

 **Importante**

Antes de aplicar el sellador, se comprueba que en la junta no hay restos de grasa, óxidos, humedad o polvo.

Para la realización de fachadas ligeras con paneles abotonados, los paneles se fijan empleando diferentes tipos de arañas o grampones y anclajes, de forma que estos elementos no sobresalen del plano del panel. Las fijaciones sujetan varios paneles a la vez.

Montaje de muro cortina tradicional con paneles abotonados

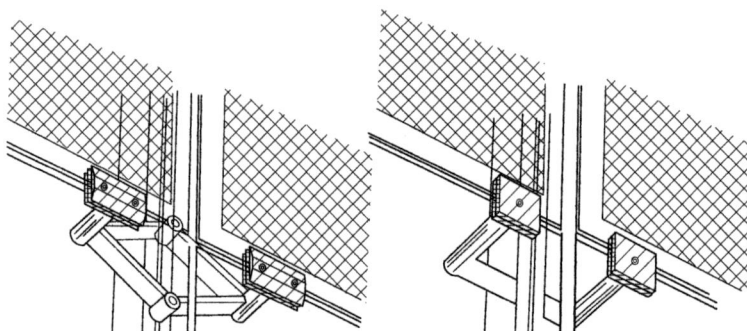

Dependiendo del diseño y de las tensiones que tengan que soportar, se colocarán en las esquinas uniendo cuatro paneles o en los largueros, con lo que se unen dos. Los paneles vendrán de fábrica ya taladrados. Los taladros no tienen forma totalmente cilíndrica sino que en una parte tiene forma de tronco de cono, dependiendo del tipo del panel. En cualquier caso, se habrán realizado en zonas en las que no haya células fotovoltaicas.

La araña o grampón es un elemento rígido de acero inoxidable, bien fundido o de chapa preformada, que abraza a las rótulas que fijan el vidrio a la estructura portante para realizar el muro cortina. Las piezas pueden ser de uno, dos, tres o cuatro brazos.

 Nota

En la realización de fachadas fotovoltaicas puede usarse una combinación de vidrio estructural y paneles fotovoltaicos, por lo que los sistemas que se emplean son adaptaciones de los sistemas de fijación empleados para la confección de fachadas ligeras convencionales.

Distintos tipos de araña

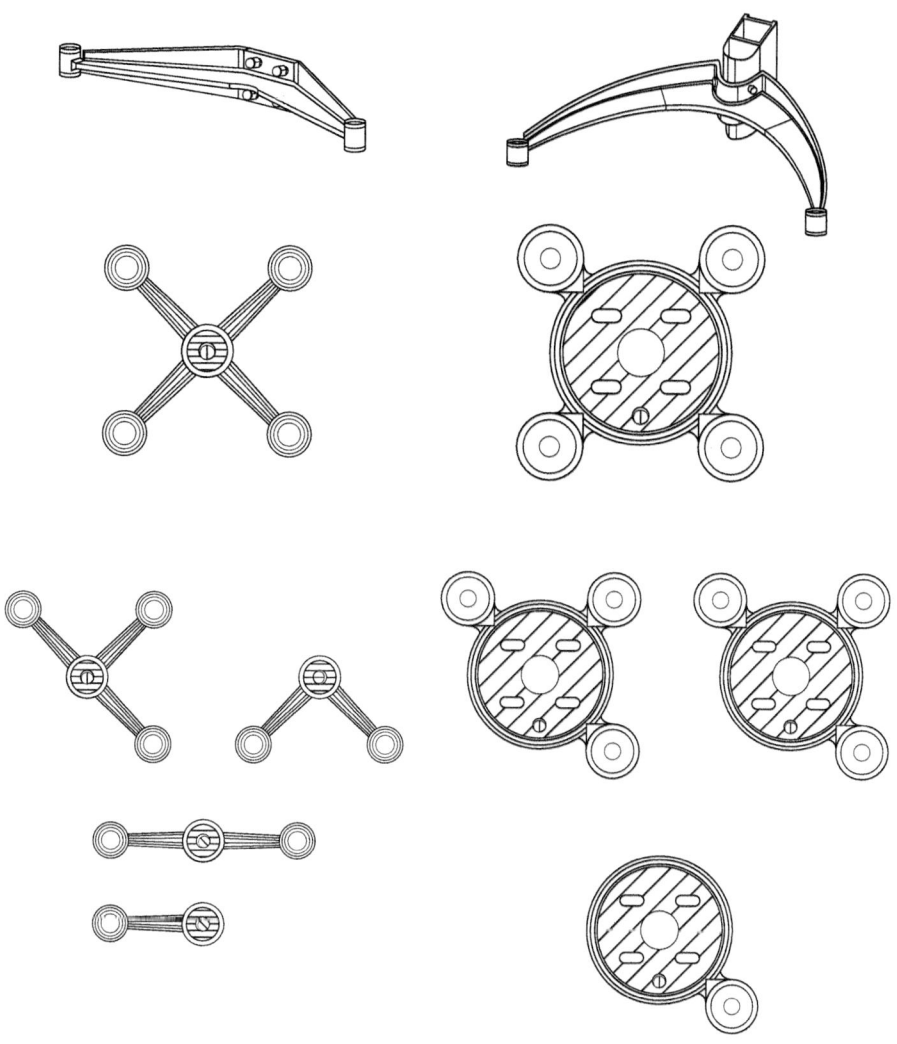

Los anclajes pueden ser:

■ Rígidos.
■ Articulados con rótula.

Anclaje rígido

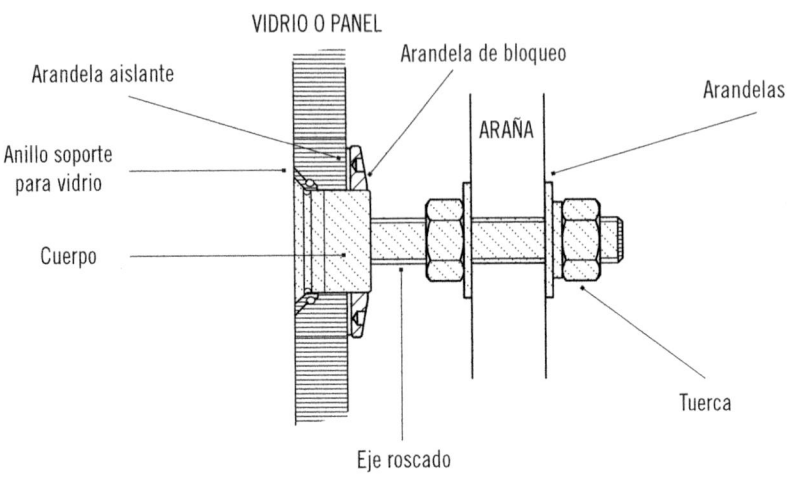

Anclaje con rótula

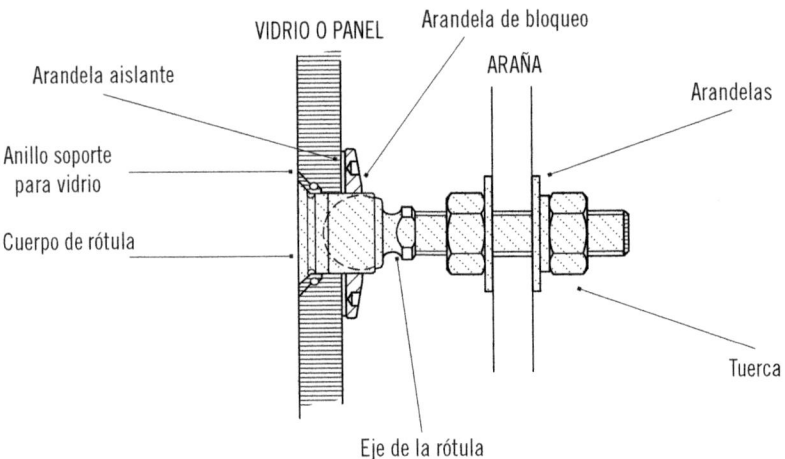

El empleo del sistema articulado con rótula permite movimientos diferenciales entre el panel y la estructura soporte, lo cual permite trasladar las tensiones generadas por el peso del vidrio y por factores externos a la estructura portante.

Aplicación práctica

María es la directora de una obra de instalación de paneles fotovoltaicos del tipo "muro cortina" en una zona en la que hay viento fuerte, por lo que debe instalar un sistema de fijación adecuado. En este caso, ¿sería efectivo un sistema articulado con rótula frente a los efectos del viento?

SOLUCIÓN

En este caso, este sistema de fijación sería efectivo, ya que, bajo la presión ejercida por el viento sobre el panel, este sufre una flexión que es compensada por la rotación del cuerpo de la rótula sobre la cabeza del eje de dicha rótula..

La estanquidad y el aislamiento se consiguen empleando juntas de un material aislante, como por ejemplo la silicona en forma de masilla, extruida o combinación de ambas; y dependiendo de la separación entre los paneles: para juntas pequeñas, en forma de masilla y para juntas mayores (entre paneles o en las juntas del muro cortina a la pared, así como en la parte interior de las juntas), en forma de perfiles extruidos. Dependiendo de dónde se sitúen las juntas se diferencia entre:

- Juntas de dilatación: se trata de perfiles en forma de acordeón que permiten fijar y sellar el perímetro exterior entre la pared y el panel.
- Juntas de acristalamiento: se trata de perfiles de silicona extruida que se colocan en las juntas entre paneles y que al expansionarse las tapan, permitiendo entonces sellarla con un cordón de silicona.

Cuando los paneles fotovoltaicos se integran en los muros cortina tradicionales, hay que elegir cómo se realizará el cableado, así:

- Puede mantenerse el cableado externo con una sola penetración a través del muro cortina en un punto, generalmente en la base. Esta opción es válida para fachadas con doble piel fotovoltaica exterior.

- Pueden hacerse tantas penetraciones como paneles fotovoltaicos haya. Esta opción es inevitable cuando se integra el panel dentro de la perfilería, en sustitución del vidrio convencional.

3.3. Montaje de muros cortina modulares

En los muros cortina modulares, los módulos que se montan en la fachada se fabrican en talleres para ser posteriormente montados en la obra con ayuda de una grúa.

 Nota

En la colocación de los módulos deben intervenir tantas personas como sea necesario para que esta se realice de forma segura para los operarios y sin que los módulos sufran daños, ya que esto supondría, además de un retraso en la obra al tener que pedir un módulo nuevo, el consiguiente aumento en el presupuesto.

Para fijar el vidrio a la estructura del módulo puede usarse uno de estos sistemas:

- Para el montaje del vidrio por galce se emplea perfilería exterior vista, en la que las juntas de acristalamiento interior y exterior trabajan a presión y normalmente se vulcanizan en las esquinas para garantizar su continuidad como barrera estanca.
- Para el montaje del vidrio mediante pegado estructural se emplea silicona estructural de módulo alto, que es más rígida que la de sellado y por tanto de menor flexibilidad, para encolar el vidrio a la perfilería. Esta silicona no soporta bien los esfuerzos cortantes, por eso es recomendable el uso de piezas antivuelco que soporten el peso del vidrio, como sistema de seguridad adicional en caso de fallo del encolado. Se eliminan los perfiles exteriores vistos desde fuera. En este caso, si se produjera

la rotura de un vidrio, habría que proceder a su reposición y sellado en obra, lo cual implica un riesgo. Para evitarlo se ha desarrollado un sistema híbrido, en el que en el taller el vidrio se encola a un bastidor de aluminio, que a su vez se atornilla exteriormente a la estructura del módulo. De esta manera, en caso de rotura se desatornilla el bastidor del vidrio dañado y se lleva al taller, donde se repone y encola el vidrio nuevo antes de volver a colocarlo en su posición.

■ También puede fijarse el vidrio a la estructura utilizando un canal inserto en el canto del doble acristalamiento, que servirá de soporte para unas fijaciones puntuales ocultas. Una vez fijado el vidrio a la estructura por su canto, se sellan las llagas entre los vidrios con silicona neutra de bajo módulo, que tiene gran capacidad de elongación y compresión sin despegarse.

4. Protección antirrobos

Los sistemas solares fotovoltaicos, cuando están situados en áreas de escasa ocupación, como le sucede a las instalaciones de suministro a viviendas aisladas o como son las centrales solares fotovoltaicas, pueden sufrir actos vandálicos, tanto por robo de paneles o cableado como por destrucción de sus componentes. Estos actos ocasionan un doble perjuicio, ya que a la falta de producción de energía eléctrica, se añade la reparación de los desperfectos producidos.

Para disuadir de la comisión de actos vandálicos, se recomienda instalar sistemas de protección, cuyas características dependerán del tipo y tamaño de la instalación.

Si se pretende asegurar las instalaciones, la mayoría de las compañías aseguradoras recomiendan que se tengan un mínimo de medidas de seguridad.

La protección mínima para centrales fotovoltaicas en lugares accesibles consiste en un vallado perimetral. Pero las compañías aseguradoras suelen exigir medidas mayores, que incluyen alarmas, videovigilancia, telemonitorización de equipos, etc. En cualquier caso, habrá que valorar el coste que supone la instalación del sistema en comparación con el que representa la subsanación de daños. Para instalaciones de media-alta potencia no suponen un coste excesivo sobre el precio final de la instalación y sí que aportan ventajas, como la posibilidad de detectar intrusiones y a los intrusos.

 **Nota**

El vallado perimetral es adecuado para instalaciones realizadas sobre suelo rústico.

El sistema de videovigilancia incorpora un circuito cerrado de televisión, que permite visualizar los puntos críticos de la instalación y almacenar las imágenes registradas, lo cual representa las siguientes ventajas:

- Reduce el personal de vigilancia.
- Disminuyen los riesgos a que está expuesto este personal.
- Puede disuadir a posibles agresores, al sentirse vigilados.
- Permite verificar si la alarma responde realmente a una situación de riesgo.
- Posibilita identificar a los intrusos.

4.1. Sistemas de detección de intrusos

Estos sistemas protegen las instalaciones mediante la transmisión de una señal de alarma a una central receptora, activación de sirenas, etc. Normalmente, el sistema se compone de un anillo de seguridad perimetral y de seguridad interior. Los sistemas de detección de intrusos se componen de los siguientes elementos:

- **Barreras de seguridad perimetral.** Se componen de emisores y receptores. Se establecen barreras de infrarrojos, barreras de microondas, barreras láser, etc. Los emisores mandan una señal hacia los receptores. Cuando esta señal se corta, se genera otra de alarma. Dependiendo del tipo de barrera, pueden producirse falsos avisos de alarma; así, en las barreras de infrarrojos los falsos positivos son causados principalmente por la caída de hojas, el paso de animales y por inclemencias meteorológicas.

■ **Detectores.** Detectan perturbaciones en el ambiente que se asocian a la presencia de intrusos en base a criterios establecidos, pero no detectan a los intrusos en sí. Existen diferentes tipos de detectores: detectores de golpes y vibraciones, detectores magnéticos, detectores por video-sensores, detectores volumétricos, etc. Incluyen avanzadas técnicas de procesado que analizan las características de la perturbación, permitiendo distinguir si esta representa un motivo de alarma o corresponde a la actividad habitual. Así:

  ▮ Los videosensores analizan las variaciones de la señal de video, permitiendo determinar si se ha producido algún movimiento.

  ▮ Los detectores volumétricos permiten detectar el movimiento en su campo de actuación.

  ▮ Los detectores magnéticos identifican las modificaciones de un campo magnético con intentos de intrusión.

  ▮ Los detectores de golpes y vibraciones analizan la frecuencia, energía, amplitud y duración de la señal.

■ **Central receptora de alarmas.** En ella se reciben todas las señales de alarma emitidas por los diferentes elementos. La central receptora mantiene monitorizado continuamente el sistema, comprobando que su funcionamiento es correcto.

Esquema de un sistema antirrobo

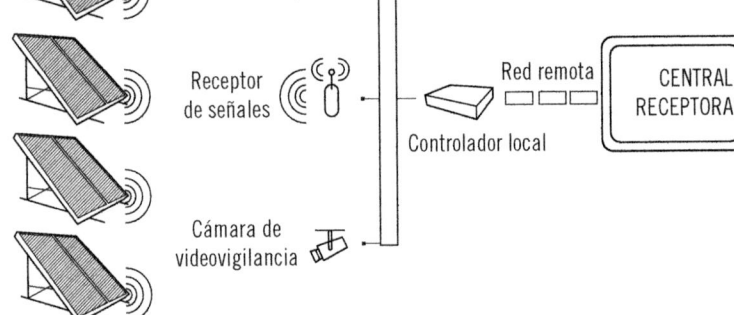

Sistemas disuasorios   Red local

Receptor
de señales

Controlador local

Red remota   CENTRAL RECEPTORA

Cámara de
videovigilancia

Emisores en los módulos

Lo dicho hasta aquí recoge los elementos que componen un sistema de seguridad, pero si la instalación fotovoltaica es pequeña y el montaje de estos sistemas de seguridad resulta excesivo, la forma en la que pueden evitarse los robos, en este caso de los módulos fotovoltaicos, es disuadir del intento. Para evitar el robo de los paneles puede optarse por emplear tornillería antirrobo y según el caso, puede ser necesario pegar los tornillos antes de apretar las tuercas autoblocantes.

Tornillo antirrobo

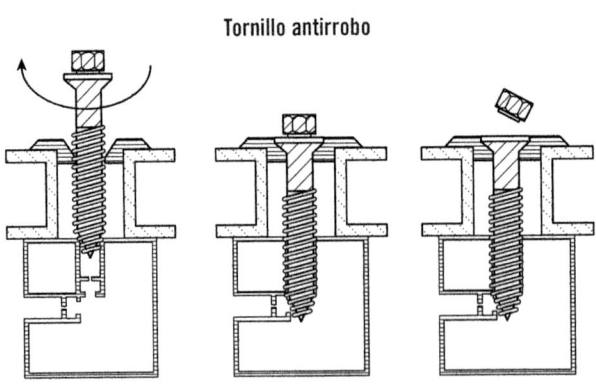

5. Orientación e inclinación

La energía solar que recibe un módulo por unidad de tiempo y superficie (irradiancia), está determinada por la radiación solar local y por la orientación e inclinación del módulo. La mayor generación eléctrica tiene lugar cuando la luz solar irradia de forma perpendicular sobre los paneles fotovoltaicos, por lo que es importante que la orientación e inclinación de los paneles fotovoltaicos sea la correcta para hacer posible que estos produzcan la máxima cantidad de energía. La orientación con la que los paneles producirán la mayor cantidad de energía es la sur, si se encuentra en el hemisferio norte, con una inclinación entre ±10° de desviación respecto de la latitud local.

Orientación e inclinación de los módulos

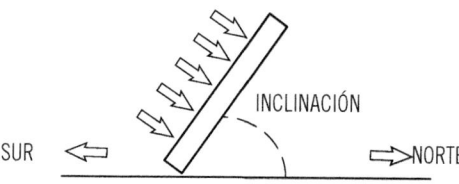

Por circunstancias especiales como sombras, falta de espacio, integración arquitectónica, etc., se puede variar la orientación hasta desviaciones máximas de ±20° respecto al sur geográfico.

La inclinación depende del uso previsto, ya que si la instalación va a estar en uso durante todo el año, la inclinación será igual a la latitud del lugar más 10°. Para instalaciones que funcionen preferentemente en verano, la inclinación será la latitud del lugar menos 10° y si el uso máximo se da en invierno, la inclinación será mayor que la latitud aproximadamente en 20°. Hay otros criterios que pueden justificar otras inclinaciones. A veces es preferible disminuir un poco la ganancia de prestaciones para aumentar la integración.

Nota

En la fase de diseño de la instalación se habrá determinado la inclinación óptima y se habrá elegido el tipo de soporte que mantendrá esta.

Aplicación práctica

Indique cuál será, *a priori,* la inclinación que habrá que dar a los paneles de las siguientes instalaciones para obtener la máxima energía.

- Bomba de agua.
- Albergue de montaña.
- Repetidor de televisión.
- Merendero en la playa.

SOLUCIÓN

- Bomba de agua: latitud +10°.
- Albergue de montaña: latitud +20°.
- Repetidor de televisión: latitud +10°.
- Merendero en la playa: latitud −10°.

Cualquier desviación respecto al punto de orientación e inclinación óptimos se traducirá en pérdidas energéticas respecto a la máxima generación posible. Pero si estas desviaciones son pequeñas, las pérdidas no resultan significativas. Los ángulos óptimos se determinan por el clima, pero sobre todo por la latitud del lugar. Cuando los paneles se montan sobre estructuras portantes colocadas sobre el suelo o sobre una cubierta plana, se les puede dar fácilmente la orientación e inclinación óptimas, establecidas en la fase de diseño; pero cuando van integrados en fachadas deben llevar la orientación de estas, por lo que la energía disponible no es del 100 %. En la siguiente figura se muestra, para distintas orientaciones e inclinaciones, el tanto por ciento de la radiación solar recibida anualmente por diferentes superficies de la envolvente de un edificio, referidas a la latitud de España.

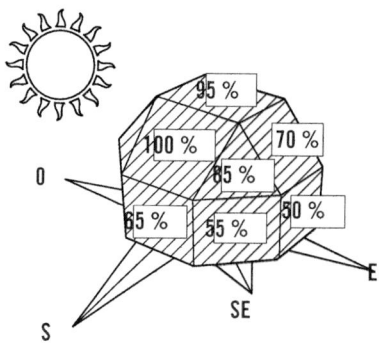

 Nota
_____

Para cada localidad presentan ligeras variaciones.

_____

Cuando los paneles se integran en la fachada de un edificio, para orientación sur, la instalación tiene un rendimiento óptimo cuando la inclinación está comprendida entre 30° y 90°. Cuando la orientación es distinta a sur, es preferible instalar los paneles con una inclinación o de 30° o de 90°, ya que a 45° y a 60° el rendimiento es peor.

Ejemplo

- Una fachada vertical con inclinación 90° que mire al sur, tendría un diseño óptimo.
- En una fachada con orientación sureste o suroeste habría un descenso de rendimiento del 1 %.
- Si la orientación fuera este u oeste, el descenso del rendimiento sería de un 17 %.
- El caso más desfavorable sería orientación este u oeste e inclinación de 60°, donde las pérdidas serían de un 23 %.

6. Sombras

En las instalaciones fotovoltaicas las sombras son especialmente peligrosas porque pueden hacer que la instalación funcione en sentido inverso, es decir, que en las zonas sombreadas los módulos actúen como receptores de corriente. La producción de sombras es un aspecto fundamental a la hora de realizar el proyecto de una instalación solar fotovoltaica. La presencia de elementos como árboles o edificios puede limitar de manera importante la producción energética del campo fotovoltaico. Debe tenerse un especial cuidado con las sombras que puedan ocasionar, una vez realizada la instalación, las nuevas construcciones o árboles que hayan crecido. Para maximizar la producción de cualquier campo fotovoltaico es importante limitar el sombreado sobre el mismo, sobre todo en las horas centrales del día. Para que el generador fotovoltaico funcione correctamente, debe estar totalmente libre de sombras durante por lo menos ocho horas diarias, centradas al mediodía y a lo largo de todo el año.

Una determinación exacta de las posibles sombras se puede realizar conociendo la altura solar y el azimut durante todo el año, y así comprobar si existen obstáculos que en algún momento lleguen a ocultar el sol e impedir que llegue la radiación solar al panel. El área sombreada por un objeto en el transcurso de las horas centrales del día (horas de mayor radiación) se representa gráficamente en un diagrama de sombras. Este diagrama permite decidir sobre la ubicación de los módulos sin posteriores sorpresas o bien evaluar la energía disponible en caso de que no sea posible encontrar una localización sin sombras.

La pérdida de energía debida a las sombras no debe ser superior al 10 %, aunque esto depende de por qué se producen.

En el diseño de paneles para integración arquitectónica, debe mantenerse a lo largo de todo el perímetro una zona libre de células, cuyo ancho se establecerá en función de la altura de la estructura soporte o de los perfiles que vayan a utilizarse, para que esta no cree sobre las células sombras parciales a determinadas horas del día.

Zona de influencia de sombras

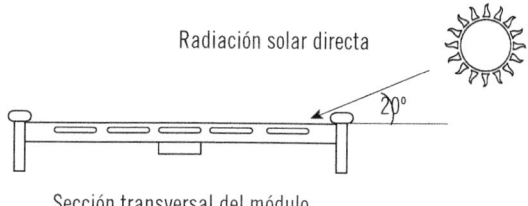

Radiación solar directa

20°

Sección transversal del módulo

Nota

La producción energética será máxima cuando ni las sujeciones de los paneles ni la propia estructura arrojen sombras sobre los módulos.

Una de las principales aplicaciones del cálculo de sombras es la de conocer si una línea de módulos solares proyecta sombras sobre otra línea que se encuentre detrás. Cuando existe un gran número de módulos fotovoltaicos a instalar y no se dispone de mucho espacio, es necesario reducir la separación entre las filas de paneles y esto puede traer como consecuencia que, especialmente en invierno, una fila anterior produzca sombras sobre otra fila posterior. En verano, la posibilidad de que unas filas ocasionen sombras sobre otras es mucho menor, ya que el recorrido del sol es más alto y, por tanto, la sombra arrojada por la fila precedente es más pequeña.

La distancia mínima entre dos filas de módulos o entre una fila de módulos y un obstáculo se puede calcular, en una primera aproximación, tal y como se explica a continuación.

Distancia mínima entre módulos

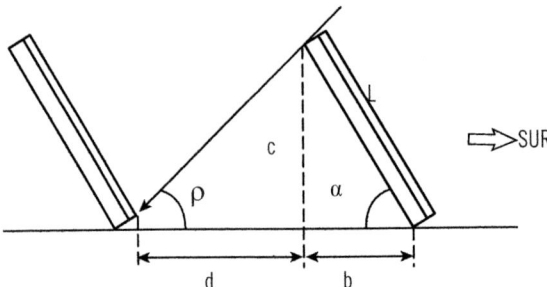

La ocupación de un módulo se determina trigonométricamente, a partir del triángulo que forma el módulo con la horizontal y sería:

$$b = L \cos \alpha$$

Donde:

L = longitud del módulo.

α = ángulo de inclinación del módulo.

Para calcular el valor de la sombra se necesita conocer el valor de la altura de la parte posterior del módulo fotovoltaico.

$$c = L \operatorname{sen} \alpha$$

Entonces:

$$d = \frac{c}{tg\,(\rho)}$$

Donde el ángulo r corresponde a la altura mínima del sol en todo el año y a mediodía. En estas circunstancias el ángulo r se calcula como:

$$\rho = 90 - \text{latitud del lugar} - 23{,}5 \approx 67 - \text{latitud}$$

Agrupando las dos expresiones anteriores se obtiene:

$$d_{min} = L\cos\alpha + \frac{L\,\text{sen}\,\alpha}{tg\,(\rho)} = L\left[\cos\alpha + \frac{\text{sen}\,\alpha}{tg\,(\rho)}\right]$$

Donde:

d_{min} = distancia mínima entre los módulos para evitar sombras, en m.

Para hacer un cálculo de la estimación en planta de la superficie necesaria para la ubicación de los módulos, bastará con multiplicar el número de filas en las que se montan los módulos por la suma del espacio que ocupan los módulos (b), más la separación entre ellos (d) y más la anchura de cada módulo.

Nota

23,5 son los grados que corresponden al ángulo entre el eje polar de rotación de la Tierra y la normal al plano de la eclíptica.

En el Código Técnico de Edificación, en la sección HE 5 Contribución fotovoltaica mínima de ahorro de energía, de los documentos básicos (DB) HE Ahorro de energía, se especifica que:

La disposición de los módulos se hará de tal manera que las pérdidas debidas a la orientación e inclinación del sistema y a las sombras sobre el mismo sean inferiores a los límites de la tabla 2.2.

Caso	Orientación e inclinación	Sombras	Total
General	10 %	10 %	15 %
Superposición	20 %	15 %	30 %
Integración arquitectónica	40 %	20 %	50 %

 Nota

Actualmente existen varios *software* de dimensionado de instalaciones de energía solar fotovoltaica que incluyen en los cálculos la inclinación necesaria de los paneles, las sombras, las variables meteorológicas, etc.

7. Resumen

En el montaje de los paneles fotovoltaicos influyen tanto el tipo de panel como dónde va a ir colocado.

Puede diferenciarse entre paneles rígidos y flexibles. Los paneles rígidos pueden ser con marco y sin marco. En los paneles con marco, este permite su montaje sobre las estructuras soporte. Los módulos flexibles se fabrican con tecnologías de lámina delgada, y se emplean como láminas impermeabilizantes fotovoltaicas que se montan directamente sobre la cubierta.

Los paneles se sujetan a los soportes de diferentes formas: atornillados directamente, en el caso de los módulos rígidos con marco cuando estos están taladrados, o también por medio de grapas o pletinas que se desplazan a través de carriles y que fijan el marco por presión, etc., por medio de perfilería cuando los módulos se integran en muros cortina, o con sistemas de fijación puntual en los sistemas abotonados, donde se emplean anclajes, rígidos o articulados con rótula, y arañas para fijarlos a la estructura soporte. También pueden venir integrados en módulos fabricados en talleres, como parte de la composición de un muro cortina modular.

Para proteger las instalaciones solares fotovoltaicas contra la comisión de actos vandálicos, pueden instalarse sistemas de protección, que pueden ir desde el más simple vallado perimetral que impida el acceso, al empleo de sistemas más complejos que pueden incluir videovigilancia o sistemas de detección de intrusos.

En el montaje de los paneles fotovoltaicos es muy importante la inclinación y orientación con que se monten. La mayor cantidad de energía se obtendrá con los paneles montados en orientación sur y con una inclinación de ±10° respecto de la altitud local. Cualquier desviación sobre estos valores supone pérdidas.

Las estructuras portantes sobre suelo o cubierta plana permiten dar a los módulos fotovoltaicos la orientación e inclinación óptimas con facilidad. Sin embargo, cuando dichos módulos se integran en elementos arquitectónicos como fachadas o tejados, la eficiencia energética es menor, disminuyendo la cantidad de energía obtenida, ya que la inclinación de los módulos sería la misma del elemento arquitectónico sobre el que van situados y no la óptima calculada para la zona.

Otro factor a tener en cuenta en el montaje de paneles fotovoltaicos es la presencia de sombras, que son peligrosas porque pueden hacer que la instalación funcione en sentido inverso, es decir, que los módulos funcionen como receptores de corriente.

Ejercicios de repaso y autoevaluación

1. **De las siguientes frases, indique cuál es verdadera o falsa.**

   a. Los marcos de los módulos estándar llevan acoplados una toma de tierra.

   ☐ Verdadero
   ☐ Falso

   b. En la integración arquitectónica los paneles fotovoltaicos deben colocarse tras los vidrios tradicionales.

   ☐ Verdadero
   ☐ Falso

   c. En los módulos fotovoltaicos de doble vidrio, la cubierta posterior es de Tedlar.

   ☐ Verdadero
   ☐ Falso

   d. En los módulos fotovoltaicos de estructura cristal-cristal-vidrio, el módulo fotovoltaico se sitúa siempre en la parte exterior.

   ☐ Verdadero
   ☐ Falso

   e. En los módulos fotovoltaicos de estructura cristal-cristal-vidrio, para reducir la transmisión térmica, en la cámara que queda entre la lámina de vidrio aislante y el cristal templado de seguridad, se introduce un gas inerte.

   ☐ Verdadero
   ☐ Falso

2. De los siguientes elementos, señale cuál se emplea en el montaje de módulos estándar.

    a. Rótula.
    b. Arandela plana.
    c. Pletina en forma de doble L.
    d. Arañas de dos brazos.
    e. Grapa final.
    f. Anclajes rígidos.

3. ¿Cuáles son las ventajas que supone el empleo de un sistema de videovigilancia para la protección de antirrobos en los sistemas solares que se instalen?

4. La fachada sur de un edificio que va a recubrirse de paneles solares, ¿con qué inclinación deberán montarse para obtener el mejor rendimiento?

5. ¿Cuál será la distancia mínima entre dos módulos cuyas dimensiones son 1300 x 900 x 40 mm, que van a montarse sobre una cubierta plana en la localidad de Antequera? Para calcular la inclinación se ha supuesto una ocupación anual. Dato: latitud de Antequera = 31,01N.

Capítulo 4

Sistemas de acumulación

Contenido

1. Introducción

Para que los sistemas fotovoltaicos produzcan electricidad, es necesaria la presencia del sol, por eso la energía solar fotovoltaica se produce durante el día. Sin embargo, el consumo puede producirse tanto de día como de noche, por lo que se hace necesario disponer de medios en los que acumular la electricidad producida durante el día para su consumo nocturno. Para esto, se emplean los sistemas de acumulación, cuyo componente más destacado son las baterías. Otra importante función de las baterías es la de proporcionar una intensidad de corriente superior a la que el dispositivo fotovoltaico puede entregar, por ejemplo, la que necesita un motor en el momento del arranque, que puede ser de 4 a 6 veces su corriente nominal, durante unos pocos segundos. Además, la batería (o acumulador) proporciona un voltaje estable y constante, independiente de la radiación solar disponible, más adecuado para el funcionamiento de los aparatos eléctricos.

En el mercado se encuentran diferentes tipos de baterías, pero fundamentalmente se pueden diferenciar dos grandes grupos: las de níquel-cadmio y las de plomo-ácido. Las primeras presentan unas cualidades excepcionales, pero debido a su elevado precio se usan con menos frecuencia. Por el contrario, las baterías de plomo-ácido en sus diferentes versiones (de electrolito líquido o de electrolito en gel) son las más usadas para las aplicaciones solares, adaptándose a cualquier corriente de carga, a un precio razonable.

2. Ubicación

Los acumuladores no pueden situarse en una zona normalmente habitada, ya que durante el proceso de carga desprenden vapores de hidrógeno. Esta sustancia es extremadamente inflamable y, al ser más ligera que el aire, se acumula en la parte alta de las habitaciones en las que se encuentran las baterías. Por esto tampoco deben instalarse en locales en los que exista riesgo de explosión o chispa.

Además, cuando el electrolito de las baterías es ácido sulfúrico, de sus vasos también se escapan vapores altamente corrosivos. Estas circunstancias obligan a emplazar las baterías a un lugar propio.

Cuando se elige el lugar donde se van a colocar las baterías también debe tenerse en cuenta que sus características de funcionamiento varían con la temperatura, por ejemplo la capacidad real se reduce cuando hace frío.

 Importante

El hidrógeno es un gas extremadamente inflamable y si se encuentra en las concentraciones del rango de inflamabilidad o explosividad en un recinto cerrado, existe el riesgo de explosión ante la presencia de cualquier foco de ignición.

Si en el emplazamiento que se ha elegido para situar las baterías no se cumplen las condiciones de temperatura dadas por el fabricante, deberán tomarse medidas. Así, si se trata de un lugar muy frío, en el que normalmente se producen heladas, el local deberá aislarse, ya que si las baterías están aisladas, el calor que generan durante su funcionamiento puede mantenerlas calientes, y así aumentará sustancialmente el rendimiento del sistema. Si por el contrario la luz del sol incide directamente sobre las baterías, habrá que evitar esa incidencia directa, ya que las altas temperaturas acortan la vida de las baterías.

 Nota

Los fabricantes indican en las especificaciones que acompañan a sus baterías, un rango de temperaturas de funcionamiento. Normalmente la temperatura ambiente de la zona en la que se instalen las baterías debe oscilar entre 5 ºC y 35 ºC.

Un lugar idóneo para colocar las baterías será aquel en el que estén protegidas del frío, no estén expuestas a la radiación directa del sol, y el nivel de humedad sea bajo. En su ubicación deben ser accesibles, sin que nada impida llegar a sus terminales. Este emplazamiento puede ser interior o exterior.

Un emplazamiento interior que reúna estas características puede consistir en un cuarto de baterías que las proteja de las inclemencias ambientales. En un emplazamiento exterior deberán estar resguardadas en un arcón o caja que le proporcione un abrigo seguro.

Arcón de protección para baterías

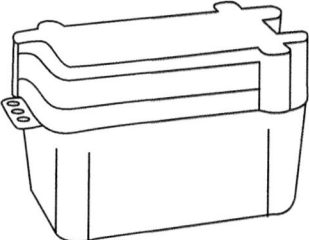

En sistemas de bajo consumo donde el número de baterías es reducido, una o dos, estas pueden situarse dentro de una caja o arcón protegido térmicamente y resistente a la acción de los ácidos.

Para un número mayor de elementos, una buena elección es situar las baterías en un local independiente y de dimensiones suficientes para poder manipularlas de manera cómoda y con total seguridad, así:

- La altura del local permitirá a una persona permanecer cómodamente dentro del mismo. El resto de dimensiones permitirán situar en el local un banco de baterías capaz de albergar todos los elementos que componen el sistema de acumulación, dejando entre los vasos la distancia establecida por la norma, y como mínimo 500 mm entre el banco de baterías y la pared.
- Los pasillos de la sala de baterías tendrán un ancho mínimo de una vez y media el ancho de los vasos, con un mínimo de 75 cm.
- Para acceder a los locales, estos dispondrán de una puerta, como mínimo de 1 m de anchura, que se abra hacia fuera, y dispuesta de una cerradura.

- Las paredes serán de superficie lisa y las pinturas que las recubran serán resistentes al ataque de los ácidos o, mejor aún, estarán recubiertas con materiales cerámicos.
- Los suelos deben ser llanos, impermeables y resistentes a los ácidos que componen el electrolito. Para evitar que en caso de derrame el electrolito salga del cuarto de baterías, puede darse al suelo una ligera pendiente, haciendo rampa ascendente hacia el umbral de la puerta.

Para evitar la acumulación de vapores peligrosos, el aire en el interior del local debe renovarse. Esta renovación se consigue haciendo circular el aire, de forma natural o forzada. La circulación natural del aire se favorece haciendo entrar este por la parte baja del local, lo más cerca posible del suelo, circulando entre las baterías, y saliendo lo más alto posible por el lado opuesto a la entrada. Para la entrada y salida del aire, el local dispondrá de rejillas de ventilación, una rejilla inferior por la que entre el aire limpio del exterior y una rejilla superior por la que salgan los vapores. Existen fórmulas que dan cuál debe ser el caudal mínimo del aire de renovación, según se trate de baterías de plomo-ácido (Pb-ácido) o de níquel-cadmio (Ni-Cd).

Para salas que contienen baterías de Pb-ácido la renovación sería:

$$Q_r = 6 \cdot V_f \cdot I_f$$

Donde:

Q_r = caudal de aire mínimo, en litros/h.
V_f = tensión máxima de la batería, en V.
I_f = Intensidad de fin de carga de la batería, en A.

Para salas que contienen baterías de Ni-Cd, la renovación viene dada por la siguiente fórmula.

$$Q_r = 0,5 \cdot I$$

Donde:

Q_r = caudal de aire mínimo, en litros/h.
I = intensidad de fin de carga de la batería, en A.

Otras fórmulas permiten conocer cuál debe ser el área mínima de las superficies de entrada y de salida del aire de renovación, en caso de que esta renovación se produzca de forma natural.

$$S \, (cm^2) = 28 \cdot Q_r/1000$$

Donde:

S (cm²) es el área mínima de las superficies de entrada y de salida del aire de renovación.

Estas superficies deben protegerse para evitar la entrada de animales, insectos o de otros elementos que puedan perjudicar a la instalación. Por los mismos motivos, si la sala dispone de ventanas accesibles desde fuera, también estas deberán protegerse mediante una malla fina menor o igual a 10×10.

 Nota

Actualmente se trabaja cada vez más con baterías de litio en las instalaciones que permiten una mejor manipulación, ya que son menos peligrosas y pesan menos, además, estas poseen una mayor durabilidad y relación tamaño/capacidad. Si bien tienen el inconveniente de que son más costosas.

Hay que tener en cuenta que se producen nuevos avances tecnológicos constantemente y materiales como el sodio se empiezan a considerar, siendo cada vez más eficientes y menos complicados de manejar y fabricar requiriendo menos energía en los procesos y mayor aprovechamiento (reciclado) al final de su vida útil.

3. Colocación

La colocación de las baterías debe permitir acceder a ellas para realizar su montaje y mantenimiento. Para ello se colocarán de forma ordenada, de tal forma que la separación y la posición de sus bornes, permita el empleo de los elementos de conexión, y serán accesibles al menos por uno de sus lados.

Las baterías deben descansar sobre una superficie firme, pero no deben hacerlo directamente sobre el suelo, sino sobre bancadas, bastidores o estanterías, bien niveladas y robustas para soportar su peso, resistentes al ataque de los ácidos y la humedad, aislantes de la electricidad, etc.

Los soportes se construyen en madera o en metal. La madera es un aislante de la electricidad, pero al metal, los fabricantes, deben darle un recubrimiento que le proporcione estas características.

A los soportes de madera se les darán tratamientos contra los insectos que normalmente la atacan, como las termitas y la carcoma.

Bancada plana para baterías **Bancada en grada con dos alturas**

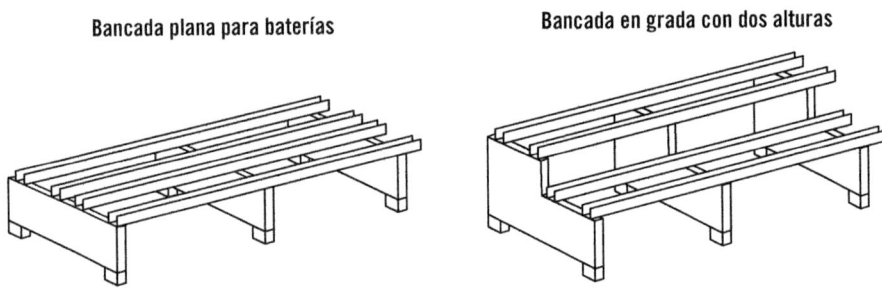

Las estanterías metálicas que se comercializan son de hierro o aluminio, tratadas para evitar la corrosión que produce el electrolito. El tratamiento anticorrosivo superficial que se dé a las estructuras metálicas debe estar aprobado por la legislación.

Aplicación práctica

Raquel es proyectista de sistemas solares fotovoltaicos. En la empresa donde trabaja, un operario que trabaja en la instalación de un sistema fotovoltaico en una casa rural, le pregunta por qué los apoyos de los bastidores que sustentan a las baterías deben ser aislantes.

¿Qué le debe responder Raquel?

SOLUCIÓN

Raquel le explica que en caso de que se produzca la rotura de las baterías y se derrame el ácido que compone el electrolito, el hecho de que los apoyos de los bastidores sean aislantes impediría la continuidad eléctrica.

Importante

Los soportes metálicos de cobre, aluminio y acero galvanizado son atacados por el electrolito líquido de las baterías, por lo que habrá que consultar las prescripciones que sobre su empleo establezcan las comunidades autónomas.

Para colocar los vasos en el cuarto de baterías deben seguirse los siguientes pasos:

- Planificar la instalación.
- Tomar medidas de seguridad.
- Usar las herramientas adecuadas.
- Hacer conexiones duraderas.
- Verificar el funcionamiento.

Las baterías deben colocarse siguiendo la distribución establecida en un plano que detalle la distribución en planta de la sala de baterías. Antes de comenzar el montaje, deberán disponerse todos los elementos necesarios. Se transportarán los elementos que van a ser instalados y las herramientas necesarias para realizar el montaje. Teniendo en cuenta el peso y las características de los elementos a transportar, se emplearán carretillas y equipos de elevación que eviten desplazar cargas excesivas. Debe tenerse especial cuidado cuando se transporten las baterías.

Se comenzará disponiendo las bancadas. Una vez que los soportes están colocados y nivelados, se montan las baterías perfectamente asentadas sobre su asiento. Los vasos se colocarán sobre su soporte respetando:

- La posición de los polos positivo y negativo.
- Si la conexión de las baterías es en serie o en paralelo.
- La separación entre los elementos para permitir la circulación del aire, y con las paredes del recinto.
- La alineación en cada fila.

La separación mínima entre los vasos será de 10 mm y se colocarán de forma que el nivel del electrolito sea claramente visible. Las baterías de Pb-ácido y las de Ni-Cd alcalinas no deben montarse juntas para evitar confusiones en su mantenimiento.

 Consejo

Las baterías deben comenzar a colocarse en la estructura desde el centro hacia los extremos y desde las partes inferiores a las superiores, para evitar desequilibrios.

En la instalación de elementos eléctricos, tanto propios de la instalación fotovoltaica, como los reguladores, como pertenecientes a otra instalación, como el alumbrado, deben tenerse en cuenta las prescripciones establecidas por el

REBT. Además, los reguladores se situarán lo más cerca posible de la batería, pero no a menos de 0,5 m, para evitar riesgos de explosión.

Las prendas de protección para la manipulación de baterías son:

- Gafas o pantallas incoloras, clase D-747.
- Guantes, botas y delantal de goma.
- Manguitos de nailon.
- Ropa antiácido y que no desarrolle cargas estáticas.

 Importante

Siempre debe usarse la protección visual. El uso del resto de prendas puede ser excesivo para todas las operaciones, pero para cada trabajo deben emplearse aquellas que resulten más idóneas.

Otras medidas de seguridad que deben tomarse durante el montaje de baterías es:

- No fumar en la sala de baterías.
- Si se ha tocado cualquier elemento que contenga plomo no deben tomarse alimentos, ni fumar sin haber efectuado antes un concienzudo lavado de manos.
- Debe disponerse de abundante agua limpia para poder usarla en caso de accidente con la batería.
- Cuando se manipulan la batería o el ácido, no es recomendable llevar objetos metálicos como relojes o pulseras.

Las herramientas que se empleen para el montaje deben ser herramientas antichispa, de aleaciones aluminio-bronce, cobre-berilio, etc., que son las apropiadas para entornos de potencial explosivo y son resistentes a la corrosión. No deben dejarse herramientas ni objetos metálicos encima de las baterías.

Si deben realizarse trabajos de soldadura cerca de las baterías, deben tomarse una serie de precauciones encaminadas a evitar el riesgo de explosión:

- Iniciar los trabajos al menos cuatro horas después de finalizar la última carga.
- Comprobar que la concentración de hidrógeno en el local es menor del 2 %.
- Aislar eléctricamente la batería.
- Quitar los tapones de los vasos y ventilar el interior de estos, asegurándose que el desprendimiento gaseoso es mínimo.
- Proteger convenientemente las baterías con pantallas contra proyecciones.

Tampoco deben realizarse trabajos que produzcan desprendimiento de partículas metálicas cerca de las baterías.

En el cuarto de baterías deben colocarse las siguientes señales:

- Prohibido fumar.
- Presencia de ácido (riesgo de corrosión).
- Riesgo eléctrico.
- Riesgo de explosión.

También deben disponerse los extintores que establezca la legislación vigente.

Aplicación práctica

Juan entra a inspeccionar un cuarto de baterías de una instalación fotovoltaica y se encuentra a su compañero Manuel encendiendo un mechero para ver mejor. Dentro de dicho cuarto existe una señal de "prohibido fumar". Aunque no se fume, ¿se puede encender fuego?

SOLUCIÓN

Aunque la señal de prohibición esté enfocada a fumar, tampoco se puede encender fuego, ya que la prohibición se debe a la presencia de gases altamente inflamables que pueden ocasionar una explosión, con el consiguiente riesgo para las personas.

Para neutralizar los derrames de electrolito deben emplearse sustancias neutralizantes. La neutralización de los derrames de ácido sulfúrico se puede hacer con bicarbonato sódico ($NaHCO_3$) y carbonato sódico (Na_2CO_3). No es recomendable emplear bases fuertes como el hidróxido sódico (NaOH).

Las salpicaduras menores de ácido sobre la ropa de trabajo se pueden neutralizar con una disolución débil de amoniaco (hidróxido amónico) o una disolución de bicarbonato sódico. Para salpicaduras de mayor extensión se requiere cambio de ropa y su lavado rápido para eliminar el ácido y evitar daños al tejido.

 Nota

El amoniaco no deja residuo al secar.

---

4. Resumen

Los sistemas fotovoltaicos pueden disponer de sistemas de acumulación en los que almacenar la energía obtenida en los módulos. El principal componente de los sistemas de acumulación son las baterías. En los sistemas fotovoltaicos se emplean principalmente dos tipos de baterías: las de plomo-ácido (Pb-ácido) en sus diferentes versiones, de electrolito y de gel, y las de níquel-cadmio (Ni-Cd).

Durante su funcionamiento las baterías desprenden hidrógeno, un gas altamente inflamable, y también pueden desprenderse vapores de ácido sulfúrico que son altamente corrosivos. Por estos motivos, las baterías no pueden colocarse en una zona habitada.

Además, en el funcionamiento de las baterías influyen la temperatura y el nivel de humedad. Por ello, hay que ubicarlas dentro de arcones o cajas que les proporcionen un abrigo seguro o en un cuarto de baterías que reúna las condiciones adecuadas.

La sala en la que se monten las baterías deberá tener las dimensiones apropiadas para poder colocarlas y manipularlas con seguridad, con pasillos suficientemente anchos, materiales resistentes a los ácidos en suelos y paredes, renovación de aire de forma natural o forzada, y en caso de disponer de rejillas de ventilación o de ventanas, estas estarán protegidas mediante rejillas.

Dentro de la sala, las baterías no pueden descansar directamente sobre el suelo, por lo que se emplearán bancadas para su colocación.

En el montaje de las baterías se emplearán los medios de transporte, elevación y herramientas necesarios teniendo en cuenta su peso y peligrosidad. Además, se emplearán las prendas de protección adecuadas, como pueden ser gafas, guantes, botas, delantal de goma, manguitos de nailon y ropa antiácido.

Siempre se usará protección visual.

En el cuarto de baterías se colocarán señales de prohibido fumar, riesgo de corrosión, riesgo eléctrico y riesgo de explosión, así como los extintores que establezca la legislación vigente.

Ejercicios de repaso y autoevaluación

1. ¿Qué les sucede a las baterías cuando el local donde se encuentran, las temperaturas son tan bajas que se producen heladas?

_____

_____

_____

_____

2. De las siguientes frases sobre los locales en los que se ubican las baterías, cuál es verdadera o falsa.

   a. La anchura de los pasillos será igual al ancho de los vasos.

      ☐ Verdadero
      ☐ Falso

   b. La puerta de acceso a los locales abrirá hacia dentro.

      ☐ Verdadero
      ☐ Falso

   c. Las paredes serán de superficie lisa.

      ☐ Verdadero
      ☐ Falso

   d. Los suelos podrán tener una ligera pendiente, haciendo rampa ascendente hacia el umbral.

      ☐ Verdadero
      ☐ Falso

3. ¿Qué pasos deben seguirse para colocar los vasos en el cuarto de baterías?

_____

_____

4. De las sustancias bicarbonato sódico ($NaHCO_3$) e hidróxido sódico ($NaOH$), ¿cuál de ellas se utiliza para neutralizar los derrames de electrolito?, ¿por qué no se utiliza la otra?

Capítulo 5

Sistemas de apoyo eólico

Contenido

1. Introducción

Cuando las instalaciones solares fotovoltaicas se proyectan como único medio de obtención de energía eléctrica, puede no garantizarse un suministro de calidad para todas las necesidades que presenta un sistema doméstico. Para que eso no ocurra, el sistema debe tener unas dimensiones que pueden hacerlo antieconómico. Además, las condiciones climáticas no siempre son las más adecuadas para la obtención de energía solar fotovoltaica. Así, se hace necesario disponer de más de un sistema generador. Cuando una instalación se compone de más de un sistema de generación de energía, se habla de un sistema híbrido.

En los sistemas híbridos, la instalación solar fotovoltaica comparte la acción generadora con otra fuente de energía, que puede ser del tipo de energías renovables (viento, hidráulica) o de tipo convencional (generador acoplado a un motor alimentado con gas natural, gasolina o fueloil).

Es un hecho comprobado que el viento fuerte suele coincidir con cielos cubiertos, y el sol brillante con días calmados. Utilizando a la vez energía fotovoltaica y energía eólica, puede alcanzarse un grado de cobertura de necesidades cercano al cien por cien. Así, con la introducción de un sistema híbrido se da la posibilidad de generar energía eléctrica cuando el nivel de insolación es bajo, aprovechando la presencia de vientos fuertes.

Normalmente, los sistemas de apoyo eólico se emplean en pequeñas instalaciones, y son asimismo sistemas de pequeña potencia.

2. Zapata

La zapata es la construcción que permite asegurar la torre verticalmente, absorber los esfuerzos del aerogenerador, tanto los esfuerzos debidos al peso del sistema torre-aerogenerador como la fuerza ejercida por el viento sobre las palas de la turbina, y transmitirlos correctamente al terreno.

El tipo de cimentación que más se utiliza es una zapata aislada de cemento. Se calcula en función del tipo de suelo y de las dimensiones del aerogenerador. La cantidad de cemento debe ser suficiente para evitar el vuelco. Las dimensiones de la zapata dependen del tipo de torre, por ello los constructores suelen proporcionar tablas orientativas en las que se indican cuáles deben ser en función del tipo de terreno y de las características de la torre.

Ejemplo

Las zapatas de las torres tubulares de los grandes aerogeneradores tienen unos 10 -15 m de lado y 1 - 2 m de canto.

Como el servicio de la turbina no es constante, esta plataforma debe estar correctamente nivelada para prevenir basculamientos en la torre. Además, cualquier desviación que se produzca se transmitirá a la torre que se eleve sobre ella.

Hay dos tipos de cimentaciones, cuadrada y circular. La cuadrada tiene la ventaja de ser más fácil de construir, pero la circular ocupa menos espacio, por lo que necesita menos material y además, la distribución de fuerzas es más uniforme.

Las torres de celosía para pequeños aerogeneradores llevan zapatas menores y, en algunos casos, se realiza una zapata para cada montante de la torre.

Zapata de hormigón para torre de celosía

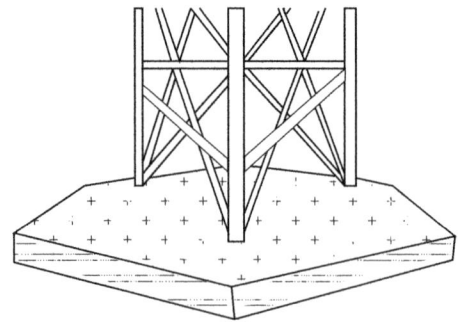

Hay casos en los que no se requieren zapatas, como para la ubicación sobre roca, en la que la cimentación puede hacerse a base de barras incrustadas profundamente en la misma, que absorben las cargas de tensión.

Cuando se proyecta una zapata hay que comprobar que no se superarán las tensiones máximas admisibles por el terreno. También requiere especial cuidado el diseño de detalle de la unión entre la junta de la base de la torre y la cimentación, debiendo asegurarse una buena transmisión de los esfuerzos de la junta hasta las varillas de armadura.

 Aplicación práctica

Se ha construido una zapata para soportar el peso y los esfuerzos que va a transmitirle un sistema de generación eólico, pero no se han tenido en cuenta las características del terreno. ¿Qué sucederá si en un momento dado se superan las tensiones máximas admisibles por el terreno?

SOLUCIÓN

Lo que puede suceder es que el terreno no resista y el sistema eólico caiga, arrancando, incluso completamente la zapata del suelo.

Las torres suelen estar unidas con pernos a las cimentaciones de hormigón sobre las que reposan. Pueden usarse pernos de anclaje especiales de gran longitud, que se cimientan en el fundamento de hormigón.

Zapata con pernos de cimentación

Sin embargo, hay otros métodos, como puede ser emplear una virola colada dentro de la cimentación de hormigón, a la que se une el primer tramo de la torre que tiene que ser soldada directamente en el propio emplazamiento. Este método requiere que la torre esté provista de guías y abrazaderas especiales para mantener las dos secciones de la torre en su sitio mientras se está realizando la soldadura.

3. Torre

La torre proporciona al aerogenerador una altura adecuada para aprovechar al máximo las características del viento, evitando las turbulencias creadas por obstáculos cercanos. Junto con la zapata, forman una estructura que debe ser capaz de resistir el empuje del viento que transmite el sistema de captación, y eventuales vibraciones.

La torre sostiene el aerogenerador, y debe soportar tanto su propio peso como el de los elementos que eleva, por lo que debe tener un diseño estructural que distribuya las cargas dinámicas.

Para aeroturbinas pequeñas, la altura de la torre es bastante mayor que el diámetro del rotor. Las torres tubulares de mástil solo se emplean en los pequeños aerogeneradores. Las torres de celosía y las de mástil tensado con vientos tienen la ventaja de ofrecer menos abrigo que una torre maciza. Las torres metálicas, como cualquier otra construcción metálica, pueden sufrir los efectos de la corrosión, por lo que es necesaria una protección eficaz, como puede ser un revestimiento de poliuretano acrílico.

 Importante

Las torres deben conectarse a tierra antes de su izado, como protección ante el posible impacto de rayos y de los efectos de la electricidad estática.

Las torres de los aerogeneradores son generalmente diseñadas por cada fabricante de turbinas, ya que todo el aerogenerador en conjunto tiene que ser homologado como una unidad. Por tanto, incluso si algunas torres son fabricadas por productores independientes, son siempre específicas para turbinas concretas.

Para completar el proyecto de ensamblado e izado de una torre de forma correcta y segura es esencial disponer previamente de un plan de trabajo en el que se establezca la secuencia de montaje y se den las instrucciones correspondientes. Aunque para establecer este plan, es necesario conocer y comprender los métodos de ensamblaje e izado que pueden usarse.

De forma general, en el montaje de las torres se tendrá en cuenta lo siguiente:

- Ensamblar las secciones sobre un soporte bien nivelado, ya que cualquier desviación en una sección puede verse amplificada por el número de secciones cuando se complete el ensamblaje.
- Revisar la superficie de todos los elementos que van a ensamblarse, de manera que no presenten irregularidades o corrosiones que puedan afectar a la estructura.

- Cuando en el ensamblaje de una torre se empleen tornillos, deben emplearse las correspondientes arandelas para garantizar un apriete correcto y evitar la corrosión química. También hay que tener cuidado con no exceder el límite de par de apriete.

3.1. Torres de celosía

Se fabrican con perfiles de acero soldados. Los montantes se colocan formando una estructura de planta triangular o cuadrada, donde el tramo inferior va embutido en la cimentación. No necesitan sustentación adicional, por lo que no van arriostradas, pero su rigidez es la misma que la de una torre tubular, aunque con menos material.

La ventaja básica de las torres de celosía es su coste, puesto que una torre de celosía requiere solo la mitad de material que una torre tubular. La principal desventaja de este tipo de torres es su apariencia visual. En cualquier caso, por razones estéticas, las torres de celosía han desaparecido prácticamente en los grandes aerogeneradores modernos.

3.2. Torres de mástil

Se emplean para los aerogeneradores pequeños y consiste en un mástil delgado sostenido por cables tensores.

Pueden ser de dos tipos:

- **Autoportantes:** corresponden a torres de estructura metálica, de hormigón o tubulares.
- **Atirantadas:** son las estructuras unidas al suelo por cables tensados que permiten, en las aeroturbinas pequeñas, abatir la máquina para su mantenimiento o reparación.

 **Nota**

La ventaja de las torres de mástil atirantadas es el ahorro de peso y, por lo tanto, de coste y como desventaja, dificultan el acceso a las zonas alrededor de la torre, lo que las hace menos apropiadas para zonas agrícolas.

La característica principal de las torres autoportantes es, como su nombre indica, que se soportan ellas mismas, no necesitan tirantes para asegurar que la torre no caiga. Son torres más robustas y pesadas que las abatibles, pero tienen el inconveniente de ser más caras y necesitar una grúa para su instalación. Las torres autoportantes, necesariamente, deben ser fijadas con cimentaciones cuyas dimensiones vienen en función del tipo de terreno y de su altura.

Aerogenerador sobre torre de mástil autoportante

Siempre que el terreno lo permita es aconsejable utilizar una torre abatible con soporte atirantado basculante, que está abisagrado en la base, ya que facilita el mantenimiento del aeromotor y del mismo soporte en el suelo, por tanto con una mayor comodidad y sin peligro. Estas torres son desarrollos recientes en la industria eólica y han simplificado las tareas de mantenimiento y reparación de los sistemas.

Aerogenerador sobre torre de mástil atirantada

Para que las torres permanezcan verticales, se incluyen vientos que se trazan diagonales desde la torre hasta los anclajes colocados en el suelo.

Los vientos de una misma dirección pueden asegurarse en un mismo anclaje o en anclajes individuales. Ambas soluciones pueden ser satisfactorias, depende del proyecto. No obstante, la fijación sobre anclajes individuales es capaz de soportar más tensión que el anclaje individual único.

Anclaje de los vientos

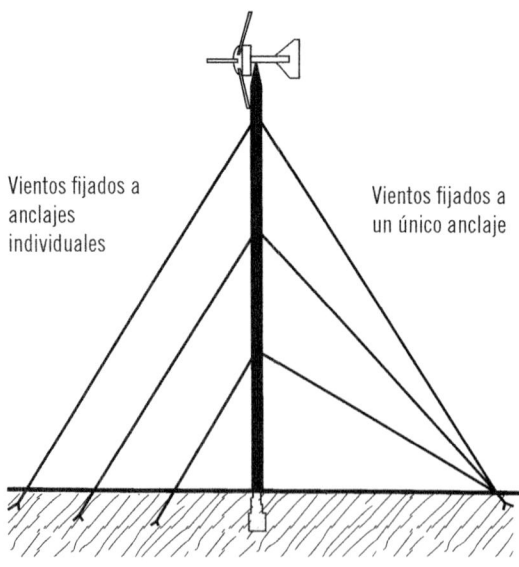

Importante

Los vientos no deben colocarse en el lado en el que el viento sopla con más fuerza.

Los anclajes a los que se fijan los vientos se sitúan en forma de cruz de San Andrés con cuatro anclajes desplazados entre sí, 90°.

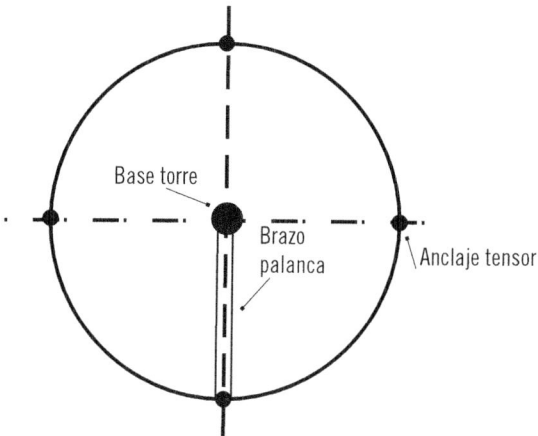

Dependiendo de la altura de la torre, el atirantado se puede repetir en varios niveles; y dependiendo del número de niveles, variará el porcentaje de la altura de la torre a la que se situarán. Así se tiene:

- **Atirantado en un solo nivel.** El cable de atirantado se sitúa aproximadamente a dos tercios de la altura de la torre.
- **Atirantado en dos niveles.** Para torres con dos niveles de atirantado, el cable se sitúa en posiciones del 30 y 80 por ciento de la altura de la torre.
- **Atirantado en tres niveles.** El cable se sitúa en posiciones aproximadas del 25, 55 y 85 % de la altura de la torre.

Aplicación práctica

Se plantea colocar un aerogenerador de 2 m de diámetro sobre una torre de 12 m de altura. Para asegurar la torre se piensa en atirantarla, pero no se sabe si emplear un solo nivel de atirantado, dos o tres niveles, ¿interferirá el antirantado con el giro de las palas en alguno de los tres casos? Razone la respuesta.

SOLUCIÓN

En el atirantado a un solo nivel, el cable se situará a una altura aproximada de 2/3 · 12=8 m, lo que deja una distancia hasta la punta de la torre de 12 − 8 = 4 m. Como es mayor que la mitad del diámetro de las palas, el atirantado no interferirá el giro de estas.

En el atirantado a dos niveles, el viento superior se sitúa a un 80 % de la altura de la torre; lo que lo sitúa a 12 x 0,8 = 9,6 m. La distancia hasta la punta de la torre es, en este caso, 12 − 9,6 = 2,4 m. Como es mayor que la mitad del diámetro de las palas, el atirantado no interferirá el giro de estas.

En el atirantado a tres niveles, el viento superior se sitúa a un 85 % de la altura de la torre; lo que lo sitúa a 12 x 0,85 = 10,2 m. La distancia hasta la punta de la torre es, en este caso, 12 − 10,2 = 1,8 m, que sigue siendo mayor que la mitad del diámetro de las palas, por lo que el atirantado no interferirá el giro de estas.

Las torres abatibles o pivotantes también pueden estar compuestas por secciones que es necesario ensamblar para conseguir la altura a la que debe ir la turbina. Existen distintas maneras de unir los tramos de tubo:

- Mediante un tramo de tubo de menor sección que se fija en el interior de las secciones a unir (más sencillo).
- Mediante bridas y pernos (mayor rigidez).

Diferentes tipos de uniones de secciones en torres tubulares

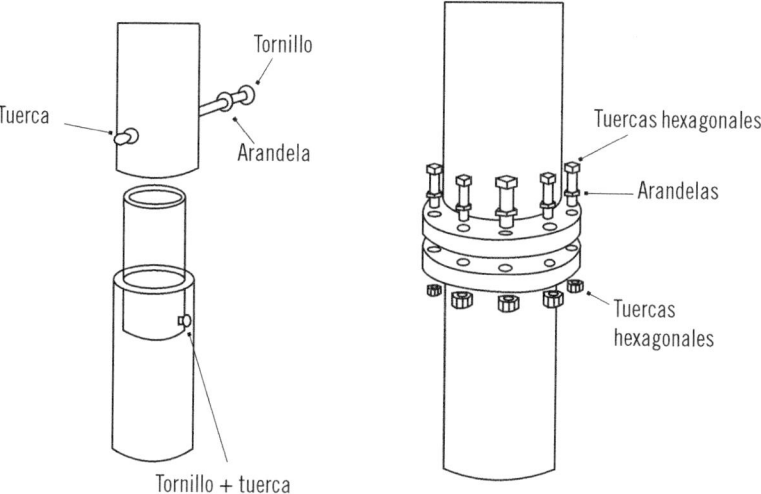

Aunque dado que la torre será atirantada, ambas soluciones son igual de adecuadas.

 Nota

Antes de realizar el ensamblado de los distintos tramos que conforman la torre, deben estar instalados la base de la torre y los anclajes de los tensores.

4. Aerogenerador

El aerogenerador es el conjunto de motor y palas encargado de transformar la energía del viento.

Todos los sistemas que captan o convierten la energía del viento reciben el nombre de sistemas eólicos, pero el término aerogenerador se emplea mayoritariamente para referirse a los sistemas eólicos que producen electricidad en un parque eólico. Para referirse a sistemas más pequeños se emplean los términos turbinas eólicas, aeroturbinas, rotores eólicos, etc.

Las pequeñas aeroturbinas pueden adquirirse ya montadas o venir en un kit para ser ensambladas en su lugar de colocación. En este caso deberán seguirse las instrucciones proporcionadas por el fabricante antes de fijarlas en la torre.

Como ejemplo, un kit para el montaje de un aerogenerador, contiene los siguientes elementos:

- Un timón de orientación.
- Un tubo de cola.
- Un alternador.
- Una carcasa protectora.
- Las palas.
- Un buje.

Además, incluye:

- Los tornillos, arandelas y tuercas de autobloqueo para la unión del timón de orientación al tubo de cola.
- Los tornillos, arandelas y tuercas de autobloqueo para la unión del tubo de cola con la parte trasera del alternador.
- Tornillos, arandelas y bridas para la fijación de la carcasa al alternador y en la parte posterior, donde se une el tubo de cola.
- Chapa de refuerzo del buje, con los correspondientes tornillos, tuercas (normales y de autobloqueo) y arandelas, necesarias para la sujeción de las palas y el buje al conjunto hasta ahora montado.

El aerogenerador se coloca sobre un soporte vertical bien sujeto a la torre y de forma que las palas giren sin peligro de golpearla. Para fijar el aerogenerador sobre la torre se emplea un sistema de doble pletina, una de las pletinas va fijada a la torre y la otra al aerogenerador.

Fijación del aerogenerador a la torre

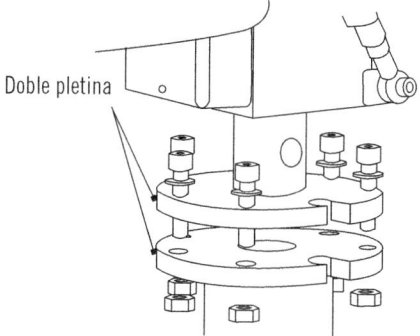

La unión entre ambas pletinas se realiza mediante un número suficiente de tornillos con sus correspondientes arandelas y tuercas en ambas caras, para garantizar la estabilidad y la correcta distribución de los esfuerzos. Este número viene determinado por el fabricante del equipo.

 Importante

La sujeción de los vientos debe quedar por debajo del diámetro de las palas.

Dependiendo del montaje, el aerogenerador puede colocarse en la torre antes del izado de esta o una vez que ya se ha erguido. En este segundo caso, se monta sobre la torre un soporte vertical provisto con una polea en el extremo, por la que se pasará una cuerda con la que se atará el aerogenerador para así izarlo sin problemas.

 Nota

Antes de montar el aerogenerador sobre la torre se realizará la conexión eléctrica y el conexionado de las baterías y el regulador.

5. Soportes y sujeción

Para conseguir que las torres arriostradas se mantengan en posición vertical, se emplean elementos como los cables o vientos y los anclajes que los fijan al terreno.

El atirantamiento debe realizarse con cuatro vientos inclinados 45°, en cable de acero galvanizado de 6 a 10 mm de grosor, y de forma que el punto de anclaje sobre el soporte sea lo suficientemente bajo para no impedir el giro del rotor. La unión de los cables a la torre se puede realizar de varias formas, soldando barras dobladas a la torre o atornillando chapas angulares a la torre. La unión de los cables al suelo debe hacerse a través de tensores que permitan regular la tensión de cada cable.

Sistemas de unión de los cables a la torre

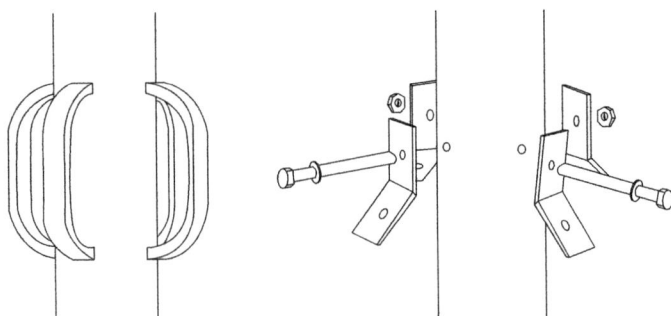

Independientemente del tipo de soporte utilizado, hay que tener en cuenta:

- La protección contra la corrosión.
- La facilidad de montaje y desmontaje de la máquina.
- Los riesgos de la formación de hielo.

Los ejes de anclaje deben sobresalir lo suficiente para impedir que todos los elementos que posibilitan la conexión de los cables se vean afectados por la vegetación o el estancamiento de agua. Los ejes y los elementos de conexión deben protegerse con una sustancia que retarde los efectos del agua. En ocasiones, en el suelo donde se quiere instalar la torre hay rocas de gran tamaño o es simplemente de roca viva. Ante esta situación hay que tener en cuenta lo siguiente:

Cuando el montaje se realice sobre roca dura, como granito, basalto y roca que no se rompa con facilidad, se utilizan los tornillos de expansión.

En caso de que el terreno sea de roca blanda, no es aconsejable el uso de tornillos de expansión, dado que la roca se puede romper con el uso de este tipo de fijación. Para ello se debe usar un tornillo convencional anclado con cemento.

Para la fijación de tornillos de expansión, se perfora la roca con la ayuda de una broca de diámetro 10 mm y 100 mm de profundidad. Se coloca el tornillo en la roca con algún elemento que sirva de enganche, como por ejemplo un par de eslabones de cadena.

Existen distintos tipos de tornillos de expansión, y cada fabricante tiene su propio sistema de instalación, pero en todo caso, cuando se coloca el tornillo en el orificio, las fijaciones van a estar cerradas, y cuando se van clavando se van expandiendo.

Para la fijación de anclajes sobre roca blanda, se perfora la roca con un diámetro de 25 mm y una profundidad de 200 mm. Se rellena totalmente de cemento, asegurándose que no quedan burbujas de aire atrapadas en el cemento, y por último se inserta el tornillo en el orificio.

Anclaje en roca dura y en roca blanda

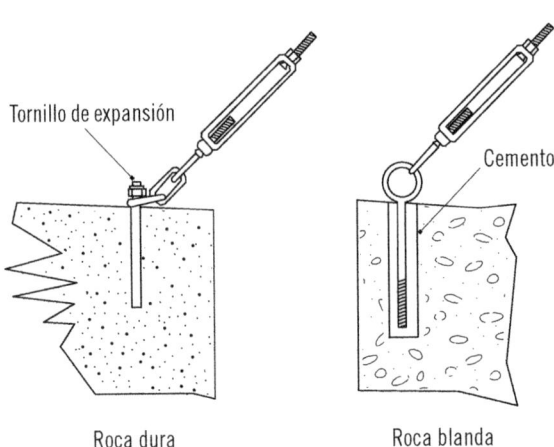

Roca dura   Roca blanda

En el diseño del montaje se habrá especificado el tipo de anclaje, la localización y la profundidad del orificio requerido.

5.1. Izado de las torres

El izado de las torres dotadas con una base pivotante, se realiza después de que estas hayan sido completamente ensambladas en el suelo; luego se plantan en posición vertical con ayuda de un brazo de palanca. Este brazo de palanca se une a la base de la torre por algún método que resulte seguro, como por ejemplo con un codo roscado sujeto con sus correspondientes tornillos y tuercas del lado de la torre y de la palanca.

 **Nota**

La torre pivotante permite ser levantada desde el suelo con la turbina ensamblada.

Unión del brazo de palanca a la torre

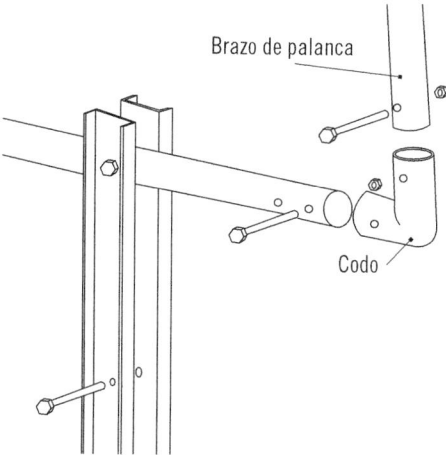

Los vientos se preparan antes del izado. Para ello se desenrollan, se colocan en su posición, con cuidado de no cruzarlos, y luego se unen a los extremos de la torre. Los vientos del lado desde el que se realizará el izado quedan paralelos a la torre y los otros a los lados, formando un ángulo de 90° con la línea imaginaria que une los puntos de anclaje y la torre.

 **Nota**

La unión de los vientos a la torre es firme desde el principio, mientras que el extremo que se une a los anclajes se tensará cuando la torre esté izada.

Al extremo superior del brazo de la palanca se une el cable mediante el que se realizará el izado de la torre. Para elevar el conjunto se tirará de este cable. Si no es suficiente la fuerza humana, se empleará un güinche o un vehículo, como una camioneta o camión grúa, que avance de forma lenta y controlada.

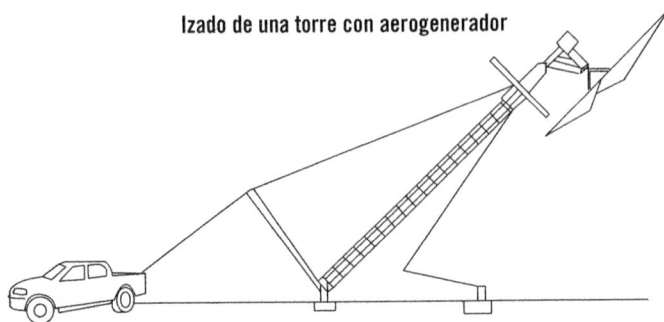

Izado de una torre con aerogenerador

La torre debe elevarse lentamente, comprobando que el tensado de los cables laterales es similar, ya que si un cable está mucho más tenso que el otro, puede hacer que caiga la torre. Se comprueba que el cable no está excesivamente tensado porque el cable está ligeramente curvado.

 Nota

Es normal que la longitud de un cable sea ligeramente mayor que la del otro, pero si la diferencia es excesiva debe corregirse. La similitud del tensado se establece por la longitud de los cables.

Cuando se ha izado por completo la torre, se inserta un tornillo en la parte inferior para evitar que esta se mueva. Luego se tensan los vientos restantes para que la torre quede completamente vertical, y se comprueba esta verticalidad con la ayuda de un nivel, así:

■ Si la torre se ha izado con el aerogenerador instalado, el montaje finalizará con el tensado de los vientos en las cuatro direcciones.

- Si la torre se ha izado sin el aerogenerador, una vez que se han tensado los vientos laterales, se volverá a bajar lentamente la torre realizando el proceso inverso, hasta que al llegar a una altura aproximada de un metro y medio del suelo, se la deje descansar sobre un soporte estable, tipo caballete. Entonces se instala el aerogenerador sobre su soporte, y una vez montado, se vuelve a izar la torre. Se unen los extremos de los vientos que estaban del lado de la palanca con su correspondiente anclaje, y se vuelve a comprobar la perpendicularidad de la torre.

 Importante

Cuando la torre ha realizado todo su recorrido no debe continuar tirándose, ya que si continuase el avance, el viento posterior podría ceder y hacer caer la torre.

Desde el momento en que la torre está izada, el brazo de la palanca no realiza ninguna función, por lo que podrá optarse por quitarlo o por dejarlo en su posición para evitar que quede suelto y pueda presentar un peligro potencial.

El izado de la torre es un trabajo peligroso, por lo que debe contarse con personal suficiente y que conozca de antemano los trabajos que van a desarrollar.

 Importante

Nunca habrá nadie trabajando bajo la torre cuando se está izando o mientras que los tensores no estén perfectamente asegurados.

Sistema híbrido de minieólica con fotvoltáica

6. Resumen

Los sistemas de apoyo eólico se emplean en los sistemas híbridos como complemento a los sistemas fotovoltaicos.

La zapata es la construcción que permite asegurar la torre, verticalmente. Se construye con hormigón, y debe tener unas dimensiones suficientes para resistir el peso de la torre, del aerogenerador, y las fuerzas que se originan durante su funcionamiento.

La torre proporciona al aerogenerador la altura suficiente para poder aprovechar el viento. En los sistemas de apoyo eólico se emplean principalmente torres de celosía y torres de mástil.

Cuando el terreno lo permita es aconsejable utilizar una torre abatible, con soporte atirantado basculante. Las torres abatibles pueden estar compuestas por secciones que se ensamblan hasta conseguir la altura a la que debe ir la turbina.

Sobre la torre se monta el aerogenerador. En los sistemas de apoyo eólico, se emplean pequeñas aeroturbinas que se montan directamente sobre la torre, y también pueden adquirirse en forma de kit para ensamblarlas en su lugar de colocación. Para fijar la aeroturbina a la torre se emplea un sistema de doble pletina.

Las torres se atirantan para mantenerlas en posición vertical. Para atirantar las torres se emplean elementos como los cables de acero o vientos, y los anclajes que los fijan al terreno.

Los vientos de una misma dirección pueden unirse a un solo anclaje o puede unirse cada uno a un anclaje diferente.

La fijación de los vientos a la torre debe ser fija, mientras que la de los anclajes no, ya que debe permitir su tensado.

Para el izado de torres abatibles primero hay que preparar los vientos, luego se une al extremo superior del brazo de la palanca el cable mediante el que se realizará el izado de la torre, y se va levantando lentamente hasta su completo izado. Una vez que la torre se ha izado completamente, se fija para que no se mueva. Las torres abatibles pueden levantarse desde el suelo con la turbina ensamblada.

Ejercicios de repaso y autoevaluación

1. **Responda brevemente a las siguientes cuestiones.**

   a. ¿Qué tipo de cimentación es la más usada en el montaje de sistemas de apoyo eólicos?
   b. ¿Cuántos tipos de cimentaciones hay? ¿Cuáles son?
   c. ¿Qué tipo de cimentación ocupa más espacio?
   d. ¿En qué tipo de cimentación la distribución de fuerzas es más uniforme?

2. **¿Cómo suelen unirse las torres a las cimentaciones?**

   _____

   _____

3. **De las siguientes frases, indique cuál es verdadera o falsa.**

   a. El aerogenerador sostiene a la torre.

   ☐ Verdadero
   ☐ Falso

   b. En las aeroturbinas pequeñas, la altura de la torre es bastante mayor que el diámetro del rotor.

   ☐ Verdadero
   ☐ Falso

   c. La principal ventaja de las torres de celosía es su apariencia visual.

   ☐ Verdadero
   ☐ Falso

d. Las torres autoportantes se sostienen mediante atirantado.

☐ Verdadero
☐ Falso

e. Los vientos deben colocarse en el lado en el que el viento sopla con menos fuerza.

☐ Verdadero
☐ Falso

4. ¿Cómo se fija el aerogenerador a la torre?

Capítulo 6

Sistemas de apoyo con grupo electrógeno

Contenido

1. Introducción

El grupo electrógeno es un sistema de apoyo energético que funciona con energías no renovables, y que contribuye a que en una instalación doméstica pueda disponerse de energía cuando la obtenida por aporte solar no es suficiente. En estas circunstancias, la única solución es el uso de un generador externo a motor. Los grupos electrógenos se utilizan en instalaciones de mediana y alta potencia cuando es preciso asegurar el suministro eléctrico o cuando existen consumos de alta potencia que no compense cubrir con la ampliación del sistema fotovoltaico.

Los grupos electrógenos se alimentan normalmente con gasóleo o gas, y generalmente generan corriente alterna. El dimensionado del grupo estará en función del consumo total previsto en la instalación y las condiciones particulares de utilización del grupo.

Si bien los sistemas híbridos con grupos electrógenos y motores diésel de apoyo energético están cada vez más en desuso para cumplir con las especificaciones relacionadas con la disminución de emisiones de CO_2 y gases contaminantes especialmente en ciudades. Siguen siendo utilizados en ocasiones en las que las posibilidades energéticas de la instalación no consigan satisfacer la demanda.

Un sistema que puede sustituir esto es la inclusión como apoyo de sistemas que aprovechan el hidrógeno como combustible, que puede ser obtenido mediante hidrólisis utilizando la energía generada en la instalación fotovoltaica.

2. Grupo electrógeno. Generalidades y ubicación

Un grupo electrógeno "clásico" está compuesto por un motor diesel, un generador y un cuadro eléctrico, pero además pueden incorporar:

- Bancada de hormigón.
- Baterías (2 o 4) colocadas sobre la bancada.
- Tacos antivibratorios (altura orientativa: 150 mm) para reducir la transmisión de ruido y vibración.
- Depósito de combustible situado en la bancada.

Los grupos electrógenos necesitan para funcionar combustibles y lubricantes; sustancias que pueden ser inflamables, tóxicas, explosivas y corrosivas.

Además, durante su funcionamiento, en el grupo electrógeno se producen vibraciones; algunas partes del motor, conductos y escape, alcanzan altas temperaturas; también tiene partes en movimiento; el motor consume oxígeno y la combustión genera gases de escape que son nocivos y pueden ser letales; y ruidos, cuyas magnitudes además de molestar, pueden resultar peligrosas para la salud. Por todo ello, debe impedirse el acceso a la zona operativa del grupo electrógeno de personas ajenas y de animales.

Los fabricantes de grupos electrógenos cuidan de que sus productos cumplan las reglamentaciones aplicables, y dan las instrucciones para que tras su montaje, sigan manteniéndose los estándares exigidos. Solo cuando se respetan las instrucciones dadas por los fabricantes, el funcionamiento es el correcto, sin deterioros o desgastes anormales.

Para lograr un buen funcionamiento del grupo electrógeno, su instalación debe dimensionarse y proyectarse correctamente. Debe tenerse en cuenta la instalación mecánica, que comprende el transporte del grupo, la descarga, la ubicación física, la instalación del escape y la ventilación del grupo, cuando se instala dentro de una sala, y la instalación de combustible, depósitos adicionales, cuando sea necesaria.

No existen reglas precisas que indiquen cómo elegir el emplazamiento del grupo electrógeno, sin embargo hay ciertos aspectos que deben tenerse en cuenta, como son que no estén sometidos a temperaturas extremas, la proximidad al cuadro de distribución eléctrica y que su ubicación se realice en una zona donde sus efectos no se dejen sentir. Otros aspectos a considerar son la ventilación del local, la evacuación y la dirección de los gases de escape, la alimentación de carburante, etc.

2.1. Transporte del grupo y descarga

Una vez que se dispone de un lugar adecuado para montar el grupo electrógeno, debe procederse al traslado de este hasta su lugar de colocación. Para ello se emplean grúas o carretillas elevadoras con la suficiente potencia para su movilización y elevación, haciéndose de la siguiente manera:

- Para el traslado con grúas se emplean eslingas, travesaños, ganchos de seguridad, grilletes, etc.
- Para el traslado con carretillas elevadoras, el grupo dispone de patines para el alzado a ambos lados de la bancada.

 Importante

Antes de proceder al transporte hay que comprobar en la documentación el peso del grupo para elegir los medios más adecuados.

En cualquier caso, el grupo electrógeno debe acometerse por los puntos que el fabricante haya establecido para ello, ya que en estos puntos está perfectamente estudiada la distribución de cargas. Además, si se levantara por cualquier otro punto, seguramente se dañaría al no estar preparado para soportar el peso del equipo. Para indicar cuáles son los puntos por los que debe levantarse el equipo, los fabricantes colocan diferentes señales para indicar si se debe utilizar la carretilla o la grúa.

Señal acometida para carretilla

Señal acometida para grúa

Consejo

Antes de mover o elevar el equipo, todas las piezas sueltas o que puedan girar, deben sujetarse de manera segura.

Traslado del grupo electrógeno mediante grúa

Para el traslado de un grupo electrógeno, empleando una grúa, se deben llevar a cabo las siguientes operaciones:

- Se fijan las eslingas de elevación en los puntos que el grupo electrógeno tiene dispuestos para ello.
- Si tiene ganchos en la parte superior, se fija la eslinga a estos ganchos. Si no tiene ganchos, se pasan las eslingas por debajo.

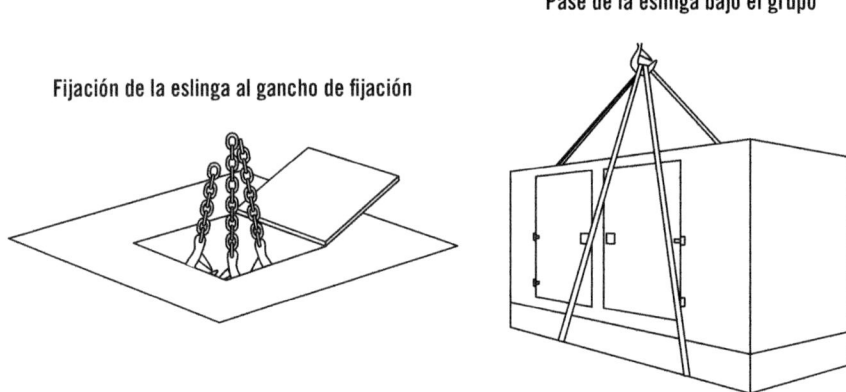

Fijación de la eslinga al gancho de fijación

Pase de la eslinga bajo el grupo

- Por la parte superior, las eslingas se fijan a una barra central, que tendrá como mínimo el ancho de la bancada, para impedir el roce de las eslingas con el motor o el alternador. Si las eslingas son de cadena, se protegerá la bancada para evitar que las cadenas dañen la pintura.

■ Se tensan las eslingas ligeramente.

Fijación superior de las eslingas

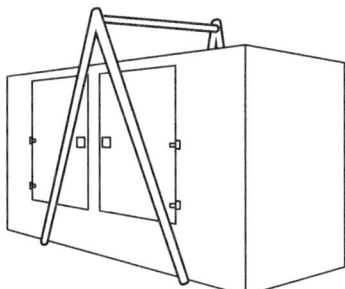

■ Se eleva lentamente el grupo electrógeno, no sin antes cerciorarse de que las eslingas están bien fijadas, dirigiendo y estabilizando el grupo hacia su emplazamiento.
■ Se baja lentamente el grupo hasta posicionarlo.
■ Se sueltan las eslingas y luego se aflojan y se quitan los pernos de elevación.

Para esta operación son necesarios al menos dos operarios.

 **Importante**

En todo momento los operarios deben respetar las instrucciones habituales para el manejo de cargas con grúa.

Traslado del grupo electrógeno mediante carretilla elevadora

Si para trasladar el grupo electrógeno se opta por emplear una carretilla elevadora, el proceso será el siguiente:

- Se enganchan las horquillas de la carretilla elevadora en los patines para el alzado que el grupo electrógeno tiene a ambos lados de la bancada, asegurándose que están correctamente encajados. Si la distancia entre los patines es mayor que la distancia entre las horquillas, estas se introducirán entre los patines. Si el grupo no tiene patines, se levantará desde abajo.
- Se levanta lentamente el grupo.
- Se desplaza este lentamente hasta su emplazamiento.
- Se coloca también lentamente.

Para esta operación son necesarios al menos dos operarios, más un conductor para la carretilla.

Traslado mediante carretilla

2.2. Ubicación física

Puede distinguirse entre instalaciones interiores e instalaciones exteriores.

Los grupos electrógenos se montan en el exterior cuando las exigencias en cuanto al nivel sonoro y la rapidez de arranque no son primordiales. En este caso, basta con protegerlos de los agentes atmosféricos, polvo, etc., siendo aconsejable la construcción de cimientos para su instalación permanente.

Montaje en exterior

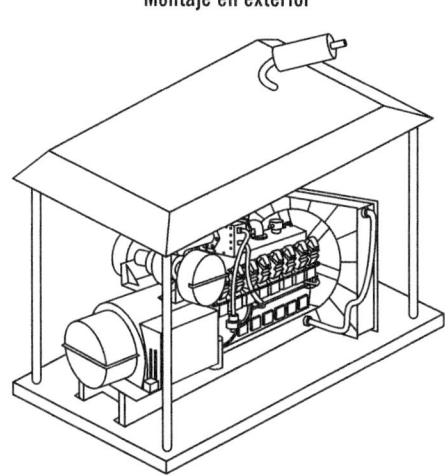

Cuando el nivel sonoro o la rapidez de arranque sí son primordiales, el grupo debe ir montado en un local protegido. Los ruidos que pueda producir el grupo electrógeno durante su funcionamiento pueden requerir la insonorización del local. Esta puede estar incluida en el diseño o realizarse a posteriori. En el primer caso, se obtiene una buena relación calidad-precio, mientras que en el segundo es más probable que la solución adoptada sea inadecuada y resulte costosa. La insonorización puede conseguirse por masa, construyendo las paredes gruesas, o revistiendo las paredes interiores del local, los huecos de ventilación y la puerta de entrada con materiales que absorban el ruido producido.

Montaje en interior

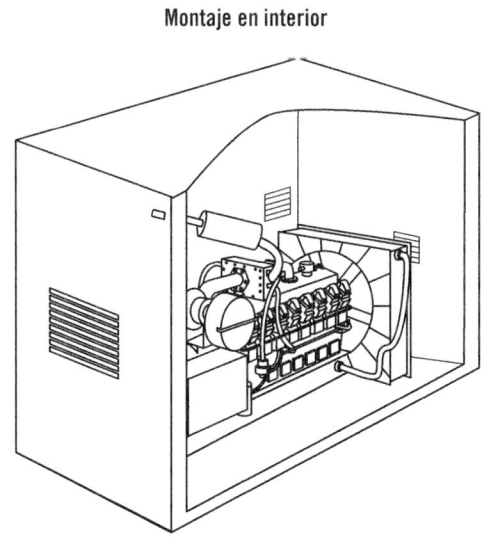

Cuando los grupos electrógenos se montan en el interior de una sala propia, esta debe tener unas dimensiones que permitan:

- Introducir el grupo con los medios de transporte adecuados. Por eso las puertas por las que se introduzca el grupo estarán centradas, de forma que una vez introducido, quede centrado sin necesidad de desplazarlo.
- El fácil acceso a todos sus componentes para realizar las operaciones de mantenimiento o las reparaciones; y si se trata de un grupo insonorizado, que las puertas de la cabina puedan abrirse completamente. Normalmente se considera que el espacio mínimo alrededor del grupo debe ser de un metro.
- Que el grupo funcione de forma regular, con aberturas que posibiliten el cambio de aceite.
- Instalar la tubería de escape con el menor número de codos posible.
- Disponer el panel de control en una posición que permita al operador tener completa visibilidad cuando trabaje sobre los instrumentos.

 Nota

Los fabricantes ofrecen grupos electrógenos sin insonorizar e insonorizados. El empleo de grupos electrógenos insonorizados mejora la calidad sonora del ambiente.

En general, como mínimo, se precisa dejar alrededor del grupo electrógeno un espacio igual al ancho de este, por lo tanto la superficie mínima para una sala que contenga un grupo electrógeno es:

$$S_{min} = 3A \times (L + 2A)$$

Donde:

$S_{mín}$. Es la superficie mínima que debe tener la sala en la que se ubique el grupo.

A. Es la anchura del grupo electrógeno.

L. Es su longitud.

Si en la sala hay más de un grupo electrógeno, la regla de cálculo es la misma, aunque dejando entre dos grupos una distancia igual a su anchura.

La expresión anterior tomaría la forma:

$$S_{min} = 5A \times (L + 2A)$$

Nota

Los fabricantes de grupos electrógenos pueden recomendar para sus equipos, unas dimensiones de la sala que se adapten a esta fórmula.

Aplicación práctica

Juan ha de ubicar un grupo electrógeno en el interior de una sala de máquinas de una vivienda para dar apoyo al sistema fotovoltaico que ha sido instalado.

Dicho grupo electrógeno tiene unas dimensiones de 1.700 mm de largo y 800 mm de ancho, para lo cual ha de dimensionarla previamente.

Continúa en página siguiente >>

<< Viene de página anterior

¿Qué dimensiones deberá tener la sala de máquinas en la que se ubique? En caso de colocar dos grupos electrógenos de esas dimensiones en vez de uno solo, ¿qué dimensiones deberá tener dicha sala en este caso?

SOLUCIÓN

Para dimensionar la sala de ubicación del grupo, Juan aplicará la expresión obteniendo la siguiente superficie mínima:

$$S_{mín} = 5A \times (L + 2A) = 3 \times 0,8 \times (1,7 + 2 \times 0,8) = 2,4 \times 3,3 = 7,92 \text{ m}^2$$

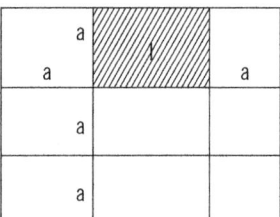

Con dos grupos electrógenos, la sala tendrá unas dimensiones de:

$$S_{mín} = 5A \times (L + 2A) = 5 \times 0,8 \times (1,7 + 2 \times 0,8) = 4 \times 3,3 = 13,2 \text{ m}^2$$

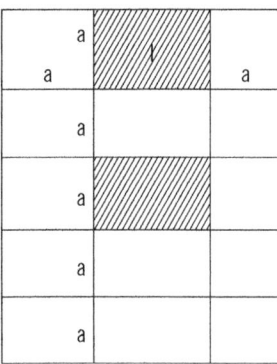

Las dimensiones de la sala tienen que permitir la disipación del calor generado por el grupo electrógeno, para garantizar el flujo correcto del aire de alimentación, en cantidad necesaria para la combustión del motor y para permitir la refrigeración del mismo por medio del radiador, manteniendo dentro de los márgenes de seguridad la temperatura ambiente de funcionamiento, y garantizando una buena aspiración de aire de alimentación.

 Importante

Las salas en las que se ubican los grupos electrógenos tienen que estar provistas de extintores y otros dispositivos de protección y emergencia, según se establece en los reglamentos.

2.3. Ventilación

Los grupos electrógenos generan calor principalmente por radiación y convección, y es fundamental para el buen funcionamiento y duración de los mismos que la sala donde esté ubicado el grupo electrógeno cuente con una buena ventilación. Para ello se practicarán aberturas que permitirán la entrada de aire fresco y la salida de aire caliente.

Los caudales de aire que necesitan los grupos para su funcionamiento varían de unos a otros, por lo que este dato lo facilitará el fabricante. Los tamaños de las aberturas para la ventilación, tanto para la entrada de aire fresco como para la expulsión de aire caliente, se establecerán en función de estos caudales. Influyen también, además de la potencia del grupo electrógeno a instalar, las condiciones atmosféricas generales, el sistema de enfriamiento elegido y, en algunos casos, el sistema de insonorización.

Como el ventilador aspira el aire de refrigeración de la sala, es necesario que este se renueve constantemente, por lo que las dimensiones de los huecos para la entrada de aire serán suficientes para obtener un caudal que permita la refrigeración y la combustión.

Para que el flujo de aire fresco que entra en la sala actúe correctamente, las aberturas de entrada deben realizarse en la parte inferior de la pared de la sala de máquinas; cuanto más baja esté la entrada de aire, mejor será la refrigeración. Para impedir la entrada de cuerpos extraños o de animales en la sala que ocupa la instalación del generador, las aberturas se protegerán con rejillas, persianas, etc. Las persianas y otros tipos de protecciones similares restringen la entrada y salida del aire, lo que debe compensarse haciendo estas más grandes.

 Nota

Hay fabricantes que en las instrucciones de sus productos indican, además del volumen de aire que requieren, las dimensiones que tienen que tener las aberturas de ventilación.

La sala debe disponer también de una salida para la expulsión del aire caliente. Es aconsejable realizar la admisión de aire fresco en una pared opuesta a la que se encuentra la expulsión, de manera que el aire fluya alrededor del grupo antes de ser expulsado, sin que se produzcan estancamientos.

El tamaño de la ventana de expulsión debe ser mayor o igual que el del radiador, en el caso de grupos electrógenos no insonorizados, e igual o mayor que la rejilla de expulsión en los equipos insonorizados. Para evitar que el aire caliente vuelva a entrar en la sala, se emplearán conductos de salida estancos.

 Nota

Las aberturas de ventilación se situarán de manera que el barrido se realice en sentido desde el generador eléctrico, por la parte baja del grupo electrógeno, hasta el radiador.

No es conveniente que el aire quede estancado por lo que, en caso de que haya varios grupos en la sala, cada uno debe disponer de su propia abertura para la entrada de aire. En aquellos lugares donde la temperatura ambiente es elevada, es aconsejable, por razones de seguridad, emplear un ventilador extractor auxiliar con potencia suficiente para conseguir una ventilación adecuada. El ventilador se ubicará en la parte superior del local, lo más próximo posible al radiador.

En las dos imágenes que aparecen a continuación, viene representado mediante esquemas de alzado y planta de la sala dónde se ha de ubicar el grupo electrógeno y cómo debe estar diseñada para permitir una correcta ventilación.

Aberturas de ventilación y escape

Alzado

Continúa en página siguiente >>

<< Viene de página anterior

Hueco de entrada de aire

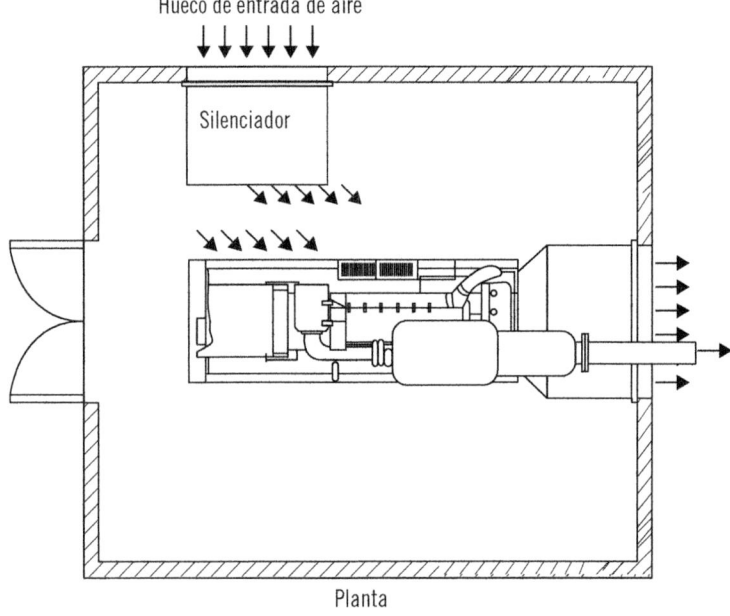

Planta

 **Importante**

Para un correcto funcionamiento del grupo generador, es aconsejable que la presión en la sala sea superior de la presión en el exterior, ya que de ser inferior aumentaría el consumo de combustible y la temperatura de escape, lo que contribuirá al deterioro del motor.

2.4. Instalación de escape

Para la evacuación de los gases de escape se emplean normalmente tubos de acero lisos y sin soldaduras, aunque en caso de tener que empalmar varios tramos de tuberías, como estas uniones deben ser perfectamente estancas para que no se produzcan fugas de gases, los empalmes deben realizarse con bridas y empaquetaduras. Las conexiones entre el escape del motor y la tubería de escape se realizan por medio de un tubo flexible, que amortigüe las vibraciones producidas por el motor y las dilataciones en las tuberías. El tubo flexible permite desplazamientos laterales importantes pero de poca amplitud longitudinal, aísla las vibraciones y contrarresta posibles desalineaciones.

Importante

La duración de la instalación dependerá en gran parte de un montaje correcto y de una suspensión adecuada.

Las tuberías se fijan a las paredes o al techo de la sala de máquinas por medio de estribos de apoyo que soporten todo el peso de la tubería y permitan su dilatación. El sistema de suspensión está normalmente constituido por una abrazadera de hierro plano fijada al techo. Cuando se fijan a la pared se emplean marcos de perfiles, que permiten la dilatación de la tubería, manteniéndola al mismo tiempo en su posición lateral. Deberá dárseles cierta inclinación a los tramos rectos para evitar el retorno de los condensados. Esta inclinación vendrá indicada en los planos de la sala. También los silenciadores deberán fijarse con suspensiones que puedan soportar su peso y de forma que queden perfectamente rectos, ya que todo defecto de alineamiento puede producir ruptura. Esta suspensión puede ser vertical u horizontal.

Sistemas de apoyo para tuberías

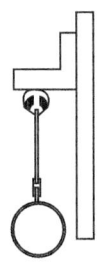
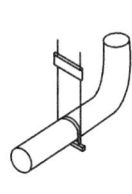
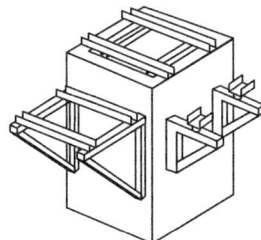

Sistemas de apoyo para silenciadores

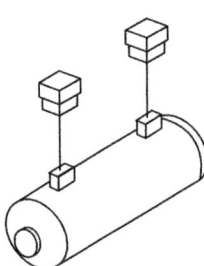 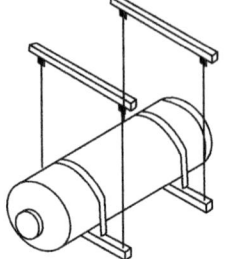 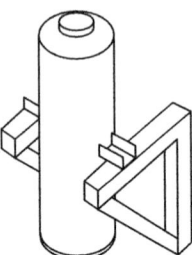

 Nota

Mientras más sinuoso sea el circuito de escape, más pérdidas de carga se producirán y, por consiguiente, su diámetro deberá ser mayor. Esto lo hará más pesado, y sus soportes y silenciadores serán más costosos.

Las tuberías de escape no se colocarán cerca de los filtros de aire de los motores, para evitar que estos aspiren aire caliente. En caso contrario, la tubería debe aislarse térmicamente.

 Importante

En ningún caso la tubería de escape debe apoyarse sobre el motor o el silenciador.

Es conveniente que los gases de escape se evacuen al exterior del local, lejos de puertas, ventanas, tomas de aire y cualquier otra entrada de aire a la sala, o cualquier otra zona en la que se produzcan molestias o daños. De no ser así, podrían producirse recirculaciones de los gases hacia la sala, lo que perjudicaría la ventilación y el rendimiento del motor, y ensuciaría el radiador.

En el punto en el que las tuberías de escape atraviesen las paredes, conviene realizar el aislamiento térmico de las mismas para impedir la dispersión de calor a las paredes. La salida de la tubería de escape debe protegerse convenientemente para evitar que le entre agua.

Salidas de la tubería de escape con aislamiento térmico

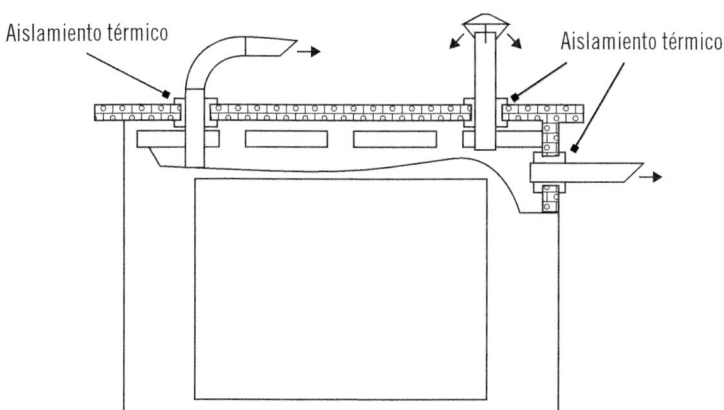

Si en la sala se encuentran varios grupos, no es conveniente que todos los escapes converjan en una sola tubería, ya que cuando unos grupos funcionan y otros no, los gases de escape producidos por los que se encuentran en funcionamiento, pueden penetrar en los conductos de los grupos que no están funcionando y dañarlos.

También deben realizarse otras aberturas como los pasos para la tubería de suministro de combustible y para los cables eléctricos.

En los casos en los que el cuadro de control no forme parte del grupo y se instale en la sala, pero separado del grupo, las conexiones eléctricas, tanto de fuerza como de mando, entre el grupo y el cuadro de mando se realizarán por zanja o por bandeja de las dimensiones reglamentarias.

3. Obra civil-bancada

El grupo electrógeno debe montarse sobre una base firme, capaz de soportar tanto su peso, como otros esfuerzos debidos a su funcionamiento, sobre todo cuando este esté próximo a locales "sensibles", y evitar la transmisión de vibraciones a través de la estructura.

Pueden considerarse dos tipos de apoyo: sobre terreno y sobre forjado.

El apoyo sobre el terreno consiste en una cimentación de hormigón suficientemente resistente, que no está unida rígidamente al resto de la construcción (losa flotante). Esta cimentación se calcula y dimensiona para evitar la transmisión de vibraciones y ruido a las demás partes de la construcción. Debe estar perfectamente nivelada y alisada para permitir el correcto funcionamiento del grupo.

Es aconsejable que la bancada de hormigón sobresalga 30 cm alrededor del grupo electrógeno (a lo ancho y a lo largo) y que se levante al menos 10 cm sobre el nivel del piso (los fabricantes pueden recomendar otras alturas diferentes), por razones de limpieza. Además, puede estar recubierta con baldosas de **gres industrial.**

Para que resulte aún más aislante frente a las vibraciones es conveniente extender una capa de arena o grava de 20-25 cm de espesor bajo la bancada y recubrir el perímetro de la base (arena o grava + cimentación) con un material aislante como fibra mineral o materiales sintéticos. En cualquier caso, la profundidad de la bancada será suficiente para admitir, como mínimo, el peso del grupo electrógeno una vez montado y relleno con todos los líquidos que necesita para su funcionamiento (refrigerantes, lubricantes y combustible). Este tipo de apoyo será establecido en el proyecto de instalación.

A continuación, se muestran las imágenes de alzado y planta de un apoyo sobre cimentación en una sala de ubicación de grupo electrógeno.

Apoyo sobre cimentación

Alzado

Planta

Definición

Gres industrial

Es un tipo de gres de baja porosidad, con una absorción del agua del 3 al 6 %, que hace innecesaria la aplicación de un vidriado y que lo hace apto para uso rústico o industrial, tanto para pavimentos como revestimientos exteriores.

Cuando entre el grupo y el suelo no se van a colocar aisladores, el suelo debe soportar el 125 % del grupo electrógeno.

Nota

Construyendo la cimentación en línea con la puerta que dé acceso al grupo electrógeno y sus accesorios, se facilitará su colocación.

El apoyo sobre forjado se realiza cuando los grupos electrógenos se colocan en cubiertas planas o terrazas, en las que no es conveniente la construcción de cimentaciones, ya que estas supondrían una sobrecarga para la estructura y aumentarían la transmisión de vibraciones. En este caso es más conveniente emplear una estructura metálica, lo más rígida posible, apoyada sobre piezas que transmitan la carga hasta los pilares del edificio.

Los grupos electrógenos pueden incorporar bancadas, formadas por una estructura de chapa plegada con la rigidez adecuada para sostenerlos, y se apoyan por medio de silentblocks.

Apoyo sobre antivibratorios

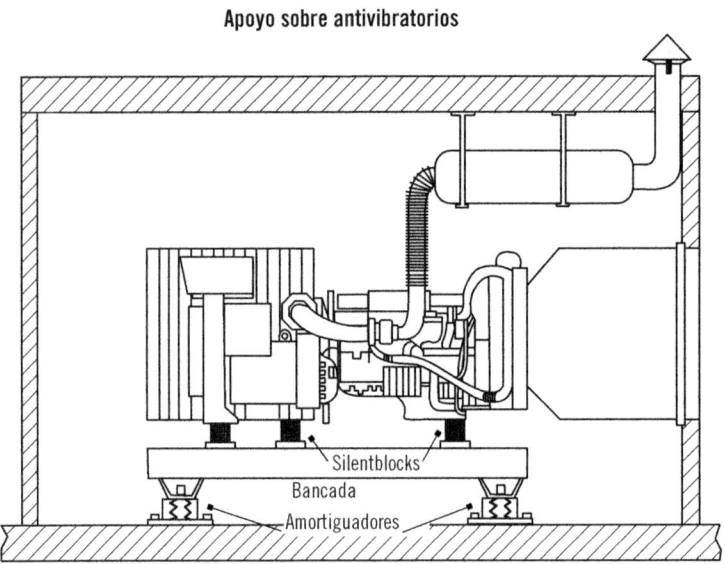

Generalmente, sobre la bancada de apoyo se encuentra el depósito de combustible.

 Nota

El suelo de la sala del grupo electrógeno debe ser de un material que resista posibles derrames de combustible, así como el peso que este añade.

En los grupos electrógenos se conectarán a tierra el armazón del grupo y el cuadro de mando. La puesta a tierra del neutro del generador será rígida y se realizará con cable de cobre desnudo o aislado conectado a una pica o electrodo de acero al cobre instalada dentro de una arqueta registrable, instalada generalmente en la misma sala en la que está montado el grupo.

4. Antivibratorios y sujeción

El apoyo del grupo electrógeno sobre la bancada se realiza de diversas formas, siendo lo más habitual realizar dicha unión por medio de soportes elásticos (silentblocks) que eliminan la transmisión de las vibraciones sobre esta y por consiguiente, también sobre el firme.

Estos aisladores se colocan entre las bases del motor y del alternador, y la bancada (puede que también se coloquen en la base del cuadro de mando, pero es menos común).

Una vez que se ha colocado el grupo electrógeno, se deberá nivelar para que no existan diferencias de alineación entre los diferentes ejes, con lo que se conseguirá un acoplamiento perfecto y un óptimo rendimiento de las máquinas.

Pueden emplearse silentblocks de goma para instalaciones sobre suelo o de muelle, en instalaciones superinsonorizadas o en grupos que se apoyen en la estructura del edificio.

Silentblocks de muelle

 **Importante**

Los esquemas y manuales de funcionamiento del grupo y las instrucciones para su uso y mantenimiento, deben estar disponibles en el local en el que está montado el grupo.

Los grupos electrógenos deben instalarse sobre un soporte uniforme, con base sólida o brida de montaje y alineación exacta, en caso de acoplamiento directo. Estos equipos deben ser instalados, operados y reparados solo por personal cualificado.

Cuando la fijación entre el grupo y la bancada se realiza por medio de antivibratorios que absorben las vibraciones, la bancada ya no sería un elemento transmisor. Como la bancada ya no transmite las vibraciones puede fijarse directamente al suelo empleando, generalmente, tirafondos sin otra interposición que las normales en el empleo de estos elementos, además incluye las arandelas y tuercas correspondientes según modelo.

Aplicación práctica

María dirige la obra de instalación de un sistema fotovoltaico con apoyo de grupo electrógeno. A la hora de instalar dicho grupo en la sala de máquinas destinada a tal fin, ¿cuáles serían las obras auxiliares que María y su equipo tendrían que realizar?

SOLUCIÓN

Las obras auxiliares que serían necesarias para la instalación de este grupo son:

- Zanjas para el tendido de cables y tuberías.
- Bancada para la sustentación del grupo.
- Huecos en techos y paredes para dar paso al tubo de escape, tuberías de combustible y entradas y salidas de aire.
- Colocación de soportes y elementos de suspensión.
- Arqueta con tapa para el hincado de la pica de tierra.

5. Resumen

Los grupos electrógenos funcionan con combustibles no renovables como el gasóleo o el gas. Se emplean como sistema de apoyo a las instalaciones solares fotovoltaicas cuando es preciso asegurar el suministro eléctrico o cuando existen consumos de alta potencia, por lo que deben ser cuidadosamente proyectados.

Debido a las características de su funcionamiento (con la producción de ruidos, gases de escape y vibraciones), se elegirá para su emplazamiento una ubicación en la que no se dejen sentir sus efectos. La instalación mecánica del grupo electrógeno comprende su transporte, descarga, ubicación física, la instalación del escape y la ventilación. También puede ser necesaria una instalación de combustible.

Para el transporte del grupo electrógeno deben emplearse grúas o carretillas elevadoras con suficiente potencia para su movilización y elevación.

Los grupos se descargan en la posición elegida, que puede ser exterior o interior (en un local protegido). El local en el que se instalen los grupos electrógenos debe reunir una serie de condiciones. En cualquier caso, los grupos electrógenos deben montarse sobre una base firme que soporte tanto su peso como los esfuerzos debidos a su funcionamiento. Esta base puede ser una bancada de hormigón construida como losa flotante, de proporciones adecuadas al tamaño del grupo, o puede consistir en un apoyo sobre forjado, cuando no es conveniente la construcción de cimentaciones.

Los grupos electrógenos se apoyan sobre las bancadas por medio de soportes elásticos (silentblocks) que eliminan la transmisión de vibraciones. Pueden emplearse silentblocks de goma para instalaciones sobre suelo o de muelle, en instalaciones superinsonorizadas o en grupos que se apoyen en la estructura del edificio.

Ejercicios de repaso y autoevaluación

1. ¿Qué operaciones hay que llevar a cabo para el traslado de un grupo electrógeno, empleando una grúa?

_____

_____

2. De las siguientes frases, indique cuál es verdadera o falsa.

   a. En los grupos insonorizados, la insonorización se consigue construyendo las paredes gruesas.

   ☐ Verdadero
   ☐ Falso

   b. Cuando la sala se insonoriza a posteriori, se consigue una buena relación calidad-precio.

   ☐ Verdadero
   ☐ Falso

   c. La tubería de escape debe tener el menor número de codos posible.

   ☐ Verdadero
   ☐ Falso

   d. Las dimensiones de la sala tienen que permitir la disipación del calor generado por el grupo electrógeno.

   ☐ Verdadero
   ☐ Falso

   e. Los grupos electrógenos generan calor principalmente por radiación y convección.

   ☐ Verdadero
   ☐ Falso

3. **Complete las siguientes oraciones.**

a. Para que el flujo de aire fresco que entra en la sala actúe correctamente, las aberturas de entrada deben realizarse _____ de la pared de la sala de máquinas; cuanto más _____ esté la entrada de aire, mejor será la refrigeración. Para impedir la entrada de cuerpos extraños o de animales en la sala que ocupa la instalación del generador, las aberturas se protegerán con _____, _____, etc. Las persianas y otros tipos de protecciones similares restringen la entrada y salida del aire, lo que debe compensarse haciendo estas más _____.

b. El tamaño de la ventana de expulsión debe ser mayor o igual que el del _____, en el caso de grupos electrógenos no insonorizados, e igual o mayor que la _____ en los equipos insonorizados. Para evitar que el aire caliente vuelva a entrar en la sala, se emplearán _____ estancos.

4. **¿Qué método de apoyo es más conveniente emplear cuando el grupo electrógeno se apoya en cubiertas planas o terrazas? Razone la respuesta.**

_____
_____

5. **¿Existe algún caso en el que la bancada pueda fijarse directamente sobre el suelo por medio de tirafondos?**

_____
_____

Capítulo 7
Bombeo solar directo

Contenido

1. Introducción

Cuando no es posible el suministro de agua desde una red de distribución, pero se dispone de reservas, el bombeo de esta, sea para riego agrícola o para consumo humano y del ganado, es una solución. El bombeo de agua se presenta como una de las aplicaciones más extendidas de la energía solar fotovoltaica en el ámbito rural, tras la electrificación de viviendas.

El sistema de bombeo solar directo responde a un esquema de funcionamiento muy sencillo. Se trata de un sistema compuesto básicamente por: un grupo de paneles fotovoltaicos, un regulador de bombeo y una bomba de agua. El agua se extrae del pozo únicamente durante el tiempo de radiación solar, almacenándose en un depósito, para su posterior uso cuando sea necesario. Se eliminan las baterías, sustituyéndose el inversor por otro más barato. Esto reduce el precio de la instalación y su mantenimiento. Como solo se puede bombear durante el día, el depósito en el que se acumula el agua hará la función de la batería.

El bombeo solar directo es un sistema muy eficiente y barato. Las ventajas de la energía solar para bombeo de agua hacen de este sistema el más idóneo.

2. Subsistema motor-bomba

La potencia que producen los módulos fotovoltaicos es directamente proporcional a la radiación solar disponible, es decir, a medida que el sol cambia su posición durante el día y al variar la disponibilidad de radiación, también cambia la disponibilidad de potencia para hacer funcionar la bomba. El subsistema motor-bomba es el responsable de la elevación del agua, aprovechando así la energía captada por el generador fotovoltaico. En este subsistema, los motores proporcionan la energía necesaria para que la bomba trabaje, siendo este otro elemento el encargado de hacer que el agua llegue a la superficie, hasta su punto de utilización o de almacenamiento.

2.1. Motores DC y AC

Un motor es un sistema que convierte la energía eléctrica en energía mecánica. El motor acciona la bomba. La selección de un motor depende de su rendimiento, disponibilidad, confiabilidad y costos. Los motores que se precisan en aplicaciones de bombeo fotovoltaico deben ser de pequeña potencia y tener rendimientos más elevados y, por ello, resultan más costosos. Comúnmente en aplicaciones fotovoltaicas se usan dos tipos de motores: de corriente continua DC y de corriente alterna AC.

 Definición

Corriente continua
Aquella en la que su intensidad es constante y el movimiento de las cargas siempre es en el mismo sentido.

Corriente alterna
Corriente eléctrica variable en la que las cargas eléctricas cambian el sentido del movimiento de manera periódica.

DC y AC son los acrónimos en inglés para referirse a corriente continua CC y corriente alterna CA, respectivamente.

Motores DC

Debido a que los generadores fotovoltaicos proporcionan potencia en corriente continua, los motores de corriente continua pueden conectarse directamente al generador fotovoltaico, mientras que los motores de corriente alterna deben incorporar un inversor DC/AC. Las necesidades de potencia en vatios pueden usarse como guía general para la selección del motor.

Los motores de corriente continua pertenecen a uno de los siguientes tipos: de imán permanente (con escobillas) y de bobina (sin escobillas o *brushless).*

Los motores DC de imán permanente, tienen escobillas que se van desgastando, lo que obliga a realizar un mantenimiento periódico que consiste en el reemplazo de las mismas, aunque un aumento del número de escobillas reduce sensiblemente su desgaste. Los motores con escobillas no se adaptan al uso con bombas sumergidas, ya que requieren un mantenimiento regular. Son sencillos y eficientes para cargas pequeñas.

Los motores DC de campos bobinados (sin escobillas) tienen imanes permanentes en el rotor y el inducido se encuentra en el estator, que es conmutado electrónicamente. Aunque son motores sin escobillas, el mecanismo electrónico que las sustituye puede significar un gasto adicional y un riesgo de avería. La ventaja de estos motores es que pueden operar sumergidos, reduciéndose la necesidad de mantenimiento al no tenerse que reemplazar las escobillas. Se utilizan en aplicaciones de mayor capacidad, ya que requieren de poco mantenimiento.

Las principales ventajas de los motores DC son sus rendimientos elevados, que no necesitan inversor y que se adaptan bien para su acoplamiento directo al generador fotovoltaico. Como desventajas tienen que, en general, son más costosos que los motores de corriente alterna y que es difícil encontrarlos de grandes potencias.

Motores AC

Los motores AC están más extendidos, siendo más fácil encontrarlos en potencias mayores, para los que son más apropiados. Son más baratos que los de DC pero como obligan a la instalación de un sistema inversor DC/AC, esto se agrega a los gastos iniciales y gastos puntuales de mantenimiento, y a dispositivos que permitan proporcionar o reducir las altas corrientes que suelen requerir en el arranque, lo cual encarece el sistema fotovoltaico. Los sistemas AC son ligeramente menos eficientes que los sistemas DC, debido a las pérdidas de conversión.

 **Nota**

Los motores AC pueden funcionar muchos años con menor mantenimiento que los motores DC.

2.2. Bombas

La bomba es la máquina que transforma la energía mecánica en energía hidráulica. Antes de la utilización de los generadores fotovoltaicos, los sistemas para la extracción de agua usaban grupos electrógenos que proporcionaban una potencia constante, pero como los generadores fotovoltaicos no proporcionan potencia de forma continua, ha sido necesario desarrollar bombas especiales para la electricidad fotovoltaica.

Clasificación de las bombas

Las bombas hidráulicas pueden clasificarse en varios tipos, atendiendo a diversos factores como su instalación o funcionamiento.

Según su forma de instalación

Las bombas pueden clasificarse en tres grandes grupos:

- **Sumergibles:** son apropiadas para pozos de poco diámetro donde las variaciones de nivel son importantes y la acumulación de agua se hace en altura.
- **Flotantes:** se instalan en ríos, lagos o pozos de gran diámetro, permitiendo una altura de aspiración constante y proporcionando un gran caudal con poca altura manométrica.
- **De superficie:** se instalan en aquellos lugares en los que los niveles del agua de aspiración no sufren grandes oscilaciones, permaneciendo la altura de aspiración dentro del rango admitido por la bomba, generalmente menor de 6 m.

Desde el punto de vista mecánico

Atendiendo al principio de funcionamiento las bombas hidráulicas se clasifican tal y como se describen a continuación.

Bombas de desplazamiento positivo o volumétricas

Las bombas de desplazamiento positivo o volumétricas poseen una cavidad cuyo volumen varía como consecuencia del movimiento de una parte móvil, obligando al líquido que las llena a moverse en un sentido determinado. Pueden encontrarse bombas volumétricas de dos tipos:

▪ **Bombas de cilindro.** Su principio consiste en que cada vez que el pistón baja, el agua del pozo entra a su cavidad y cuando este sube, empuja el agua a la superficie. La energía eléctrica requerida para hacerla funcionar se aplica solo durante una parte del ciclo de bombeo. Las bombas de esta categoría deben estar siempre conectadas a un controlador de corriente para aprovechar al máximo la potencia otorgada por el generador fotovoltaico.

Esquema de una bomba volumétrica de cilindro

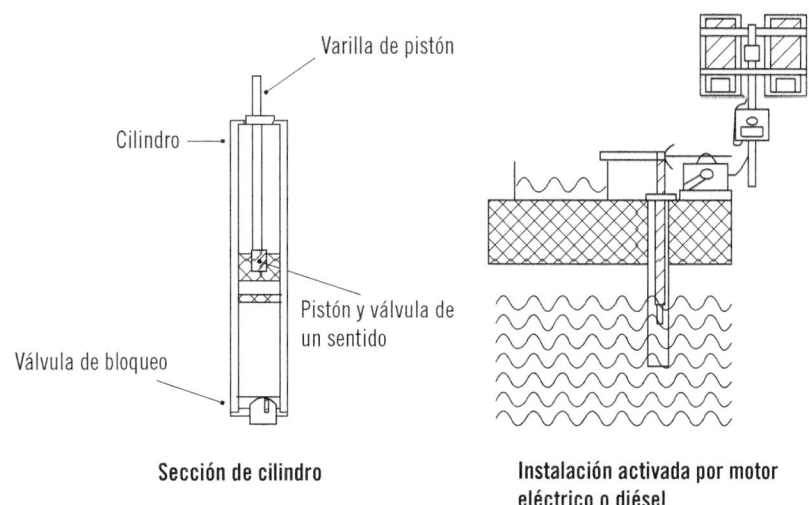

Varilla de pistón

Cilindro

Pistón y válvula de un sentido

Válvula de bloqueo

Sección de cilindro

Instalación activada por motor eléctrico o diésel

▪ **Bombas de diafragma.** Las bombas de diafragma desplazan el agua por medio de diafragmas de un material flexible y resistente. Comúnmente los diafragmas se fabrican de caucho reforzado con materiales sintéticos. En la actualidad, estos materiales son muy resistentes y pueden durar de dos a tres años de funcionamiento continuo antes de requerir reemplazo, dependiendo de la calidad del agua. Existen modelos sumergibles y no sumergibles. Las bombas de diafragma son económicas, pero cuando se instala una bomba de este tipo siempre se debe considerar el gasto que representa el reemplazo de los diafragmas. Muchas de estas bombas tienen un motor de corriente continua con escobillas, las cuales también deben cambiarse periódicamente. Los juegos de reemplazo incluyen los diafragmas, escobillas, empaques y sellos. La vida útil de este tipo de bomba es aproximadamente de 5 años.

Esquema de una bomba de diafragma

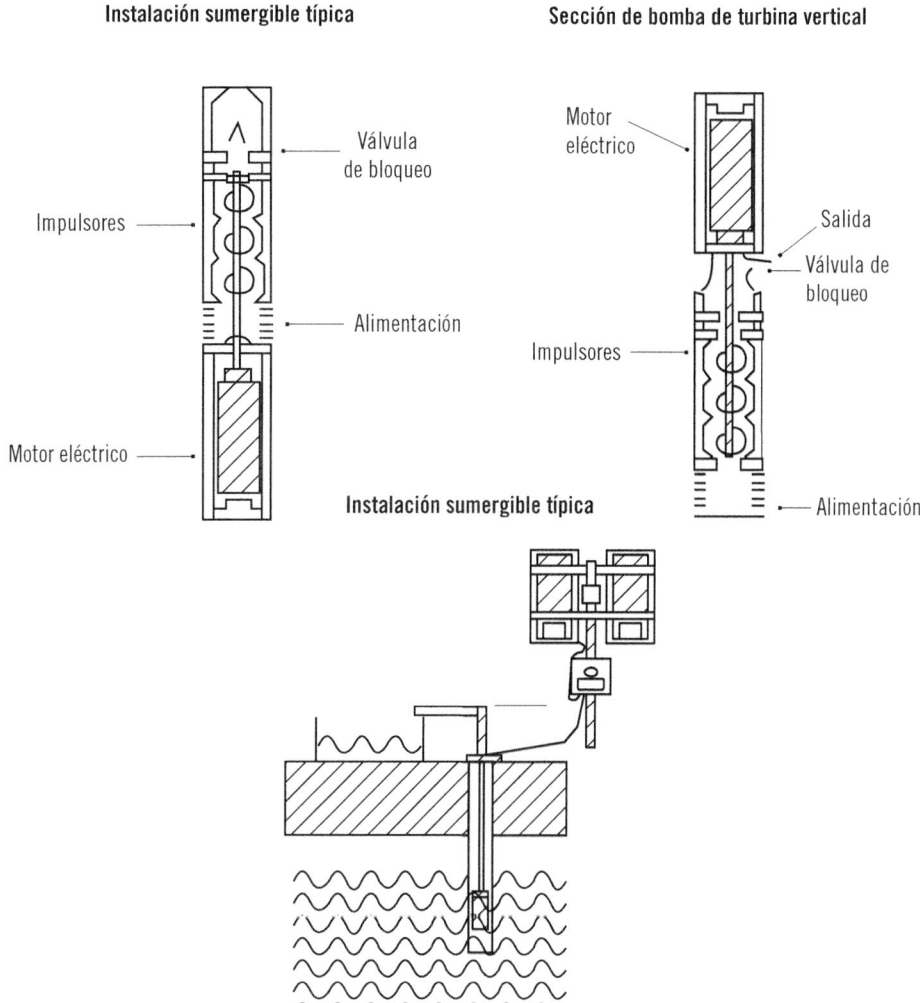

Instalación sumergible típica

Válvula de bloqueo

Impulsores

Alimentación

Motor eléctrico

Sección de bomba de turbina vertical

Motor eléctrico

Salida

Válvula de bloqueo

Impulsores

Instalación sumergible típica

Alimentación

Las más usadas en bombeo fotovoltaico son las bombas que usan un cilindro y un pistón para poder mover paquetes de agua a través de una cámara sellada, que son apropiadas para alturas manométricas elevadas y bajos caudales. El otro tipo de bombas utiliza un pistón con diafragmas. Cada ciclo mueve una pequeña cantidad de líquido hacia arriba. El caudal es proporcional al volumen de agua. Esto se traduce en un funcionamiento eficiente en un amplio intervalo de cargas dinámicas.

En estas bombas, cuando la radiación solar aumenta también aumenta la velocidad del motor y, por lo tanto, el flujo de agua bombeada es mayor.

Bombas dinámicas o de intercambio de cantidad de movimiento

Las bombas dinámicas transfieren al fluido una cantidad de movimiento mediante paletas o álabes giratorios, siendo las más utilizadas las centrífugas, que se diseñan para caudales generalmente mayores que las bombas volumétricas. Tienen un impulsor que por medio de la fuerza centrífuga de su alta velocidad arrastra agua por su eje y la expulsa en dirección radial. Estas bombas pueden ser sumergibles o de superficie.

Esquema de una bomba centrífuga superficial

Sección frontal **Sección lateral** **Instalación típica**

Salida

Entrada

Nivel de agua durante el bombeo

8 metros o menos

Impulsor

Armadura

No son recomendables para alturas de aspiración mayores de 5 o 6 metros y pueden tener uno o varios cuerpos, dependiendo de la altura de impulsión necesaria. Son capaces de bombear el agua a 60 m o más, dependiendo del número y tipo de impulsores.

Si se trata de bombas de succión superficial, que se instalan a nivel del suelo, tienen la ventaja de poderse inspeccionar y ser sometidas a mantenimiento fácilmente. No trabajan adecuadamente si la profundidad de succión excede los 8 m.

Hay también una gran variedad de bombas centrifugas sumergibles. Algunas de estas bombas tienen el motor acoplado directamente a los impulsores y se sumergen completamente.

Otras, tienen el motor en la superficie mientras que los impulsores se encuentran completamente sumergidos y unidos por un eje. Generalmente, las bombas centrífugas sumergibles tienen varios impulsores.

 Sabía que...

Todas las bombas sumergibles están selladas para evitar que el aceite de lubricación pueda escapar y contamine el agua. Otras bombas utilizan la misma agua como lubricante. Estas bombas no deben trabajar en seco, ya que se sobrecalentarían.

En las bombas centrífugas:

▪ El caudal varía proporcionalmente con la velocidad de giro.
▪ El par y la altura manométrica varían proporcionalmente al cuadrado de la velocidad.
▪ Y la potencia lo hace con el cubo de esta.

En cuanto al rendimiento, este disminuye con la velocidad de giro al alejarse de los valores de altura y caudal para los que han sido diseñadas, motivo por el cual también puede resultar interesante un fraccionamiento de la potencia mediante el empleo de varias bombas. Los rendimientos suelen ser elevados para alturas manométricas inferiores a 25 m y por ello, para mayores alturas, se suele recurrir al empleo de bombas multiestado que están formadas por varios rodetes adyacentes dispuestos en serie. Las bombas centrífugas reúnen una serie de ventajas entre las que cabe destacar su simplicidad, con pocas partes móviles, su bajo coste, su robustez y que exigen un par de arranque pequeño.

El cableado de la bomba debe ser el adecuado para bombas sumergibles, cumpliendo lo que al respecto se indica en el REBT. Las conexiones también deben ser resistentes al agua, de acuerdo a la función que desarrolla el sistema. Deben realizarse correctamente utilizando los productos adecuados para evitar peligros.

3. Otros componentes de los sistemas de bombeo

Los sistemas de bombeo fotovoltaico incluyen otros componentes, entre los que destacan:

- **Las tuberías:** se fabrican en diversos materiales (acero inoxidable, PVC, etc.), siempre resistentes a la corrosión. Sus principales características son el diámetro, la presión admisible máxima, y la rugosidad de la que dependen en gran medida las pérdidas de carga.
- **Los sistemas de unión:** pueden consistir en bridas, uniones soldadas y pegadas. En la instalación de las tuberías no deberán olvidarse los problemas de dilatación, debiendo recurrir a juntas de dilatación o a disposiciones que absorban dichas deformaciones. Las uniones deben soportar la presión del agua que trasiega por la tubería, así como, en la tubería de bajada, la presión de la columna de agua y la tensión provocada por el arranque de la bomba. Además, deben hacerlo de forma duradera sin que, con el paso del tiempo, lleguen a desarrollarse fugas.
- **Las válvulas:** son elementos que permiten abrir o cerrar conducciones y pueden ser de accionamiento manual o automáticas. Estos elementos introducen pérdidas de carga que hay que tener en cuenta en el momento del cálculo de la instalación, al igual que las que provocan otros elementos como codos, estrechamientos, etc., por lo que su número debe ser reducido.
  Las tuberías, las válvulas y los demás elementos se deben seleccionar para los caudales y las presiones de trabajo que tengan que soportar.
- **Los depósitos de almacenamiento de agua:** permiten mantener cierta autonomía sin depender de la energía solar. Deberán dimensionarse en función de los consumos que se realicen fuera de las horas de sol y, en el caso de suministro de agua potable, considerando varios días de autonomía (al menos 3 o 4) para cubrir la demanda en periodos de baja o

nula insolación. También permiten cubrir **demandas pico,** por reducir la potencia de bombeo necesaria.

 Importante

Las pérdidas de carga bajan el rendimiento del sistema. Para evitarlas, hay que procurar que las tuberías tengan gran longitud o que sean de diámetro pequeño.

 Nota

▌ Las fugas reducen el rendimiento y en el caso de las bombas de superficie, provocan la perdida de succión.
▌ Las válvulas de retención son importantes cuando se quiera evitar que el flujo del líquido se invierta. Por eso se suelen instalar a la salida de la bomba.

 Definición

Demanda pico
Es un consumo puntual superior al que se realiza normalmente y que no puede ser suministrado por el sistema de bombeo a no ser que el sistema se haya dimensionado para suministrar dicho caudal.

El almacenamiento a largo plazo destinado a riego exige grandes depósitos que resultan costosos, a no ser que ya se disponga de ellos. En su dimensionado se deberá tener en cuenta las variaciones en la altura manométrica que su llenado pueda ocasionar en el bombeo o en la distribución posterior, y que tengan la resistencia adecuada para soportar el empuje del líquido. Deberán estar cubiertos si se quieren eliminar las pérdidas por evaporación así como la entrada de suciedad.

 Importante

Antes de proceder al diseño de un sistema de bombeo, a realizar desde un pozo, se deberá tener en cuenta que es preciso limitar el máximo caudal a aquel que el pozo pueda suministrar, y por ello este caudal se deberá evaluar previamente.

En los riegos fotovoltaicos, los elementos de aplicación de agua más apropiados son los goteros de baja altura manométrica que permiten una aplicación eficiente del agua.

Existen además componentes de los sistemas de bombeo independientes del sistema fotovoltaico como son el control del nivel en el depósito de almacenamiento para impedir que este se desborde, o el control del nivel de aspiración para impedir el funcionamiento en los casos en que el nivel del agua descienda por debajo del permitido. Ampliamente usados, dada su simplicidad, son los controles de nivel de flotador y contrapeso (interruptores de flotación). En lo que se refiere al control automatizado del riego, este se consigue mediante electroválvulas y autómatas programables que lo programan temporalmente o en función de los niveles de evaporación y transpiración que se hayan producido en los cultivos.

En las instalaciones deben evitarse los problemas de cavitación y los efectos destructivos de los golpes de ariete mediante dispositivos adecuados. La apertura o cierre de forma progresiva y la instalación de calderines o torres de equilibrado protegen contra estos efectos.

En la cavitación, las partículas de agua pierden su presión atmosférica inicial a medida que se acercan a la bomba; al entrar en los álabes del rodete se produce en el mismo una nueva caída de presión. Si la presión resultante en algún punto es inferior a la presión de vapor del líquido se forman bolsas de vapor. Estas burbujas son arrastradas por el flujo y llegan a zonas donde la presión aumenta; allí se juntan bruscamente y el vapor se vuelve a condensar. Teniendo en cuenta que al vaporizarse el agua aumenta de volumen 1.700 veces, al condensarse disminuye de volumen en la misma proporción; en los espacios vacíos se precipita el agua que fluye a continuación golpeando contra la superficie de los álabes.

Efectos de la cavitación en una bomba centrífuga

Si las burbujas de vapor se encuentran cerca o en contacto con una pared sólida cuando cambian de estado, las fuerzas ejercidas por el líquido al aplastar la cavidad dejada por el vapor dan lugar a presiones localizadas muy altas, ocasionando picaduras sobre la superficie sólida. El fenómeno generalmente va acompañado de ruido y vibraciones, dando la impresión de que se tratará de grava que golpea en las diferentes partes de la máquina.

El golpe de ariete es un fenómeno causado por los cambios súbitos en la velocidad del flujo de agua, o por su interrupción repentina, cuando se cierra el grifo, por ejemplo, lo que provoca que se produzcan presiones al verse detenido el avance del líquido y genera ruidos y tensiones en las cañerías.

Estas vibraciones también pueden aparecer si se produce un desplazamiento brusco del aire que contienen las tuberías en su interior desde un tanque o tubería cerrados, que comienzan a verter líquido por su parte superior para contrarrestar la presión provocada. Por ello, el agua tiende a desplazarse y puede provocar alguna avería al buscar una salida porque no puede ser contenida en las cañerías, debido a que el espacio que antes ocupaba se encuentra lleno de aire.

4. Subsistema de acondicionamiento de potencia

El punto de trabajo de los sistemas de bombeo fotovoltaico viene dado por la intersección de las curvas características I-V del motor y del generador fotovoltaico. Las curvas característica I-V expresan la relación que existe entre la intensidad y el voltaje. Estas curvas representan las características de la potencia del motor y del generador fotovoltaico, por lo que a medida que va aumentando el voltaje-intensidad, aumenta la potencia, de ahí se deduce que la máxima potencia se transmitirá cuando ese punto se encuentre lo más cerca posible del punto de máxima potencia del generador fotovoltaico.

La función de los sistemas de acondicionamiento de potencia es mantener al sistema de bombeo lo más cerca posible del punto de máxima potencia del generador, que es donde se transmite al motor la máxima potencia posible.

4.1. Acoplo generador-motor-bomba

La energía producida por el sistema generador está relacionada con la altura hidráulica que proporciona un sistema de bombeo fotovoltaico de forma que cuanta mayor sea la radiación, mayor será el caudal proporcionado. Puede ocurrir que el sistema generador esté sobredimensionado o que esté subdimensionado. Un sistema sobredimensionado genera tensiones e intensidades mayores de los que pueden soportar los motores. Un sistema subdimensionado puede que nunca bombee, ya que no tiene capacidad para arrancar el motor. En cualquiera de estos casos, se producirán grandes variaciones de la eficiencia del sistema, alejándolo del punto óptimo de funcionamiento.

El acoplo depende de la altura manométrica del sistema, del tipo de bomba y de las características eléctricas del motor que acciona la bomba; estos parámetros determinan el punto de trabajo del sistema. Por lo general, el punto de operación no se corresponde con la máxima potencia que el generador solar puede proporcionar, pero empleando convertidores DC/DC o inversores DC/AC, pueden regularse la tensión y la intensidad de la corriente de forma que para cada valor de carga, el punto de trabajo coincida con el punto de máxima potencia.

 Definición

Acoplo

Es la relación entre las características eléctricas del generador de paneles fotovoltaicos y las características eléctricas de los motores.

Convertidores DC/DC

La instalación de convertidores en sistemas de bombeo con motor DC, mejora el rendimiento del mismo, ya que aumenta el caudal bombeado.

Los convertidores DC/DC, permiten hacer un seguimiento del punto de máxima potencia, consiguiendo maximizar en todo momento la potencia captada. También permiten aumentar la intensidad de corriente producida a cambio de reducir la tensión, haciendo posible que las bombas volumétricas, accionadas con motores DC, que exigen una intensidad directamente proporcional a la altura manométrica, puedan funcionar con niveles luminosos bajos, manteniendo prácticamente constante su rendimiento. Cuando no se utilizan estos convertidores, este tipo de bombas tiene un rendimiento medio muy bajo, aunque como alternativa al empleo de convertidores DC/DC se podría recurrir a un fraccionamiento de la potencia, utilizando varias bombas.

Nota

Las bombas volumétricas solo arrancan cuando el nivel de irradiancia es elevado, con lo cual disminuye el tiempo de funcionamiento. Si se emplea un convertidor DC/DC, el regulador arrastrará la bomba, que funcionará incluso a pocos niveles de irradiancia.

Inversores DC/AC

Cuando se quieren utilizar motores de corriente alterna se hace necesario el uso de inversores DC/AC. Alimentados con corriente continua, suministran a su salida corriente alterna monofásica o trifásica, pudiendo en algunos casos modificar la frecuencia para adaptar el régimen de funcionamiento del motor al nivel de irradiancia de cada momento. Con los inversores se consigue obtener del motor un rendimiento elevado siempre, manteniendo el par elevado para reducir el umbral de bombeo. Existen grupos de motor-bomba de corriente alterna que integran un inversor dentro de su carcasa y pueden conectarse directamente a los paneles fotovoltaicos, y otros que incorporan un seguidor del punto de máxima potencia para el generador fotovoltaico.

 Nota

Al incorporar un inversor, se consigue aumentar la frecuencia de trabajo del motor así como el caudal de extracción. Esto va a permitir utilizar un motor de menor potencia, con lo cual se producirá un ahorro.

5. Configuraciones típicas de sistemas de bombeo fotovoltaico

Dependiendo de las necesidades de bombeo y de las características del entorno, las combinaciones entre los elementos que componen las instalaciones de bombeo solar directo son múltiples, aunque siempre hay configuraciones que resultan más idóneas que otras.

Las configuraciones más habituales son:

■ Motor-bomba sumergida. Dentro de este se encuentran las siguientes configuraciones:

▌ Con motor DC bobinado y bomba centrífuga, con acoplo directo al sistema generador o a través de convertidor DC/DC.

▌ Con motor DC bobinado y bomba de desplazamiento positivo, con acoplo a través de convertidor DC/DC.

▌ Con motor AC y bomba de desplazamiento positivo o centrífuga, con acoplo al sistema generador a través de un inversor/variador de frecuencia.

Configuración con motor-bomba sumergida

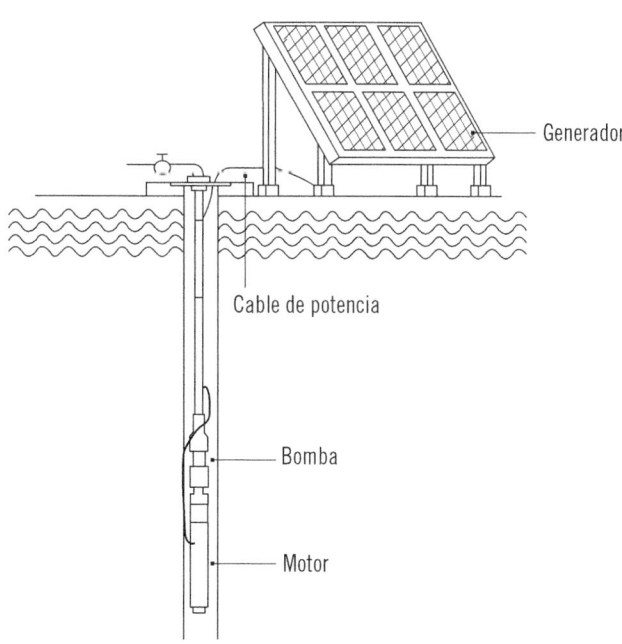

Generador

Cable de potencia

Bomba

Motor

Nota

El inversor regula la velocidad del grupo motor-bomba mediante un sistema de control electrónico, que varía la frecuencia y la tensión de alimentación del motor, adaptando así el caudal bombeado al nivel de irradiancia, y aprovechando al máximo estos niveles, sean altos o bajos.

- Motor-bomba en superficie. Dentro de este se encuentran las siguientes configuraciones:

    - Con motor DC y bomba centrífuga con acoplo directo al sistema generador o a través de convertidor DC/DC.
    - Con motor DC bobinado y bomba de desplazamiento positivo, con acoplo a través de convertidor DC/DC.

Configuración con motor-bomba en superficie

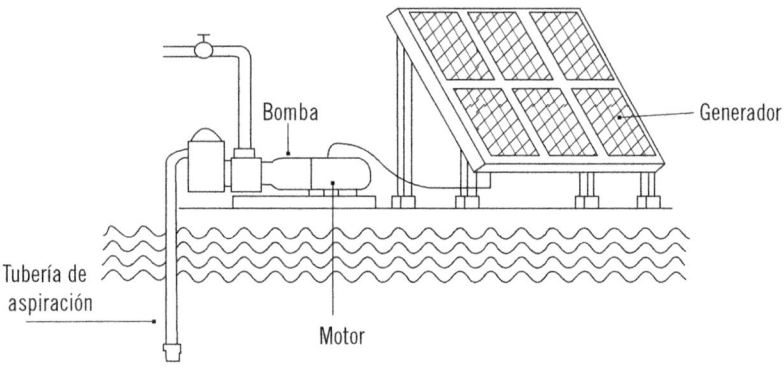

- Motor en superficie y bomba sumergida. Dentro de este se encuentran las siguientes configuraciones:

    - Con motor DC y bomba de desplazamiento positivo, con acoplo a través de convertidor DC/DC.

Configuración con motor en superficie y bomba sumergida

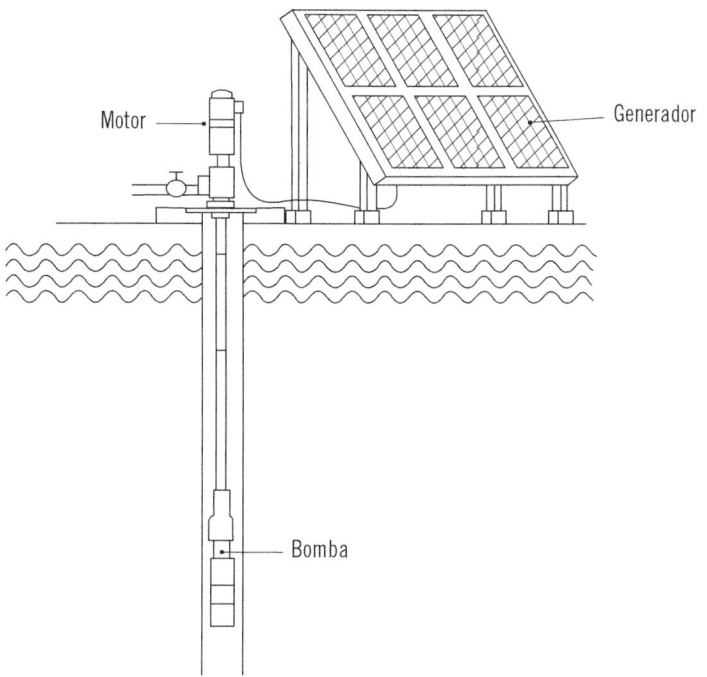

Nota

Las bombas modernas puden operar a grandes profundidades y son más duraderas y eficientes.

- Motor-bomba flotante. Dentro de este se encuentran las siguientes configuraciones:

  - Con motor DC y bomba centrífuga en superficie, con acoplo a través de convertidor DC/DC.

Configuración con motor-bomba flotante

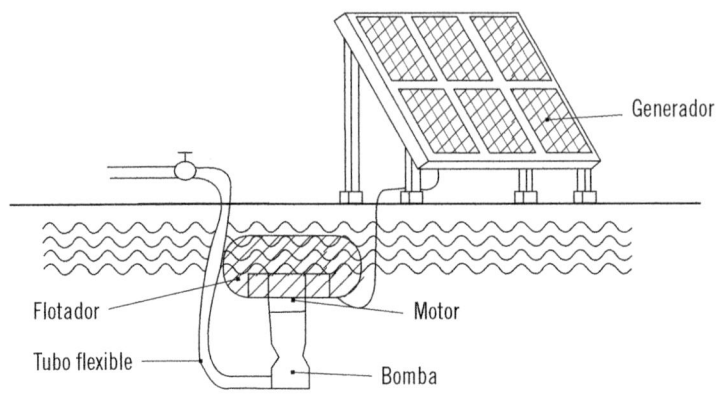

En pozos de pequeño diámetro se emplean bombas volumétricas, situándose frecuentemente el motor en superficie para facilitar su mantenimiento. El pico de intensidad requerido para el arranque de este tipo de bombas, con alto par de arranque, puede ser proporcionado por un condensador, comenzando a funcionar, de esta forma, con unos niveles más bajos de irradiancia. También se emplean bombas centrífugas sumergidas.

Los motores DC con bombas centrífugas suelen conectarse directamente al generador. En pozos abiertos, en los que el nivel de agua se sitúa a menos de 30 m de profundidad, se pueden emplear bombas autoaspirantes que no necesitan cebado de la tubería de aspiración y al no ser sumergibles, se instalan a poca altura del nivel de agua, ya que su máxima altura de aspiración es de 4 m.

Mientras que los motores de DC se emplean para pequeñas potencias, los motores de AC se emplean cuando las potencias comienzan a ser más elevadas y, por lo general, acoplados a bombas centrífugas de uno o varios cuerpos. En estos casos se requiere un inversor que puede tener incorporado un variador de frecuencia que permitirá regular la velocidad de giro del motor y, de esta forma, poder hacer un mejor aprovechamiento de la potencia disponible.

Bombeo con generación fotovoltaica

6. Dimensionado de un sistema de bombeo fotovoltaico

El dimensionado de sistema de bombeo, incluye todas aquellas operaciones que llevarán a la elección del equipo adecuado para la extracción del agua. Incluye las operaciones que permiten calcular las necesidades de agua, de energía hidráulica, de dimensionado del sistema generador y del sistema de bombeo (motor-bomba).

6.1. Cálculo de necesidades de energía hidráulica

Para dimensionar el sistema de bombeo se parte del conocimiento de las necesidades diarias de agua que, con la altura manométrica, permitirán determinar la energía hidráulica que se necesita cada día.

Una vez que se conoce la energía hidráulica necesaria, a partir de los datos de energía solar disponible, se diseña el sistema generador. Conociendo el sistema generador se eligen el motor y la bomba más adecuados a su curva característica I-V, dentro del tipo que se haya seleccionado atendiendo a las características de la instalación: altura manométrica, diámetro del pozo, etc. Posteriormente, se determina el caudal máximo que puede proporcionar el equipo para dimensionar el sistema de tuberías, tendiendo en cuenta que las pérdidas de carga en las mismas no deben superar un 10 %.

Necesidades de agua

Para la determinación de la energía hidráulica es necesario conocer en primer lugar las necesidades de agua, referidas a los valores diarios medios de cada mes. Se puede distinguir entre consumo continuo, como es el abastecimiento de agua potable tanto para las personas como para el ganado, y consumos estacionales, como son los debidos al riego de cultivos. Para determinar las necesidades humanas y de animales se multiplica en consumo diario de cada individuo por la población total.

El consumo humano depende de muchos factores pero se suele aceptar que, como media, se consumen 90 l por persona y día, aumentando a 200 l o más según las circunstancias. En aplicaciones de riego, el consumo depende del tipo de cultivo y de factores climáticos.

Las necesidades de agua, tanto para el abastecimiento de agua potable como para el riego, se pueden determinar en una primera aproximación a partir de los datos recogidos en las siguientes tablas.

Consumo promedio para actividades humanas			
Tipo de consumo	Litros por día	Litros por minuto	Litros por vez
Persona	284		
Baño de ducha		11,5 a 19	
Manguera de 1/2" abierta		13,0	
Manguera de 3/4" abierta		19,0	
Tirar de la cisterna			
Lavabos			12-18
Regar unos 5 mm			6-8
una superficie de 10			610
m² con césped			

Consumo promedio para animales de granja			
Tipo	Litros por día	Tipo	Litros por día
Caballo	45	Cabra	8
Bobino	45	Oveja	8
Vaca lechera	133	Cerdo	15
Burro	23	Cada 100 pollos	15

Consumo promedio para cultivos			
Tipo	m³/hectárea (1m³=1.000 l)	Tipo	m³/hectárea
Arroz	100	Cereales	45
Caña de azúcar	66	Algodón	55

Frutales 150 l por árbol/día

El número de litros/día requeridos por persona dado en la tabla tiene en consideración todo tipo de uso, como agua para higiene personal, sanitarios, etc., y varía sustancialmente dependiendo de factores culturales. Cuando una vivienda no posee un sistema de agua corriente, esta cantidad se reduce apreciablemente. Los valores dados para los animales varían cuando la temperatura ambiente es elevada.

A los litros/día calculados habrá que añadirles un volumen de reserva, que compensará los días sin sol o los días durante los cuales el sistema debe ser reparado. El volumen de reserva debe equivaler a un periodo entre 3 y 10 días de consumo.

Se puede realizar un estudio sobre la capacidad de la fuente de la que se va a bombear el agua y sus variaciones estacionales, para prevenir que la bomba se pueda quedar sin agua. Además, pueden introducirse interruptores de flotación que detengan el bombeo cuando el agua descienda por debajo de un determinado nivel.

Cálculo de la altura hidráulica de bombeo

Para el cálculo de la energía hidráulica diaria media mensual se empleará la siguiente expresión.

$$E_h = r \cdot g \cdot V \cdot h$$

Donde:

ρ = densidad del agua, 1.000 kg/m^3.

g = aceleración de la gravedad; 9,8 m/s^2.

V = volumen de agua que se necesita diariamente, en m^3 y para el valor medio del mes, en m^3/día.

h = altura manométrica total de elevación, en m.

La altura manométrica total de elevación es la suma de la altura estática o geométrica y de la altura dinámica debida a las pérdidas de presión que se producen cuando el líquido se desplaza en el interior de una tubería.

La unidad en la que se mide la energía hidráulica es Julio/día, que se obtiene de la siguiente manera, a partir de las unidades de la expresión anterior:

$$Eh = r \,(kg/m^3) \cdot g \,(m/s^2) \cdot V \,(m^3/día) \cdot h \,(m) = \frac{kg \cdot m \cdot m^3 \cdot m}{m^3 \cdot s^2 \cdot día}$$

$$Eh = \frac{kg \cdot m^2}{s^2 \cdot día} \; J/día$$

Otra forma de expresar la energía hidráulica es en Wh/día. Dicha expresión se obtiene a partir de la anterior teniendo en cuenta:

$$1\ h = 3.600\ s$$

$$1\ W = 1\ J/s$$

Obteniéndose la siguiente relación entre Julios/día y Wh/día:

$$\frac{1}{3.600}\ J/\text{día} = 1\ Wh/\text{día}$$

 Aplicación práctica

¿Cuál será la energía hidráulica diaria media mensual requerida para suministrar agua a una instalación ganadera con una cabaña de 100 ovejas? Se sabe que la altura manométrica total de elevación son 3 m. Expresa la energía hidráulica en Wh/día.

SOLUCIÓN

Para calcular la energía hidráulica media mensual debe aplicarse la fórmula:

$$E_h = r \cdot g \cdot V \cdot h$$

Donde:

$\rho = 1.000$ kg/m^3.
$g = 9,8$ m/s^2.

Continúa en página siguiente >>

<< Viene de página anterior

$V = 8$ litros /día por cada oveja. Como hay que abrevar a 100 ovejas, el volumen de agua que se necesita diariamente es de $8 \times 100 = 800$ litros/día $= 0,8$ m³/día.

$h = 3$ m.

Sustituyendo estos valores en la fórmula se obtiene:

$$E_h = \rho \cdot g \cdot V \cdot h = 1000 \cdot 9,8 \cdot 0,8 \cdot 3 = \mathbf{23.520 \ J/día}$$

La expresión de E_h en Wh/día, va a obtenerse a partir de las magnitudes de cada variable, sabiendo que si se multiplican y se dividen los dos miembros de una igualdad por un mismo valor, esta no varía; así:

$$\frac{kg}{m^3} \cdot \frac{m}{s^2} \cdot \frac{m^3}{día} \cdot m \cdot \frac{1h}{3600s} = \frac{1}{3600} \cdot \frac{kg \ m^2}{s^3} \cdot \frac{h}{día} = \frac{1}{3600} \cdot \frac{Wh}{día}$$

Luego:

$$E_h = \frac{23520}{3600} \cdot \frac{Wh}{día} = 6,53 \ \frac{\mathbf{Wh}}{\mathbf{día}}$$

La altura geométrica o estática es la diferencia de cotas entre el agua en la fuente, que puede variar cuando se bombea, y el agua en la salida. Puede obtenerse con mediciones directas de la distancia vertical desde el nivel de espejo del agua antes del abatimiento del pozo hasta la altura en que se descarga el agua. La altura estática es entonces la suma del nivel estático y la altura de descarga.

Principales componentes hidráulicos de un sistema de bombeo de agua

Definición

Nivel estático, en m
Es la distancia vertical medida desde el nivel del suelo hasta el espejo del agua cuando no hay una bomba operando.

Abatimiento, en m
Es la distancia vertical medida desde el nivel estático al nivel del agua cuando opera una bomba. Con frecuencia este valor se obtiene de pruebas realizadas durante un aforo.

Altura de descarga, en m
Es la distancia vertical medida desde el nivel del suelo hasta el punto donde el agua es descargada.

La altura dinámica es el incremento en la presión causado por la resistencia al flujo de agua, debido a la rugosidad de las tuberías y a los componentes como codos y válvulas. Esta rugosidad depende del material usado en la fabricación de las tuberías. Los tubos de acero producen una fricción diferente a la de los tubos de PVC de similar tamaño. Además, el diámetro de los tubos influye en la fricción, ya que mientras más estrechos, mayor resistencia se produce.

Para calcular la carga dinámica es necesario encontrar la distancia que recorre el agua desde el punto en el que entra a la bomba hasta el punto de descarga, incluyendo las distancias horizontales, así como el material de la línea de conducción y su diámetro. Con esta información se puede estimar la carga dinámica de varias maneras: añadiendo un tanto por ciento de la distancia de recorrido a la longitud total, utilizando tablas publicadas por los fabricantes que indican el porcentaje de pérdidas por fricción que debe considerarse en base al caudal, el diámetro y el material de las tuberías, o mediante fórmulas como las siguientes:

$$h_d = f \; \frac{L}{d} \cdot \frac{v^2}{2g}$$

Donde:

h_d = altura dinámica.

f = coeficiente de fricción.

L = longitud de la tubería, en m.

d = diámetro hidráulico, en m.

v = velocidad media del fluido, en m/s.

g = constante de la gravedad; 9,81 m/s^2.

En el caso de que se encuentren en el circuito otro tipo de accesorios como codos, válvulas, etc., para determinar las pérdidas que estos producen se emplea la expresión:

$$h_d = K \frac{v^2}{2g}$$

Donde:

K = coeficiente que depende del tipo de accesorio y cuyos valores se encuentran tabulados.

h_d = en este caso se refiere a la pérdida que produce un elemento concreto, codo, válvula, etc.; para el total de elementos habrá que sumar las pérdidas que producen todos ellos.

Como alternativa, para los accesorios se puede emplear su longitud de tubería equivalente, que se añadirá a la longitud real de tuberías para obtener la longitud total equivalente. Como el diámetro de la tubería aún no se conoce, lo normal es fijar la altura dinámica en un 10 % de la altura geométrica, ya que debe ser mayor, y posteriormente elegir las tuberías y accesorios de manera que no se sobrepase este porcentaje.

6.2. Dimensionado del generador

El sistema generador fotovoltaico, compuesto por módulos o paneles solares y sus accesorios, debe diseñarse de forma que la aportación solar que reciba, garantice la obtención de una cantidad de energía eléctrica suficiente para hacer funcionar la bomba, de forma que proporcione un suministro de agua que se adapte a las necesidades que se ha propuesto cubrir con este sistema de bombeo. El resto de componentes que intervienen, o pueden intervenir, en la instalación de bombeo solar, debe también reunir las condiciones adecuadas para su correcto funcionamiento.

Energía solar disponible, periodo crítico e inclinación óptima

La energía solar disponible varía a lo largo del año, y con la inclinación y orientación del panel fotovoltaico. Es conveniente disponer de datos de radiación diaria media mensual para distintos meses e inclinaciones correspondientes al lugar donde va a instalarse el sistema. Estos datos permitirán, junto con los de energía hidráulica media mensual necesaria, determinar el mes crítico de diseño o de dimensionamiento, y la inclinación óptima.

Para su determinación se dividen, mes a mes y para distintas inclinaciones, la energía hidráulica diaria media mensual y la radiación diaria media mensual. Se obtiene así una tabla con 12 columnas, correspondientes a los meses, y donde las filas corresponden a inclinaciones normalmente tomadas de 5 en 5° desde 0 a 90°. Estos cocientes tienen dimensiones de área y representan la superficie colectora teórica que se necesitaría si los rendimientos fueran la unidad. En la tabla se busca el valor mínimo de los máximos para cada fila o inclinación, y se determina el mes crítico y la inclinación óptima que serán los correspondientes a dicho valor.

Haciendo el dimensionamiento para el mes crítico, que es el más desfavorable, se entiende que en el resto de los meses las necesidades quedarán satisfechas.

Cálculo de la potencia pico y la configuración del sistema generador

Dimensionar el generador fotovoltaico consiste en determinar la potencia pico que se necesita instalar para satisfacer los consumos a lo largo de todo el año; el cálculo se hace para el mes crítico, utilizando valores medios mensuales.

La superficie colectora ocupará un área que estará en función de la energía eléctrica que deba suministrar. Conocida la energía eléctrica diaria que es necesario aportar (se verá más adelante), a partir del dato de radiación diaria media mensual y del rendimiento medio del generador fotovoltaico, se obtienen el área de superficie colectora necesaria, a partir de la expresión:

$$A = \frac{E_e}{\eta_{FV} \cdot H_{dm}}$$

Donde:

A = área de la superficie colectora.

H_{dm} = radiación diaria media mensual.

η_{FV} = rendimiento fotovoltaico.

El rendimiento fotovoltaico se puede determinar mediante la siguiente ecuación:

$$\eta_{FV} = F_m (1 - \gamma \cdot (T - 25)) \cdot \eta_g$$

Donde:

F_m = factor de acoplo medio, definido como el cociente entre la energía eléctrica generada en las condiciones del punto de funcionamiento y la energía eléctrica que se podría generar si el sistema trabajase en el punto de máxima potencia.

γ = coeficiente de variación de potencia de las células con la temperatura de las células.

T = temperatura media diaria de las células durante las horas de sol.

η_g = rendimiento del generador a la temperatura de 25° C y 1.000 W/m² de irradiancia.

Para un sistema bien dimensionado se puede considerar, desde el punto de vista del acoplamiento entre el generador y el grupo motor-bomba, que las mayores temperaturas del panel que afectan negativamente al rendimiento, se alcanzan en los momentos de mayor irradiación en los que el sistema deberá operar con valores de acoplamiento elevados, es decir, en un punto próximo al de máxima potencia.

Sustituyendo los valores de E_e y η_{FV} en la fórmula correspondiente, se obtiene que el área de superficie de panel necesaria será:

$$A = \frac{E_e}{\eta_{mb} \cdot F_m \cdot (1 - \gamma\,(T - 25)) \cdot \eta_g \cdot H_{dm}}$$

La potencia pico P_p es la potencia proporcionada por el módulo en condiciones estándar de 25° C y 1.000 W/m², en las que el rendimiento es η_g y que, por tanto, será:

$$P_p = \eta_g \cdot A \cdot 1.000 = \frac{E_h \cdot 1.000}{\eta_{mb} \cdot F_m \cdot (1 - \gamma\,(T - 25)) \cdot \eta_g \cdot H_{dm}}$$

La elección del modelo de módulo con más o menos células en serie y la configuración serie y paralelo de la asociación de módulos deberá hacerse teniendo en cuenta la curva I-V del grupo motor-bomba, tratando de conseguir que el sistema funcione en el punto de máxima potencia durante las horas de mayor insolación.

Dividiendo la potencia pico necesaria entre la potencia pico del módulo, se obtendrá el número de paneles necesarios.

 Nota

La potencia pico del módulo es una característica del mismo, y por tanto es facilitada por el fabricante en sus catálogos.

6.3. Cálculo de la potencia del motor

La potencia eléctrica que necesita el motor viene determinada por su eficiencia en convertir potencia eléctrica en potencia hidráulica, por el caudal de agua que se quiere extraer, Q_d y por la altura a la que se quiere elevar, H.

La energía eléctrica que es necesario suministrar diariamente al sistema motor-bomba será el cociente entre la energía hidráulica requerida y el rendimiento diario medio mensual del grupo motor-bomba, que tiene un valor entre 0,3 y 0,4. Esta información viene dada en publicaciones del fabricante del sistema motor-bomba de la siguiente manera:

$$E_e = \frac{E_h}{\eta_{mb}}$$

Donde:

E_e = energía eléctrica que es necesario suministrar.

E_h = energía hidráulica requerida.

η_{mb} = rendimiento diario medio mensual de grupo motor-bomba.

 Recuerde

El caudal y la altura manométrica son los datos fundamentales para la elección de la bomba necesaria para una instalación destinada a la extracción de agua.

Aplicación práctica

Para la instalación de la aplicación práctica anterior, se ha elegido un grupo motor-bomba cuyo rendimiento diario medio es $\eta_{mb} = 0,35$. ¿Cuál es el valor de de la energía eléctrica que es necesario suministrar diariamente al sistema?

SOLUCIÓN

Para calcular la energía eléctrica debe aplicarse la fórmula:

$$E_e = \frac{E_h}{\eta_{mb}}$$

Donde:

$$E_h = 6,53 \ \frac{Wh}{día}$$

$$\eta_{mb} = 0,35$$

Luego:

$$E_e = \frac{E_h}{\eta_{mb}} = \frac{6,53}{0,35} = 18,65 \ \frac{Wh}{día}$$

6.4. Dimensionado de la bomba

Cuando el valor alcanzado por el producto entre caudal diario y altura total sea mayor de 2.000 m³/día, se recomienda el empleo de grupos motor-bomba diesel. Si el resultado es menor de 50 m³/día, resulta más interesante el empleo de sistemas manuales. Entre estos dos valores la solución fotovoltaica resulta la más interesante.

La elección de la bomba se hará utilizando sus curvas características, h-Q, y teniendo en cuenta que el punto definido por la altura manométrica total del sistema y del caudal demandado debe ser próximo al punto de diseño de la bomba, en el cual se consiguen los rendimientos más elevados.

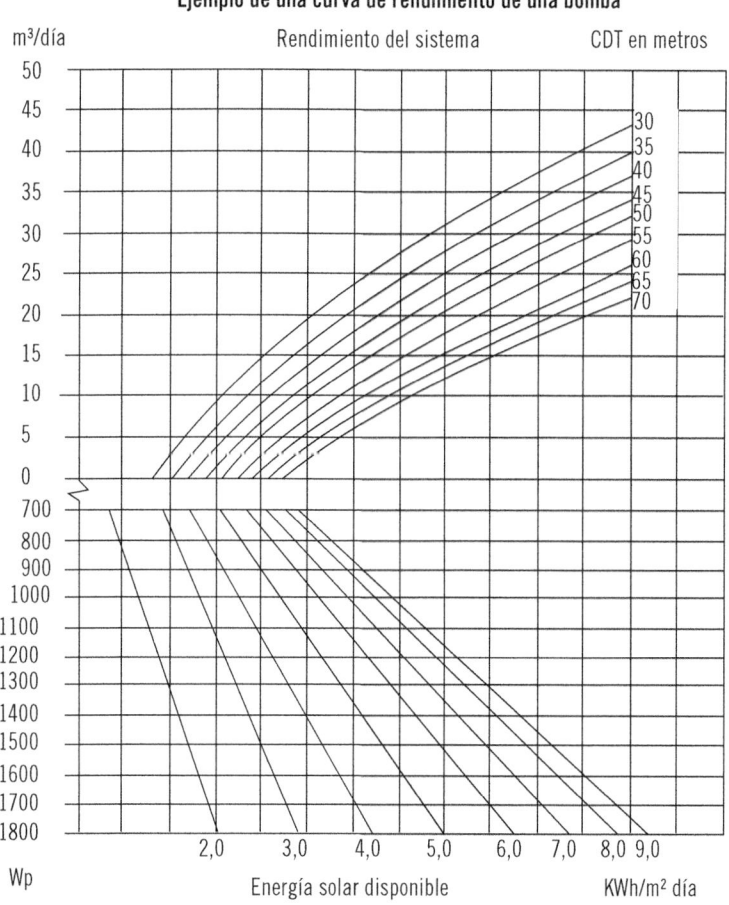

Ejemplo de una curva de rendimiento de una bomba

Los fabricantes publican, para cada bomba, unas gráficas de rendimiento que relacionan el volumen de agua diario, la carga dinámica total, la radiación solar disponible y el tamaño del generador fotovoltaico. Estas gráficas, conocidas como curvas de rendimiento, son de utilidad para comprobar el dimensionamiento realizado con los cálculos.

Estas curvas se usan de la siguiente forma:

- Una vez realizados los cálculos que dan el caudal deseado, la carga dinámica total y la energía solar disponible, se selecciona entre las bombas, donde una capaz de proveer la mayor cantidad de agua para la carga dinámica total.
- Utilizando la gráfica de rendimiento de la bomba, se localiza el caudal en el margen de la gráfica.
- Desde este punto, se traza una línea hacia la derecha hasta que cruce con la línea de la carga dinámica total que se ha calculado.
- Desde esta intersección se traza una vertical hasta la que se cruce con la línea correspondiente a la energía solar disponible en la localización.
- Por este punto se traza una horizontal hasta el eje que marca la potencia pico necesaria en el sistema generador.

Otro tipo de gráfica es la que se realiza para unos rangos de insolación determinados. En este caso, la intersección entre el caudal y la altura, quedará dentro del rango de aptitud de una bomba, que será la más adecuada para esas circunstancias de trabajo.

El caudal máximo o caudal pico bombeado se calcula utilizando la siguiente expresión:

$$Q_p = \frac{P_{hp}}{g \cdot h} = \frac{P_p \cdot \eta_p}{g \cdot h}$$

Donde:

P_{hp} = potencia hidráulica pico.

g = aceleración de la gravedad.

h = altura manométrica.

P_p= potencia pico del generador fotovoltaico.

η_p = rendimiento pico del grupo motor-bomba.

Una vez que se conoce el máximo caudal que se puede bombear. El diámetro de las tuberías se puede determinar mediante la utilización de gráficos o tablas, a partir de este caudal, de la longitud total del sistema, que incluye la longitud equivalente de los distintos accesorios de la instalación, y de las pérdidas de carga, que no deben superar el 10 %.

 Aplicación práctica

Para una instalación de bombeo de agua se ha calculado que se necesitan 20.000 l por día. La carga dinámica total se ha calculado en 30 m. La energía solar disponible es de 5 kWh/día. Localice en la curva que se propone como ejemplo del rendimiento de una bomba, la potencia pico necesaria en el sistema generador.

Continúa en página siguiente >>

<< Viene de página anterior

**Localización de la potencia pico necesaria en el sistema
Generador usando la curva de rendimiento de una bomba**

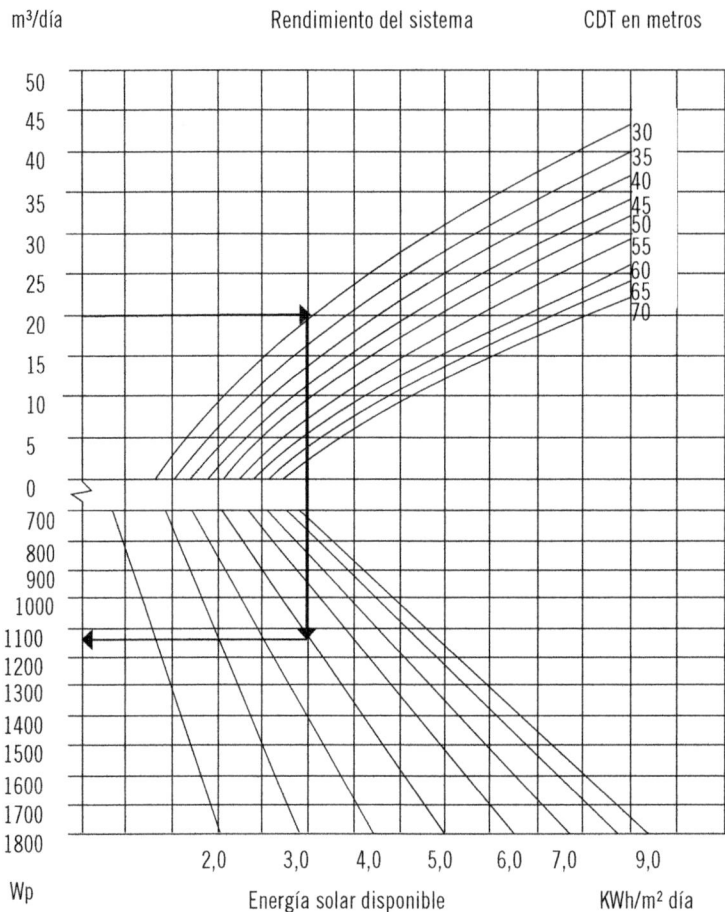

SOLUCIÓN

Se localiza en el margen de la gráfica el valor del caudal, sabiendo que 20.000 l/día = 20 m³/día. Se traza una horizontal desde este valor hasta cortar la curva correspondiente a una carga dinámica de 30 m. Por este punto se traza una vertical hasta la curva correspondiente a 5 kWh/día de energía solar disponible, y por este punto se traza otra horizontal hasta el margen de la gráfica, donde se obtiene un valor para la potencia pico de 1.115 Wp.

7. Resumen

Cuando la energía solar se aprovecha para la extracción de agua en sistemas de bombeo solar directo, la extracción solo se produce en las horas en las que existe radiación solar. El funcionamiento es simple: los paneles solares producen la energía para hacer que el subsistema motor-bomba funcione extrayendo el agua del pozo y llevándola hasta un tanque o depósito de acumulación.

Las bombas transforman la energía mecánica en energía hidráulica. Desde el punto de vista mecánico puede distinguirse entre bombas de desplazamiento positivo o volumétricas (de cilindro o de diafragma) y bombas dinámicas o de intercambio de cantidad de movimiento (centrífugas). La elección del tipo de bomba dependerá del volumen a bombear, de las necesidades de manutención, de su ubicación, etc.

Otros componentes necesarios en una instalación de bombeo solar son tuberías, sistemas de unión, válvulas, depósitos de almacenamiento, controles de nivel, etc.

La configuración de los sistemas de bombeo se elige en función de las necesidades de bombeo y de las características del entorno. Las configuraciones más habituales son: motor-bomba sumergida, motor-bomba en superficie, motor en superficie y bomba sumergida, y motor-bomba flotante.

El dimensionado de los sistemas de bombeo comienza por determinar las necesidades de agua en litros/día y la altura hidráulica de bombeo. Con estos datos se establecerá la energía hidráulica que se necesita cada día.

A partir de este valor, conociendo el rendimiento del grupo motor-bomba, se establece la energía eléctrica que es necesario suministrar.

Una vez que se conoce la energía que se va a consumir, se diseña el sistema generador fotovoltaico de forma que la aportación solar que reciba garantice una cantidad de energía eléctrica suficiente para hacer funcionar la bomba.

Ejercicios de repaso y autoevaluación

1. **¿Dónde es aplicable cada una de las siguientes bombas?**

   a. Sumergibles.
   b. De superficie.
   c. Flotantes.

2. **Complete las siguientes oraciones.**

   a. Se pueden encontrar bombas volumétricas de _____ y de _____.
   b. Las más usadas en bombeo fotovoltaico son las bombas que usan un cilindro y un _____ para poder mover paquetes de agua a través de una cámara sellada.
   c. En las bombas de cilindro, la energía _____ requerida para hacerla funcionar se aplica solo durante una parte del ciclo de bombeo. Las bombas de esta categoría deben estar siempre conectadas a un _____ de corriente para aprovechar al máximo la potencia otorgada por el _____.
   d. Las bombas de diafragma desplazan el agua por medio de diafragmas de un material _____ y _____. Comúnmente los diafragmas se fabrican de _____ reforzado con _____. En la actualidad, estos materiales son muy resistentes y pueden durar de _____ de funcionamiento continuo antes de requerir reemplazo.

3. **De las siguientes frases, indique cuál es verdadera o falsa.**

   a. El control automatizado del riego se consigue mediante electroválvulas y autómatas programables.

      ☐ Verdadero
      ☐ Falso

b. La relación entre las características eléctricas del generador de paneles fotovoltaicos y las características eléctricas de las bombas se denomina acoplo.

☐ Verdadero
☐ Falso

c. La instalación de convertidores en sistemas de bombeo con motor DC mejora el rendimiento del mismo.

☐ Verdadero
☐ Falso

d. En pozos de pequeño diámetro se emplean únicamente bombas centrífugas sumergidas.

☐ Verdadero
☐ Falso

e. Los motores de DC con bombas centrífugas suelen conectarse directamente al generador.

☐ Verdadero
☐ Falso

4. ¿Qué elementos de aplicación de agua son más apropiados en los riegos fotovoltaicos debido a que permiten una aplicación eficiente del agua?

_____
_____

5. ¿Cómo se consigue el control automatizado del riego?

_____
_____
_____
_____

Bibliografía

Monografías

▌GARCÍA Martín, P. F.: *Energía solar fotovoltáica para todos.* Barcelona: Marcombo, 2022.

▌DE LA TORRE Peláez, J. F.: *Operador de carretillas elevadoras.* Málaga: Innovación y Cualificación, 2010.

▌DÍAZ Del Río, M.: *Maquinaria de Construcción.* Madrid: McGraw-Hill, 2007.

▌Enciclopedia de albañilería: *Materiales e interpretación de planos.* Barcelona: Ceac, 2003.

▌ESCUDERO, J. Mª: *Manual de energía eólica.* Madrid: Mundi-Prensa Libros, 2008.

▌GASQUET, Héctor I.: *Sistemas Fotovoltaicos.* Austin (Texas): EPSEA, 2007.

▌IBÁÑEZ Plana, M. [et al.]: *Tecnología Solar.* Madrid: Mundi-Prensa Libros, 2005.

▌LUNA Sánchez, L. [et al.]: *Instalaciones eléctricas de baja tensión en el sector agrario y agroalimentario.* Madrid: AMV Ediciones. 2008.

▌MARTÍN Chivelet, N. y FERNÁNDEZ Solla, I.: *La envolvente fotovoltaica en la arquitectura: Criterios de diseño y aplicaciones.* Barcelona: Reverte, 2007.

▌Operador de grúas torre. Gruista. Málaga: Innovación y Cualificación, 2004.

▌ PERALES Benito, T.: *Guía del instalador de energías renovables*. Madrid: Creaciones Copyright, 2005.

▌ ROLDÁN Viloria, J.: *Necesidades energéticas y propuestas de instalaciones solares*. Madrid: Paraninfo, 2022.